常规能源与可再生能源互补供热技术

郝红　冯国会　于靓　著

中国建筑工业出版社

图书在版编目（CIP）数据

常规能源与可再生能源互补供热技术/郝红，冯国会，于靓著．—北京：中国建筑工业出版社，2021.12
ISBN 978-7-112-26886-3

Ⅰ．①常… Ⅱ．①郝…②冯…③于… Ⅲ．①房屋—供热系统—热源—研究 Ⅳ．①TU833

中国版本图书馆 CIP 数据核字（2021）第 249334 号

本书主要介绍可再生能源与常规能源互补供热及可再生能源间的互补供热系统组成及工作原理、能源配比及经济性分析、运行方式及控制策略、互补供热系统应用等，通过对不同可再生能源与常规能源互补供热系统的模拟和计算研究，分析可再生能源与常规能源互补供热技术应用中最佳比例分配、设备匹配关系、设备耦合特性等问题。本书可供能源研究、能源利用、建筑节能等专业方向的规划、设计、研究及运行管理等工程技术人员使用。

责任编辑：万李
责任校对：张颖

常规能源与可再生能源互补供热技术
郝红　冯国会　于靓　著
*
中国建筑工业出版社出版、发行（北京海淀三里河路 9 号）
各地新华书店、建筑书店经销
北京龙达新润科技有限公司制版
天津翔远印刷有限公司印刷
*
开本：787 毫米×1092 毫米　1/16　印张：13½　字数：321 千字
2022 年 8 月第一版　　2022 年 8 月第一次印刷
定价：**49.00** 元
ISBN 978-7-112-26886-3
（38742）

随着生产发展、生活水平的不断提高，能量消耗迅速增长，开发利用可再生能源已经是当今社会迫切需要解决的热点问题。节约常规能源、提高能源利用效率已成为解决能源匮乏和环境破坏等问题的重要手段。所以可再生能源与常规能源互补利用技术的研究将具有重大意义。

本书主要介绍可再生能源与常规能源互补供热及可再生能源间的互补供热技术。本书共分为 7 章，具体包括多种形式建筑供热系统的优化配置、运行模式和运行模拟分析；建筑能源系统的组成、优化配置、能效分析和节能技术等；建筑能耗评价体系的构建、评价方法、后评估体系及后评估工具的开发；太阳能与集中供热联供系统的设备匹配、能量匹配和软件开发等；分布式水源热泵与集中供热系统的负荷配比、系统性能、能耗分析及仿真模型应用等；太阳能-地源热泵与热网互补供热系统的能源配比、运行模式、设备参数匹配、运行特性及经济性和节能性分析等；太阳能-燃气热泵与热网互补供热系统的系统构成、工作原理、热力学模型、部件的热工性能、部件匹配、热回收效率等。

本书通过对不同可再生能源与常规能源互补供热系统的模拟和计算，分析可再生能源与常规能源互补供热技术应用中的最佳比例分配、设备匹配关系、设备耦合特性等方面问题。本书可供从事能源研究、能源利用、建筑节能等专业的规划、设计、研究及运行管理等工程技术人员使用，也可供建筑环境与能源应用工程专业的研究生和本科生使用。

目录

1 严寒地区建筑供热系统能源优化配置

1.1 太阳能及其性能研究

1.1.1 太阳能光电/光热系统的意义

随着国民经济的快速发展与人民生活水平的日益提高，人们对能源需求的增长已经达到了史无前例的高度，能源危机愈演愈烈。据有关资料显示，我国既有建筑95%以上是高耗能建筑，其中又以建筑供暖和空调能耗为主，占建筑总能耗的50%～70%。可见建筑对于热和电的需求量非常大，如果能够将太阳能光电/光热系统应用于城市建筑中，将为城市巨大的能源负担提供更大的帮助。

太阳能光电/光热系统的利用主要分为光伏-太阳能热水系统和光伏-太阳能热泵系统（简称PV-SHAP)，光伏-太阳能热泵系统又分为直膨式光伏-太阳能热泵系统和间接式光伏-太阳能热泵系统，这几种系统的主要区别在于对该系统的热能利用方式上。针对不同地区、不同季节或不同用户性质可选用不同的使用方式，整个系统结构清晰，可按需要对模块进行集合，在使用上具有灵活性和可调性。

太阳能光电/光伏系统能够在建筑的屋顶和立面大量采用，由于材质因素，光伏-太阳能集热板的外观（图1-1）与如今大量采用的玻璃幕墙的外观近似（图1-2)，布置在建筑的南立面时既能保证不影响建筑的美观，又能对大面积的建筑立面进行充分利用，同时还能增大建筑围护结构的传热热阻，实现保温节能的目的。

1.1.2 光伏-太阳能集热板分析模型

主要针对光伏-太阳能集热（简称PV/T）板的运行情况进行模拟分析，地点选择为辽宁省沈阳地区。

对于光伏-太阳能集热板系统来说，太阳辐射强度和环境温度是最主要的两个影响因素，因此针对光伏-太阳能集热板系统的运行情况，使用Fluent进行温度模拟，并通过计算得到整个系统对于太阳能的综合利用情况。首先选取的模拟地点为沈阳（N41°48′11.75″，E123°25′31.18″)，选用的是1010mm×730mm的光伏板，其中集热面积为0.737m^2，光伏电池面积为0.62m^2。光伏组件各断层从上至下依次为：超白钢化玻璃

(2.5mm)＋EVA 胶膜（0.5mm)＋光伏电池片（0.2mm)＋EVA 胶膜（0.5mm)＋TPT 绝缘层（0.35mm)＋EVA 胶膜（0.5mm)＋铝板（0.5mm)＋EVA 胶膜（0.5mm)＋铝合金板（1.5mm)＋热绝缘泡沫玻璃（25mm)，如图 1-3 所示。钢化玻璃的透过率为 0.91，折射系数 1.5，单晶硅的发射率为 0.9，标准状态下（工作温度 25±1℃，照度 1000W/m^2，AM1.5 标准光谱）太阳能电池片的光电转换效率为 15%。

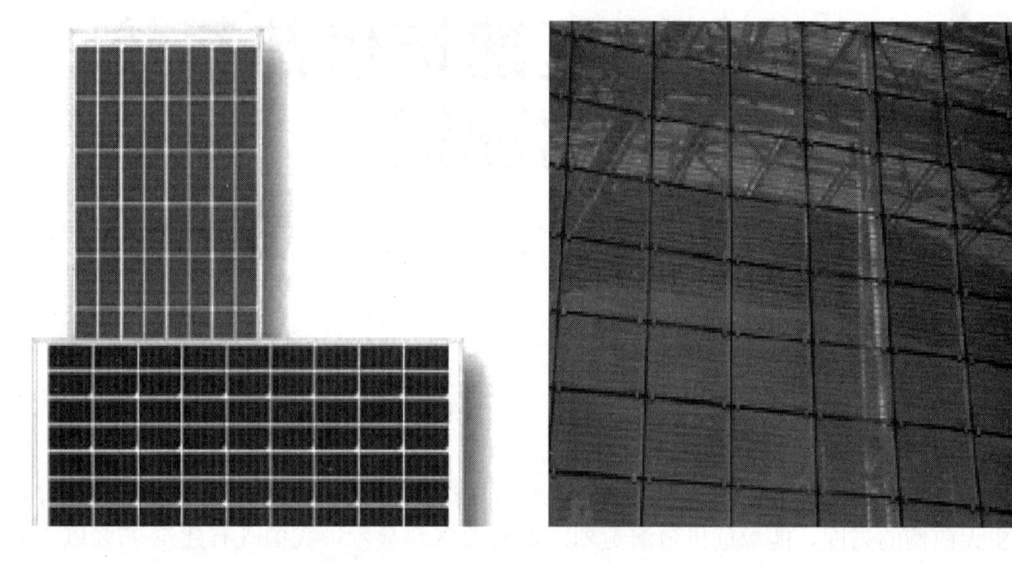

图 1-1 光伏-太阳能集热板　　图 1-2 玻璃幕墙

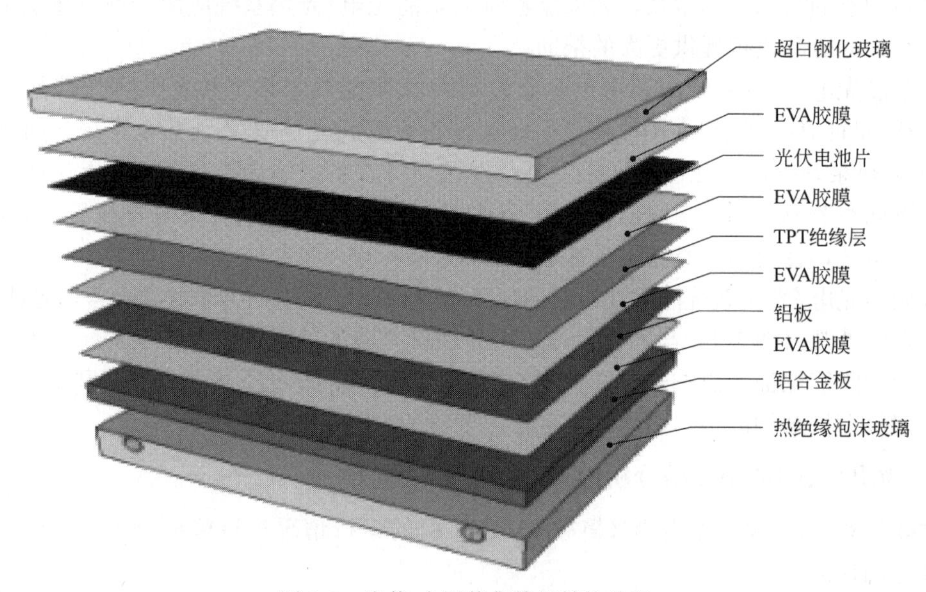

图 1-3 光伏-太阳能集热板结构分解

多孔铝扁管尺寸为 21mm×3mm（图 1-4），截面面积为 $6.3\times10^{-5}m^2$，管中用水作为工质进行换热。对于管路的布置采用的是蛇形盘绕的方式，分为四排管与六排管两种情况，为了确定管的排数，对相同温度和辐射条件下四排管与六排管的换热效果分别进行了模拟，得到同等情况下 PV/T 板运行 1h 四排管与六排管的运行效果（图 1-5、图 1-6)。

图 1-4 光伏-太阳能集热板水管结构

图 1-5 光伏-太阳能集热板四排管换热效果

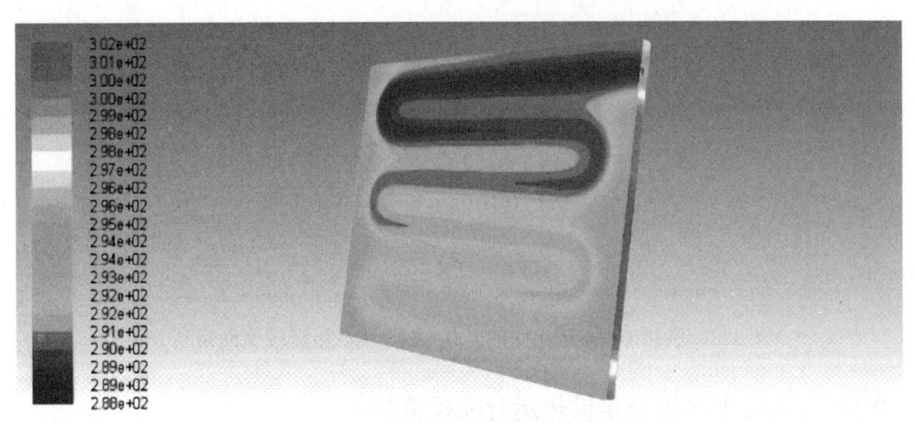

图 1-6 光伏-太阳能集热板六排管换热效果

结果显示，四排管的光伏电池片平均温度为 297.8K，水管出口温度为 292.9K，六排管的光伏电池片平均温度为 297.1K，水管出口温度为 295.9K。可见六排管的换热效果更好，因此选择六排管作为光伏-太阳能集热板的集热管排布方式，单片光伏-太阳能集热板的集热管管路长度为 6.6m。

光伏-太阳能集热板系统板与板之间采用并联方式布置，布置方式分别为南向垂直布置和屋顶倾斜布置，垂直布置时倾斜角度为 0°，倾斜布置时考虑到使光伏-太阳能集热板能够接收到最大的太阳能辐射量，选择倾斜角度为 42°，与当地纬度相近。

应用 Gambit 软件绘制出光伏-太阳能集热板的模型，分别对模型的不同结构区域和边界进行定义，如图 1-7 所示。模型建立后根据结构尺寸对该模型进行网格划分，网格划分的精密程度直接影响模拟结果的精确程度，网格划分如图 1-8 所示，网格划分完毕后将其导入 Fluent 软件进行模拟分析。

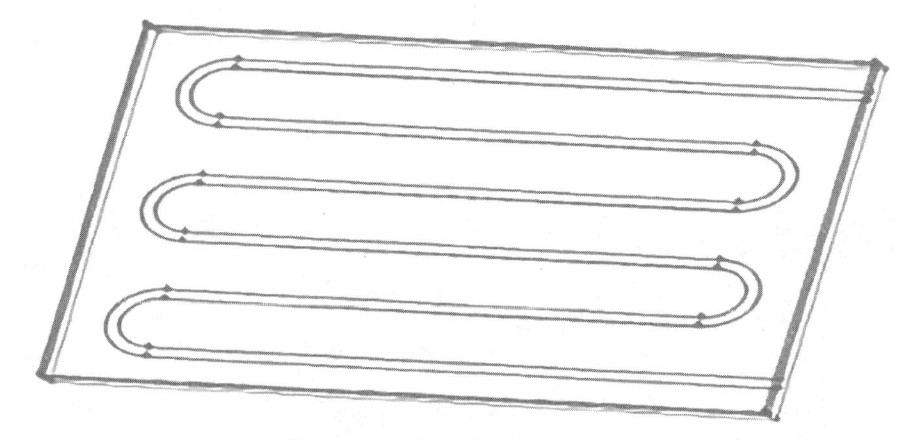

图 1-7　利用 Gambit 建立的光伏-太阳能集热板模型

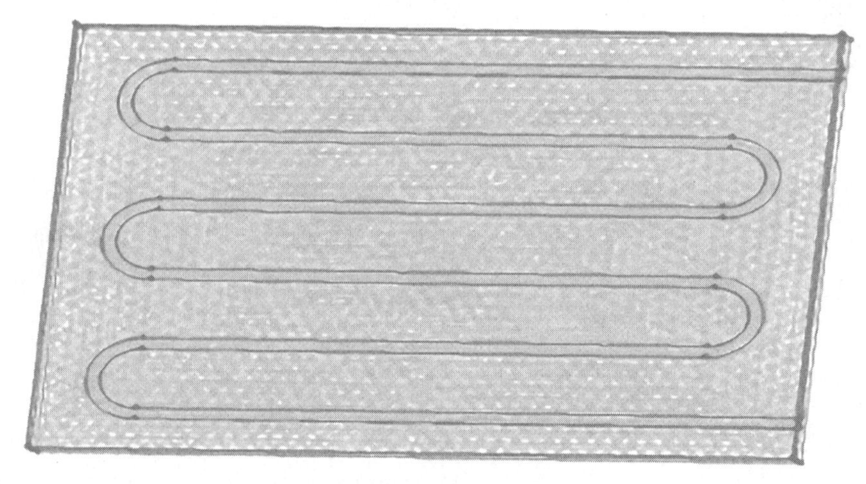

图 1-8　利用 Gambit 建立的光伏-太阳能集热板模型网格划分

1.1.3　光伏-太阳能集热板全年供热运行模拟分析

根据单块光伏-太阳能集热板集热系统逐月运行模拟结果，进行汇总分析，能够得到单块光伏-太阳能集热板光热系统全年的运行情况。图 1-9 为光伏-太阳能集热板集热系统的全年运行情况。从数据分析中可知在非供暖季（4～10 月），光伏-太阳能集热板集热系统能够为建筑提供生活热水，单块垂直布置的集热效率为 75.0%，平均功率为 200.1W；单块倾斜布置的集热效率为 69.6%，平均功率为 272.0W。在供暖季（11～次年 3 月），光伏-太阳能集热板集热系统能够为建筑供暖，单块垂直布置的集热效率为 23.8%，平均功率为 99.2W，单块倾斜布置的集热效率为 23.7%，平均功率为 102.6W。

从全年的角度看，垂直布置的光伏-太阳能集热板集热系统集热效率为 51.6%，平均功率为 165.2W；倾斜布置的光伏-太阳能集热板集热系统集热效率为 52.7%，平均功率为 214.7W。

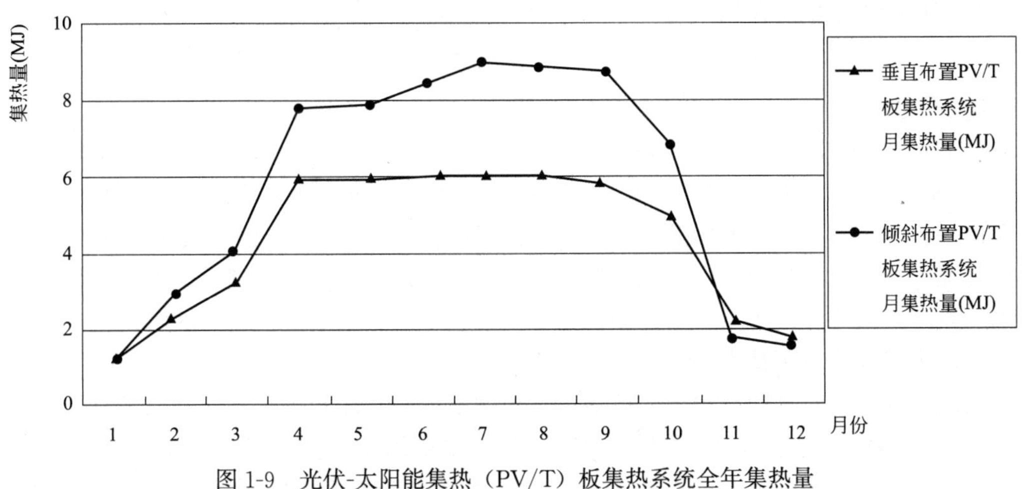

图 1-9 光伏-太阳能集热（PV/T）板集热系统全年集热量

1.1.4 光伏-太阳能集热板光电系统全年运行模拟分析

图 1-10 为光伏-太阳能集热板光电系统的全年运行情况。在非供暖季（4～10 月），单块垂直布置的光伏-太阳能集热板光电系统的光伏转化效率为 6.66%，平均功率为 21.77W，单块倾斜布置的光伏转化效率为 6.70%，平均功率为 44.53W。在供暖季（11～次年 3 月），单块垂直布置的光伏转化效率为 11.21%，平均功率为 38.19W，单块倾斜布置的光伏转化效率为 6.81%，平均功率为 41.95W。

从全年的角度看，垂直布置的光伏-太阳能集热板光电系统光伏转化效率为 8.57%，平均功率为 28.50W；倾斜布置的光伏-太阳能集热板光电系统光伏转化效率为 6.74%，平均功率为 43.47W。

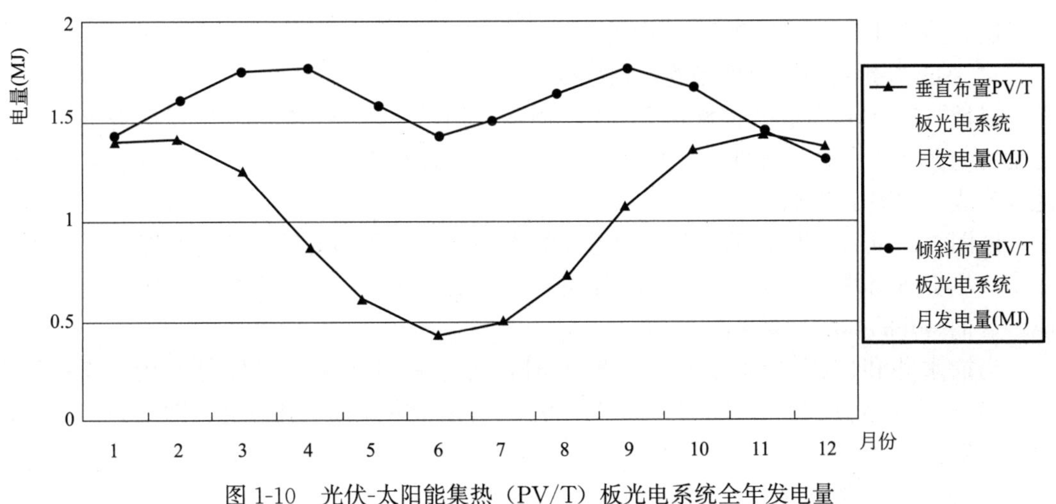

图 1-10 光伏-太阳能集热（PV/T）板光电系统全年发电量

1.2 热泵及其性能研究

1.2.1 区域热泵能源利用条件

（1）研究区域自然地理概况

沈阳市区位于东经122°25′～123°48′，北纬41°12′～42°17′之间，主要为沙砾石地层，一般地下水位的埋深在6.0～9.0m，含水层厚度比较大，水源比较丰富，一般含水层厚度为18.0～40.0m，渗透系数为100m/d左右。沈阳市区地下水位变化趋势基本和地势坡度变化一致，呈现东高西低的变化状态。沈阳大部分地区基本都能满足地下水源热泵系统运行过程中取水和回灌的要求，而城市东北部的渗透系数小，难以满足地下水源热泵系统取水的要求，因此研究区域定为沈阳铁西区某住宅，地貌主要是浑河新冲洪积扇。

（2）研究区域地层及水文地质条件

铁西区位于浑河新冲洪积扇，该地区是第四系地层，沈阳市区第四系地层厚度基本在20～80m，呈现由东北向西南逐渐增厚的趋势，除市区东北部偏薄，不足20m以外，大部分地区的第四系地层厚度基本在40～80m，第四系松散堆积物厚度足以满足抽水井水位下降的需求。铁西区地层从上至下分别是：0～6m为杂填土，6～14m为中细砂、中粗砂，14～24m为砾卵石，24～27m为黏质粉土，27～42m为颗粒较大的砾卵石层，42～50m为黏质粉土，50～60m为黏质粉土含砾石。

沈阳市区含水层的回灌能力总体规律是，北部地区回灌能力较小，最小的仅为13.37m^3/h，由北向南回灌能力逐渐上升，最大值可达到176m^3/h。但是同一城区的回灌能力相差较大，例如青年公园以南有几个项目采用水源热泵系统，虽然各个项目之间距离很近，但是回灌能力相差很大，最小的回灌能力值只有20m^3/h，最大的回灌能力值能达到100m^3/h。由此可知，水源热泵系统回灌井的回灌能力在保证系统正常运行的过程中也担任着非常重要的角色。

1.2.2 抽灌井距对地下水流场和温度场的影响

（1）抽灌井距对地下温度场的影响

1）抽灌井距对地下温度场的影响分析

以地下抽灌井距为20m的情况为例，展示了用Flow Heat 1.0软件模拟得出的地下温度场的温度变化图，如图1-11所示；用Surfer软件得出的地下温度场随抽灌井距的变化等值线，如图1-12所示。

由图1-12可以看出，随着井距的增加抽水井受南北两侧的回灌井冷锋面的影响逐渐减小，热贯通现象越来越不明显。随着抽灌井井距的增加，两个回灌井的冷锋面互不影响，且抽水井的抽水温度逐渐上升。

当抽水井和回灌井间的井距为20m时，运行末期抽水井温度分别为7.791℃和7.787℃；当抽水井和回灌井间的井距为70m时，运行末期抽水井温度分别为11.515℃和11.490℃。

2）抽灌井距的优化分析

表1-1中抽灌井距分别为20m、30m、40m、50m、60m、70m六种情况的双直线抽

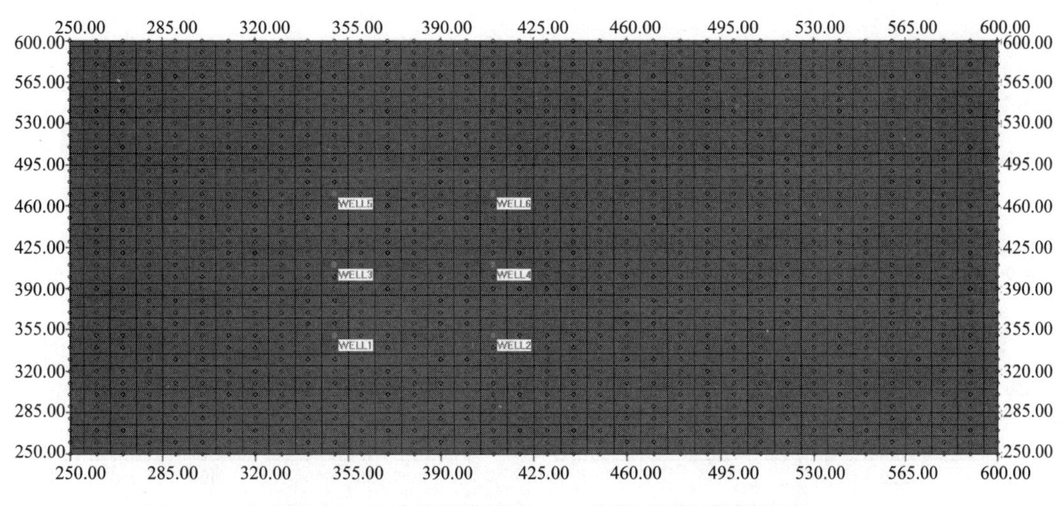

图 1-11 双直线抽灌模式 20m 井距下的温度变化图

灌模式下，模拟出的抽水井抽水温度及抽灌井水位的变化情况。

表 1-1 中数据表明，在冬季供暖运行结束时，抽灌井的水位变化值较小，均能保证热泵系统运行过程中正常的抽水和回灌过程，所以可以忽略渗流场对地下水源热泵系统井群布置方案的影响，只考虑抽水井温度变化对水源热泵系统井群布置方案的影响。随着抽灌井距的增加抽水井的抽水温度越高，越接近于含水层的初始温度，因此抽灌井距越大越有利于抽水过程的进行。但是，由于考虑到实际工程中建筑占地问题和系统初投资问题，我们推荐采用抽灌井距至少为 30m 的布置方式。

双直线抽灌模式的不同井距地下水流场和温度场的变化 **表 1-1**

流量(m^3/h)		井间距(m)	含水层初始温度(℃)	运行末期抽水井温度(℃)		温度差(℃)		抽水井水位下降绝对值(m)		回灌井水位上升值(m)
抽水井	回灌井			抽水井 1	抽水井 2	抽水井 1	抽水井 2	抽水井 1	抽水井 2	
125	62.5	20	13	7.791	7.787	5.209	5.213	1.131	1.131	0.372
		30	13	8.200	8.187	4.800	4.813	1.207	1.210	0.383
125	62.5	40	13	8.828	8.802	4.172	4.198	1.317	1.319	0.389
		50	13	9.710	9.684	3.290	3.316	1.353	1.357	0.412
		60	13	10.645	10.621	2.355	2.379	1.325	1.331	0.434
		70	13	11.515	11.490	1.485	1.510	1.403	1.411	0.447

(2) 抽灌井布置模式对地下温度场的影响

以地下抽灌井距为 30m 的情况为例，展示了用 Flow Heat 1.0 软件模拟得出的地下温度场的温度变化图，用 Surfer 软件得出的地下温度场随抽灌井距的变化等值线（图 1-13～图 1-18）。

1) 抽灌井布置模式对地下温度场的影响分析

第一种布置模式是插排式。运行末期，各抽水井的温度变化值相同，各回灌井的温度变化值相同。当抽水井和回灌井间的井距为 30m 时，运行末期抽水井温度为 9.4618℃；当抽水井和回灌井间的井距为 40m 时，运行末期抽水井温度为 9.8026℃；当抽水井和回

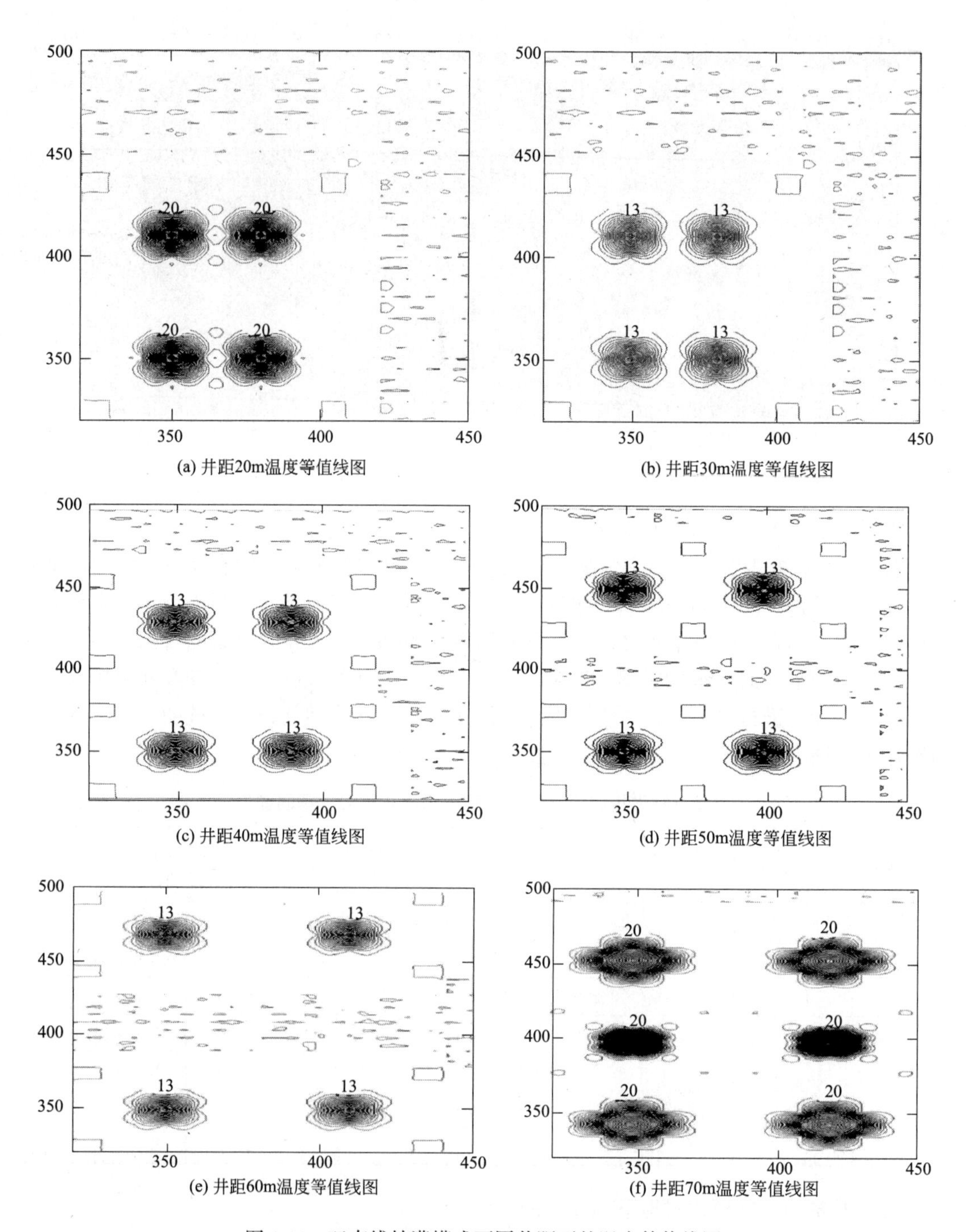

(a) 井距20m温度等值线图

(b) 井距30m温度等值线图

(c) 井距40m温度等值线图

(d) 井距50m温度等值线图

(e) 井距60m温度等值线图

(f) 井距70m温度等值线图

图 1-12 双直线抽灌模式不同井距下的温度等值线图

灌井间的井距为 50m 时，运行末期抽水井温度为 11.315℃。

第二种布置模式是点横式。随着抽灌井井距的增加，四个回灌井的冷锋面互不影响，抽水井的抽水温度逐渐上升，并且西侧的抽水井的抽水温度要高于东侧抽水井的抽水温度，分析其原因是两个抽水井同时受到东西两侧的回灌井的影响，但是由于地下水是由东

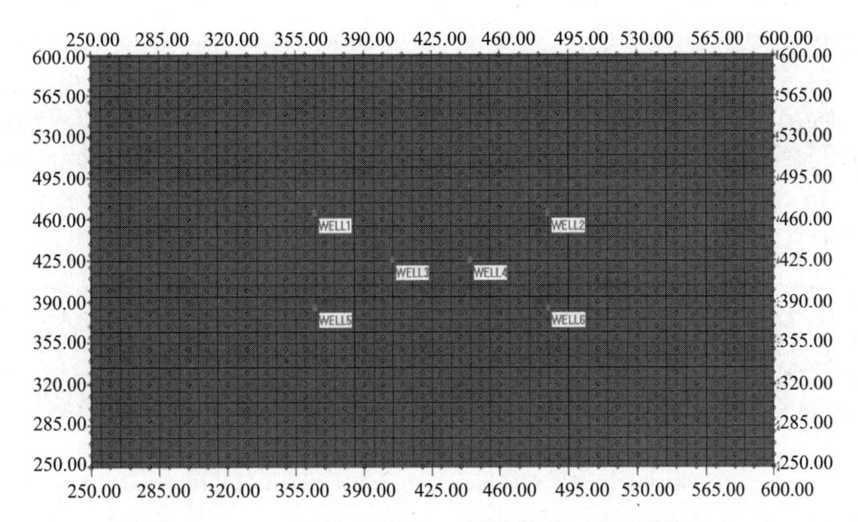

图 1-13　插排抽灌模式 30m 井距下的温度变化图

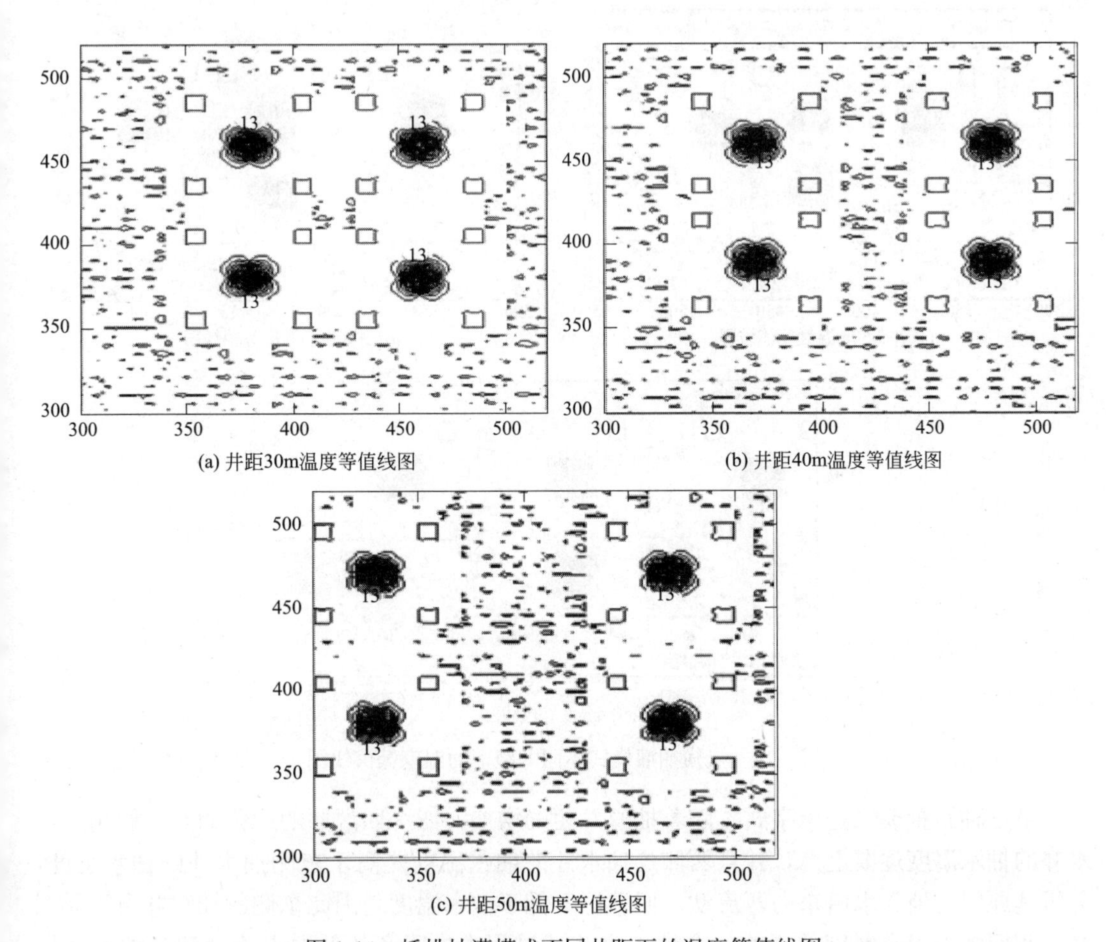

(a) 井距30m温度等值线图

(b) 井距40m温度等值线图

(c) 井距50m温度等值线图

图 1-14　插排抽灌模式不同井距下的温度等值线图

向西流动的，在地下水流动过程中，含水层初始温度为 13℃的高温水流向了西侧的抽水井，导致西侧抽水井温度高于东侧抽水井。

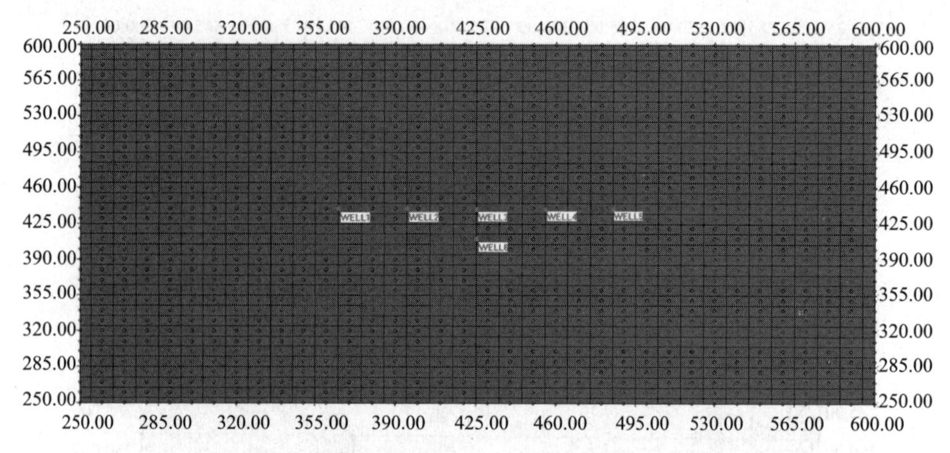

图 1-15 点横抽灌模式 30m 井距下的温度变化图

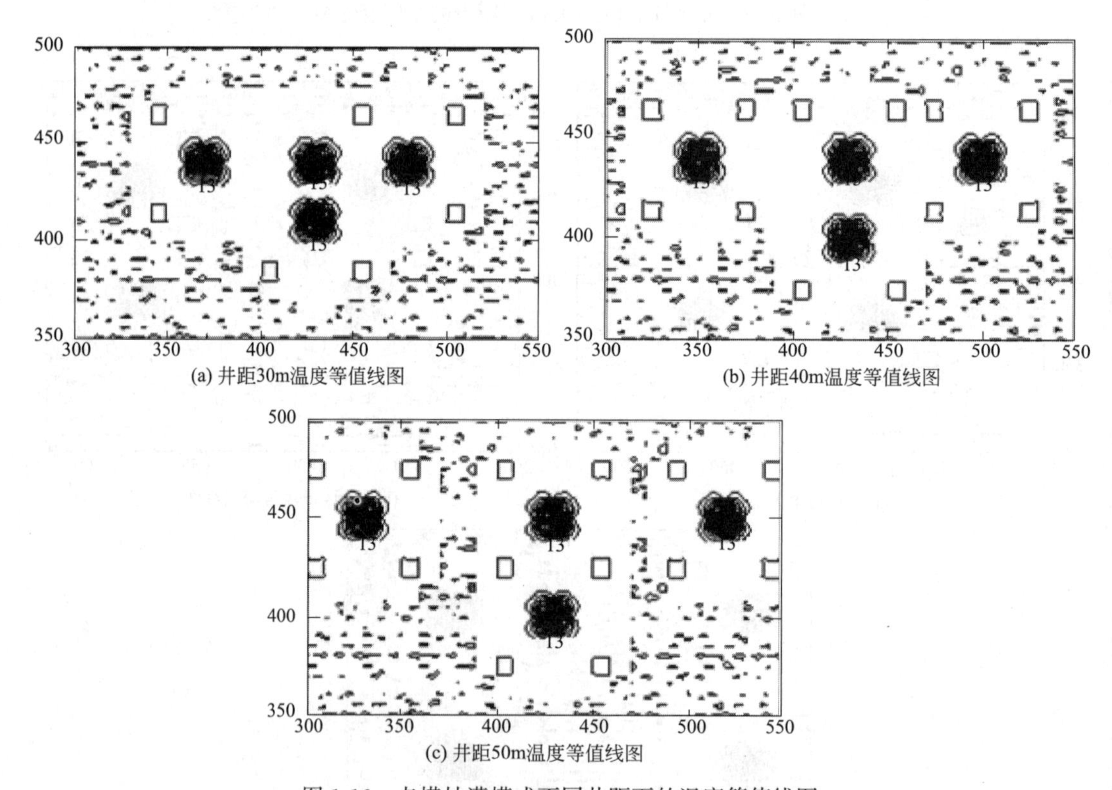

(a) 井距30m温度等值线图

(b) 井距40m温度等值线图

(c) 井距50m温度等值线图

图 1-16 点横抽灌模式不同井距下的温度等值线图

第三种布置模式是十字式。随着抽灌井距的增加，四个回灌井的冷锋面互不影响，抽水井的抽水温度逐渐上升，并且西侧的抽水井的抽水温度要高于东侧抽水井的抽水温度，分析其原因是地下水由东向西流动，回灌温度低于抽水温度，因此东侧的抽水井由于受到其东侧回灌井回灌温度的影响，在地下水流动过程中，回灌的低温水流动到该抽水井周围，导致其抽水温度降低。

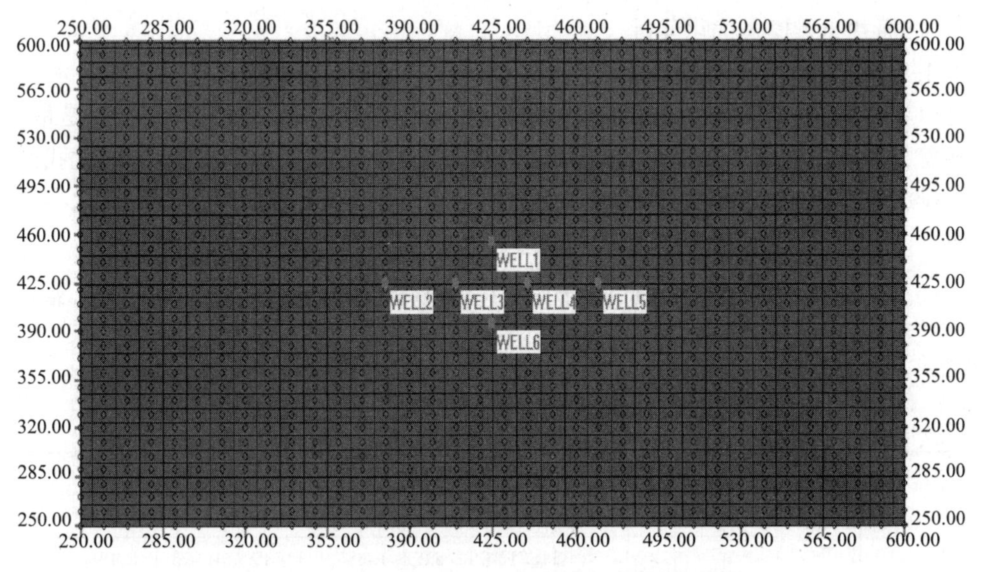

图 1-17 十字抽灌模式 30m 井距下的温度变化图

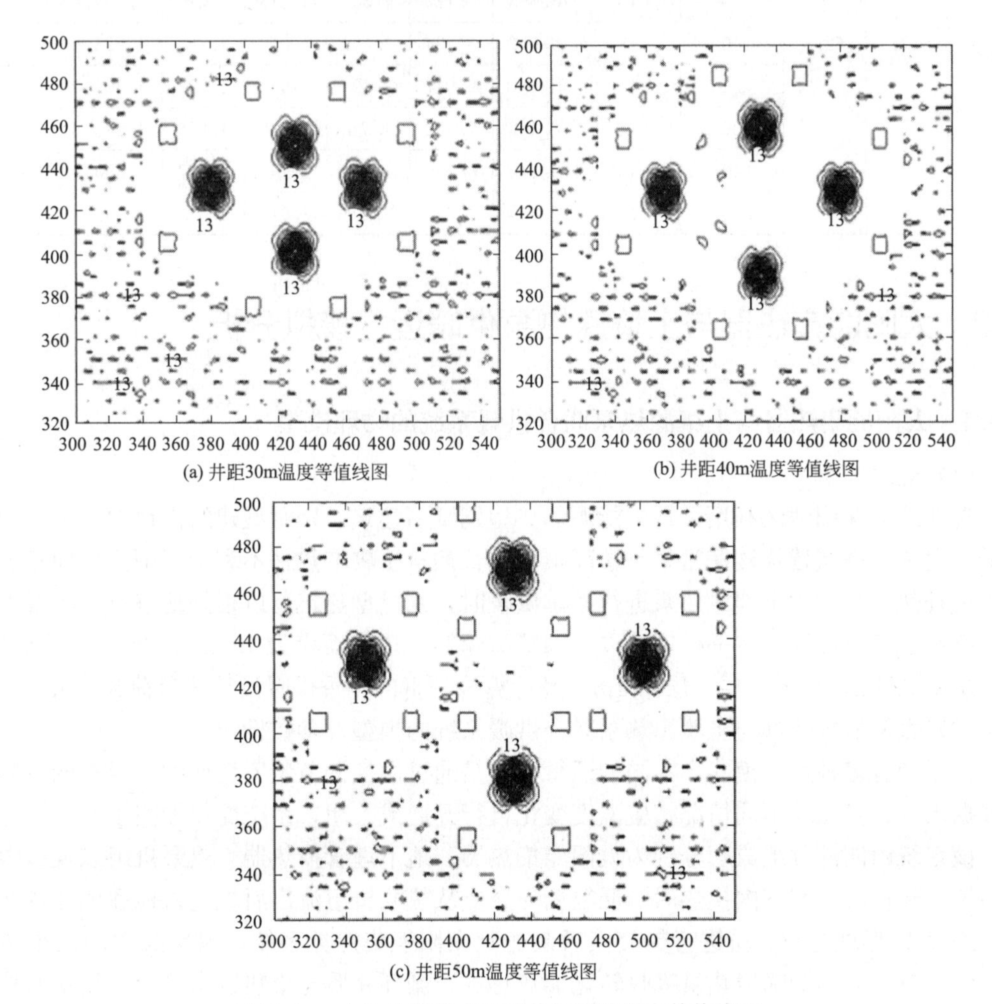

图 1-18 十字抽灌模式不同井距下的温度等值线图

2）抽灌井布置模式优化分析

表 1-2 为不同抽灌布置模式下，模拟出的抽水井抽水温度的改变及抽灌井水位的变化。可以看出在 30m、40m、50m 三种情况下，插排布置模式的抽水井的温差是最小的，并且随着抽灌井距的增加抽水井的温度差逐渐减小，回灌井比较容易回灌，因此我们建议采用插排的布置模式，插排的布置模式是地下水源热泵空调系统抽灌井井群优化布置的最佳方案。

三种模式的不同井距地下水流场和温度场的变化 表 1-2

布置模式	流量（m^3/h）		井间距（m）	含水层初始温度（℃）	运行末期抽水井温度（℃）		温度差（℃）		抽水井水位下降绝对值（m）		回灌井水位上升值（m）
抽灌井	抽水井	回灌井			抽水井 1	抽水井 2	抽水井 1	抽水井 2	抽水井 1	抽水井 2	
插排模式	125	62.5	30	13	9.462	9.462	3.538	3.538	1.478	1.478	0.368
			40	13	9.803	9.803	3.197	3.197	1.482	1.482	0.407
			50	13	11.315	11.315	1.685	1.685	1.498	1.498	0.422
点横模式	125	62.5	30	13	8.663	8.122	4.337	4.878	1.219	1.164	0.229
			40	13	9.502	8.924	3.498	4.076	1.264	1.228	0.281
			50	13	10.501	9.947	2.499	3.053	1.297	1.271	0.317
十字模式	125	62.5	30	13	8.402	7.822	4.598	5.178	1.278	1.245	0.219
			40	13	8.830	8.290	4.170	4.710	1.367	1.350	0.253
			50	13	9.894	9.328	3.106	3.672	1.373	1.359	0.303

1.3 太阳能集热器与土壤源热泵供暖运行模拟分析

1.3.1 太阳能集热器与土壤源热泵联合供暖系统的物理模型

（1）建筑模型

选取北方沈阳地区利用可再生能源的典型别墅型建筑。别墅型建筑占地面积大，楼高较低，目前的高层建筑楼房密集且楼高很高，长期从土壤取热，不利于周围土壤向建筑下方土壤补热。当采用土壤源热泵进行冬季供暖时，别墅型建筑可以很好地进行土壤温度调节，有利于建筑回温。本书模拟选取的别墅型建筑，建筑面积为 $496m^2$，共 4 层，地上 3 层，层高 3.6m，地下 1 层，层高 2m，经计算该别墅的冬季供暖设计热负荷为 20kW。

（2）太阳能集热器与土壤源热泵联合供暖系统的模型及参数设定

该系统有多种运行模式，不同的运行模式是通过温控调节装置切换的，温控调节装置可根据天气、日照等不同情况感应温度变化自行开启或关闭，系统简图如图 1-19 所示。

该系统由四部分组成，分别为太阳能集热器、地下埋管换热器、热泵机组以及室内末端系统。运行时，与室内换热后的低温循环介质从热泵机组流出后先进入地埋侧埋管换热器，通过 U 形埋管与土壤进行热交换后泵送到太阳能集热器系统，聚焦式太阳能集热器可以将大量的太阳能辐射热量吸收转化加热热水，循环介质与集热器水箱中的热水换热后再送入热泵系统，经过蒸发与冷凝过程与室内末端系统进行换热，达到冬季住宅供暖要求。此过程循环往复。

系统参数设定是整个研究过程最重要的阶段，它关系到模拟分析的正确与否。本书模拟过程中采用的各项参数将在这里介绍。

同步跟踪聚焦式太阳能集热器的集热面积为 $50m^2$，布置在屋顶上，按照每平方米最大蓄水量选择的蓄热水箱的容积为 7500L，由公式可以计算得到太阳保证率为 23.4%。埋管换热器选择单 U 形埋管换热器。单 U 形埋管换热器每米管长可以换得的热量为 50W 左右，因此按照能够满足建筑最大负荷 20kW 选择埋管总长为 400m，钻井 4 口，每口深 100m，钻井管径 300mm，管井间距为 6m，埋管内径为 40mm。地下水温为 11.5℃，土壤导热系数 4.1W/(m·K)，地埋管热阻 0.0401（m·K)/W，循环水流量 1.5kg/s。热泵输出功率为 9450W。

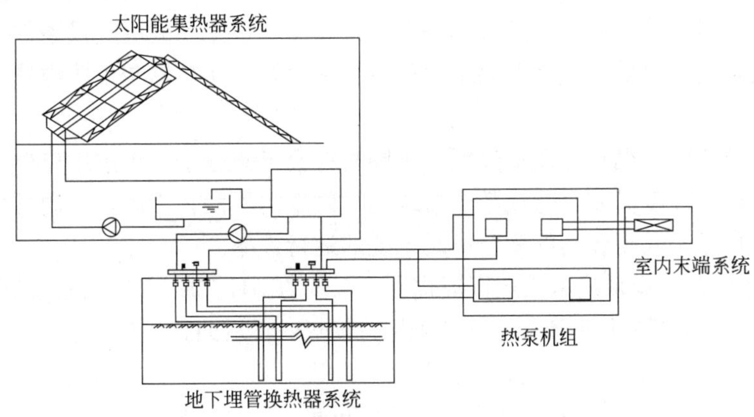

图 1-19 太阳能集热器与土壤源热泵联合供暖系统简图

1.3.2 复合能源系统的运行模式

（1）夏季制冷工况系统运行模式

太阳能集热器与土壤源热泵联合供暖系统在夏季制冷运行时，只能采用土壤源热泵对建筑进行供冷（北方地区居住性建筑大多不使用），太阳能集热器只能对系统进行供热，因此太阳能集热器除了负责夏季生活热水的供应以外，还可以将夏季富余的太阳能储存在土壤中，有利于夏季土壤的回温。因为沈阳地区冬季的供热负荷远远大于夏季制冷负荷，因此夏季土壤源热泵可以负担夏季所需的全部冷量。由于夏季太阳能向土壤中蓄热和土壤源热泵向室内供冷量都需要使用埋管换热器，因此若是同时进行太阳能蓄热和土壤源热泵供冷则会导致二者相互干扰，影响系统的运行效率。因此，若要保证二者顺利工作，则需要采取一定的措施。采用二者交错运行的方法是极为有效的，可以将富余的太阳能储存在一部分埋管内，这部分埋管换热器只负责蓄积太阳能集热器采集到的热能，其余的埋管负责正常的土壤源热泵供冷。这种方式可以减少蓄热水箱的容积，大大降低蓄热水箱的成本以及占用空间，但是相应地也增加了埋管换热器的数量以及造价。另外一种方式是采用工作时间分开的方式。夏季白天温度过高需要供冷时，可使埋管换热器只为土壤源热泵提供冷源，而白天蓄积的大量富余太阳能可暂时先储存在蓄热水箱内，等到晚上不需要供冷时，再将蓄热水箱中蓄积的热量输送到地下埋管换热器中，此种方式增加了蓄热水箱的容积，与第一种方式相比，多了在蓄热水箱中蓄热的过程，会导致一部分热量的损失。

（2）冬季联合供暖工况下系统运行模式

太阳能集热器与土壤源热泵联合供暖模式是指二者共同负担供暖建筑所需的热负荷。采用这种联合供暖系统弥补了太阳能集热器与土壤源热泵单独供暖的不足。单独采用太阳能集热器系统时，由于太阳辐射受大气气候条件影响很大，若碰上连续的阴雨天气则会导致太阳能集热器无法正常工作，从而影响向建筑物供暖。单独采用土壤源热泵对建筑进行供暖时，需要连续大量地从土壤中取热，若夏季不使用土壤源热泵进行供冷运行，则会导致土壤温度越来越低，造成土壤污染，土壤源热泵的性能也会逐渐降低。现将二者巧妙地结合在一起，用土壤源热泵来弥补太阳能的间歇性和不稳定性，太阳能集热器来补充土壤的温度，减少土壤源热泵向土壤的取热，这样一来，不仅解决了太阳能集热器与土壤源热泵存在的各种问题，也能够提高热泵机组的运行效率，是非常高效的供热系统模式。本书重点研究冬季供暖条件下系统的几种不同的运行工况。根据不同的气候条件，供暖运行模式可以分为太阳能集热器与土壤源热泵串联运行和太阳能集热器与土壤源热泵并联运行两种运行模式。

串联运行模式中，循环介质流经顺序不同时将会导致各子系统进出口循环水温度的不同，不同的循环水温度又将会造成整个系统运行效率的不同，因此，我们可以通过改变循环介质的流经顺序来获得较高的联合供暖系统的运行效率。

图 1-20 为联合供暖系统串联运行模式Ⅰ，系统的循环介质经热泵机组的管路出口流出后先进入地埋侧与土壤换热后流经集热器侧进行加热，最后回到热泵机组。这样一来，太阳能集热器可以将埋管换热器加热过的高温循环介质进行第二次加热，再通过热泵机组送入到室内或是当温度达到一定高度时，循环介质不经过热泵，直接被送入室内进行供暖。

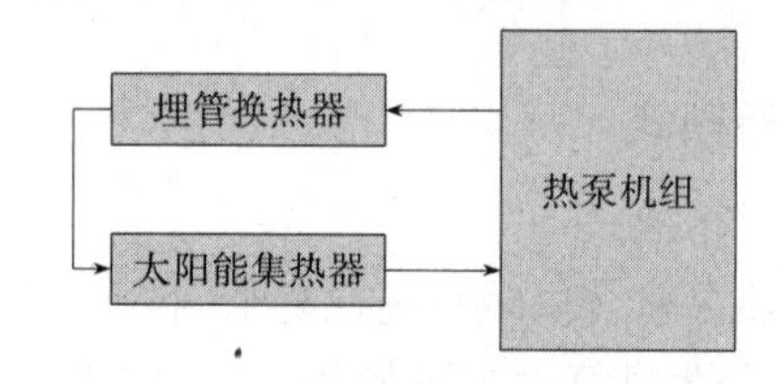

图 1-20　联合供暖系统串联运行模式Ⅰ

图 1-21 为联合供暖系统串联运行模式Ⅱ，系统的循环介质经热泵机组的管路出口流出后先进入集热器侧，与集热器内热水进行换热（充足时可进行水箱或是土壤 U 形管蓄热）后流经地埋侧与 U 形管内的循环水进行换热，最后回到热泵机组进行蒸发冷凝过程。这样一来，太阳能集热器可以将高温的循环水的热量蓄存在土壤中，有利于土壤的回温。有效防止了连续长期从土壤中取热导致的土壤温度过低造成的土壤污染，也间接地提高了整个系统的运行效率。

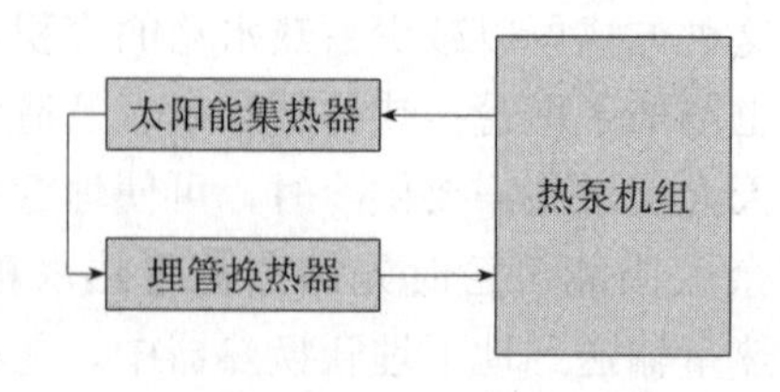

图 1-21　联合供暖系统串联运行模式Ⅱ

冬季联合供暖并联运行工况为循环介质从热泵机组输出后经由分流器按不同的比例分流后分别流经太阳能集热器系统与埋管换热器系统，经过二者进行热交换后，再汇集到热泵机组。这种运行模式的优点在于它可以智能调节热泵出口循环介质的分流比例。若白天太阳辐射充足，则可适当增加太阳能集热器侧的循环介质流量，若太阳能不足，可适当增加埋管换热器侧的循环介质流量，若赶上连续的阴雨天，可完全关闭太阳能集热器，完全改用土壤源热泵直接供暖，这样既可以保证供暖需要，又可以使整个系统保持长期连续高效运行。

(3) 冬季交替供暖工况下系统的运行模式

冬季交替供暖模式是指以太阳能集热器供暖为主要供热方式，土壤源热泵辅助供暖。白天太阳能充足的时候采用太阳能集热器采集的热量作为热泵系统的热源，这样可以减少土壤源热泵从土壤中取热，间接提高了土壤的温度，从而提高了土壤源热泵的效率。

夜间、连续阴雨天气或是太阳辐射较低的时候改用土壤源热泵供暖，完全关闭太阳能集热器侧的循环介质流量。采用此种供暖运行方式，可以大大降低土壤源热泵的运行时间，避免了长时间从土壤中连续取热导致土壤温度过低，有效地保证了土壤的回温，提高了土壤的温度，从而大幅度提高了土壤源热泵的运行效率。

此外，当太阳能富余时，埋管换热器还可以将富余的太阳能蓄积在土壤中，有利于土壤温度的小幅恢复，也可以相应地减少蓄热水箱的容积。

1.3.3 太阳能集热器与土壤源热泵联合供暖系统的模拟

太阳能集热器与土壤源热泵联合供暖系统主要由四个子系统组成：太阳能集热器子系统（聚焦式太阳能集热器）、地下土壤埋管换热器子系统（单 U 形埋管换热器）、热泵机组、室内末端系统（冬季供暖系统）。这四部分相互耦合换热，形成了一整套完整的换热系统。其中太阳能集热器系统由聚焦式集热装置和蓄热水箱组成，室内供热装置为风机盘管系统。整套系统中热泵机组内部的结构最为复杂，它分为蒸发器（介质在低温下蒸发，将埋管换热器的低温循环水中的热量置换）、冷凝器（冷凝放热，再次提高介质温度，与室内末端系统的循环介质进行换热）、压缩机、膨胀阀。国内外发表的文献中，有很多对热泵内部各组件之间和制冷剂的分配比例以及优化问题进行了深入的实验、模拟以及探讨。但是由于热泵机组内部的结构复杂性以及本书的主要研究方向，在本次模拟中，并不考虑热泵机组内部的结构。本书将采用 MATLAB 中的 Simulink 重点研究在定流量的前提下改变整个系统中循环水在集热器侧与埋管换热器侧的流经顺序，以及两侧循环水不同的流量配比对整个系统换热的影响。因此，本书以冬季供暖工况为例，分析系统的质量以及能量守恒，得出联合供暖系统内部的热量传递关系，建立系统的模型，系统原理图和简化模型图分别如图 1-22、图 1-23 所示。

1.3.4 太阳能集热器与土壤源热泵联合供暖系统模拟分析

(1) 联合供暖系统运行的动态分析

在对联合供暖系统进行动态模拟之前，首先要考虑在连续阴雨或下雪天气，由于太阳能集热器无法采集到太阳辐射热能，因此，需要完全关闭太阳能集热器侧的循环介质流量，此时，由埋管换热器单独对供暖建筑进行冬季供暖。在此基础上建立只由埋管换热器子系统与热泵子系统的串联模型，同样地，不考虑系统各管件的热损失，根据能量守恒定律建立方程式(1-1)、式(1-2)：

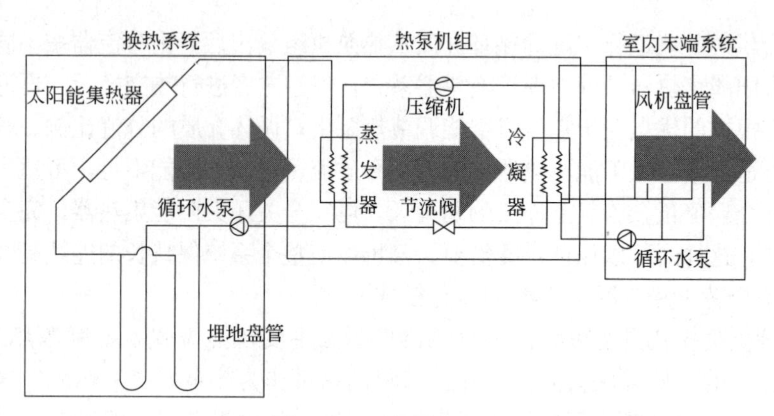

图 1-22 系统的原理图

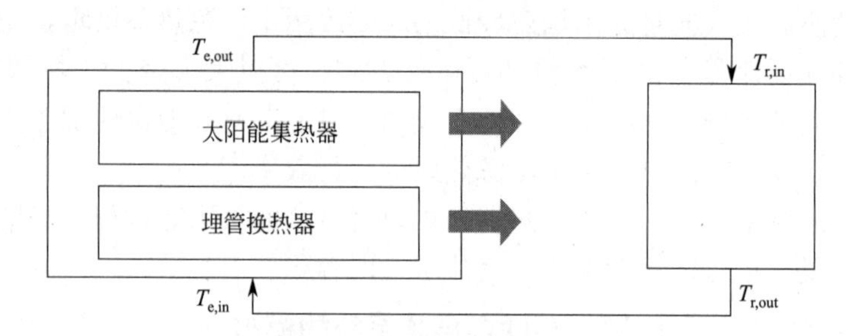

图 1-23 系统的简化模型图

$$T_{r,out}=T_{e,in} \tag{1-1}$$

$$T_{e,out}=T_{r,in} \tag{1-2}$$

式中 $T_{e,out}$——蒸发器出口水温（℃）；

$T_{e,in}$——蒸发器进口水温（℃）；

$T_{r,out}$——冷凝器出口水温（℃）；

$T_{r,in}$——冷凝器进口水温（℃）。

系统的参数见表 1-3。

系统参数表 **表 1-3**

参数	数值	单位
埋管换热器的类型	单 U	
埋管换热器的总长度	800	m
埋管换热器的内径	40	mm
钻井深度	100	m
钻井数量	4	
钻井直径	300	mm
无穷远处土壤温度	11.5	℃
土壤导热系数	4.1	W/(m·K)
土壤比热容	2160000	J/(m^3·K)
循环水比热容	4138	J/(kg·K)
循环水流量	1.5	kg/s
热泵输出功率	9450	W

利用以上参数及各子系统的模型建立土壤源热泵系统的动态模型。

(2) 串联模式下不同串联顺序对系统运行效率的影响

太阳能集热器与土壤源热泵联合供暖系统串联模式中串联顺序分为两种，一种是循环介质先流经地埋侧单U形埋管换热器，一种是循环介质先流经集热器侧聚焦式太阳能集热器。两种模式的顺序不同会使循环水的进出口温度受到很大的影响，相应系统的运行效率也会不同，为了研究两种串联方式对整个系统的影响，在已经建立好的系统模型上，选取冬季供暖日（12月20日）进行动态仿真模拟计算。由此可以得到土壤源热泵单独运行时，埋管换热器进出口循环介质温度曲线图，如图1-24所示。

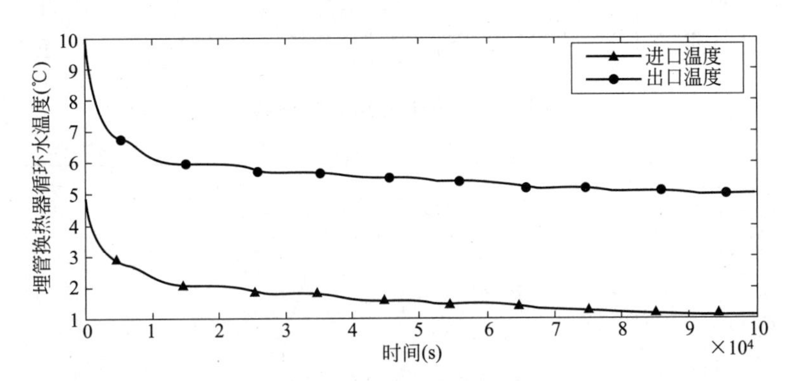

图1-24 土壤源热泵单独供暖工况埋管换热器循环水温度

串联运行模式下系统仿真模型的各项参数 **表1-4**

参数	数值	单位
太阳能集热器面积	50	m^2
埋管换热器长度	400	m
埋管换热器类型	单U形	
埋管换热器内径	40	mm
热交换井热阻	0.0401	(m·K)/W
土壤比热容	2160000	$J/(m^3 \cdot K)$
土壤导热系数	4.1	W/(m·K)
土壤初始温度	11.5	℃
热泵输出功率	9450	W
循环水比热容	4138	J/(kg·K)
循环水流量	1.5	kg/s
蓄热水箱容积	7500	L

在已经建立的模型和各项参数设置（表1-4）的基础上，在定流量的基础上，分别对不同串联模式下地埋侧单U形埋管换热器的热交换量、埋管换热器进口循环水温度、聚焦式太阳能集热器的进口循环水温度以及热泵进口循环水的温度进行仿真模拟分析，其模拟结果如图1-25～图1-28所示。

由图1-25可以看出，埋管换热器在两种串联模式下其换热量是相同的，在上午8时之前以及17时之后埋管换热器的热交换量就是建筑所需的热负荷，在8～17时，埋管换

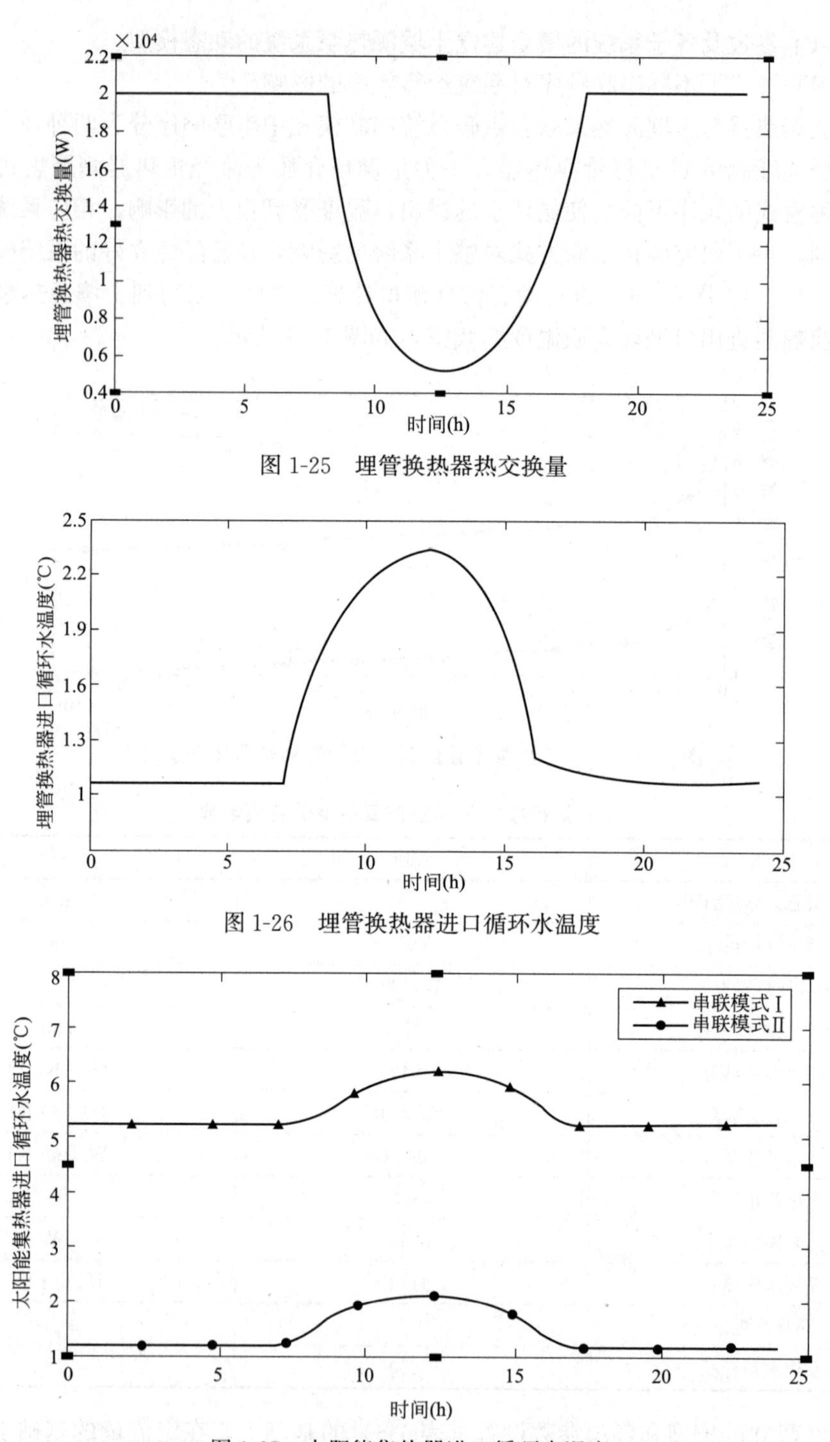

图 1-25　埋管换热器热交换量

图 1-26　埋管换热器进口循环水温度

图 1-27　太阳能集热器进口循环水温度

热器的换热量先逐渐降低后又升高，到中午 12 时达到最低值。这是由于在模拟过程中，埋管换热器的热交换量只由太阳能集热器与热泵机组决定，又因为太阳能集热器与热泵机组选定后，二者的效率以及功率都已经确定，埋管换热器的热交换量也是定值，因此不同的串联顺序下埋管换热器的热交换量相同。

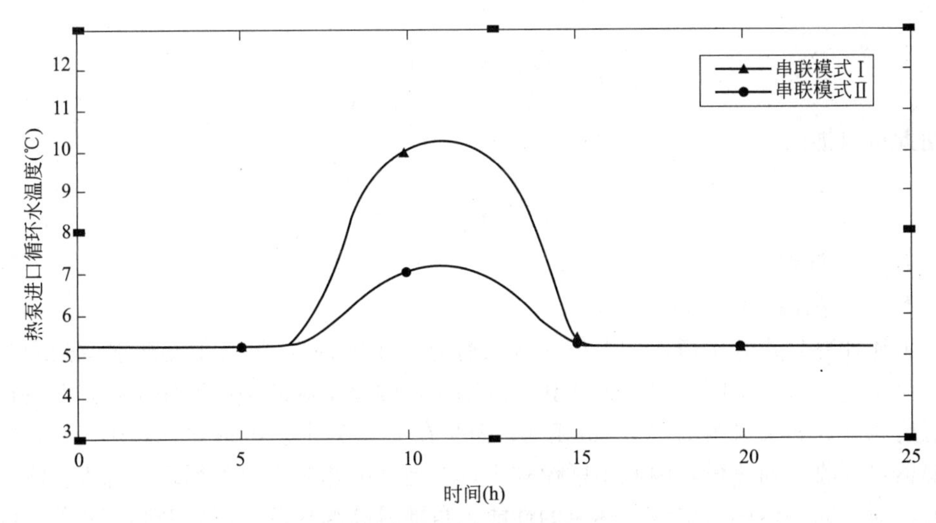

图 1-28 热泵进口循环水温度

由图 1-26 可以看出，串联模式不同对埋管换热器的进口循环水温度也没有影响。这是由于埋管换热器的热交换量是影响换热器内循环介质平均温度的唯一因素，因此换热量相同，埋管换热器进口循环水温度也相同。

由图 1-27 和图 1-28 可以看出，两种串联模式对太阳能集热器进口循环水的温度以及热泵进口循环水的温度影响很大，由图 1-25 与图 1-26 可知，串联顺序不同埋管换热器的换热量与进口循环介质温度均不发生改变，因此不同的串联顺序下埋管换热器的循环介质出口温度也就相同。串联模式Ⅰ中，经埋管换热器出口的循环介质又进入太阳能集热器进行二次换热，使得循环介质的温度得到了再次提高，因此与串联模式Ⅱ比较串联模式Ⅰ的太阳能集热器进口循环水温度与热泵机组的进口循环水温度更高。太阳能集热器进口循环水温度的高低也影响着太阳能集热器的运行效率，其表达式为：

$$\eta_s = C - D\frac{T_{s,in} - T_{s,a}}{I} \tag{1-3}$$

式中 η_s——太阳能集热器的运行效率；

$T_{s,in}$——太阳能集热器进口循环水温度（℃）；

$T_{s,a}$——太阳能集热器内部环境温度（℃）；

I——太阳能辐射强度（W/m^2）。

C、D 均为常数。由式(1-3) 可知，太阳能集热器的进口温度越小，运行效率就越高。但是由于同步跟踪聚焦式太阳能集热器的内部环境温度比进口循环水温度高很多，因此，聚焦式太阳能集热器的进口循环水温度对集热器的运行效率影响不大。

理想的热泵机组遵循逆卡诺热泵循环，它是由两个可逆的等温过程和两个可逆的绝热过程组成的，其组成部分与逆卡诺制冷循环是相同的，但是二者的高温热源和低温热源的温度范围却不同。它可以表述为利用电能驱动压缩机对工质做功，工质从高温热源 Q_h 放出的热量为低温热源吸收热量 Q_d 与外界做功 A 的和，故有热泵的制热性能系数 COP：

$$COP = \frac{有效制热量}{净输入能量}$$

即：

$$COP=\frac{Q_h}{A}=\frac{Q_d+A}{A}=\frac{Q_d}{A}+1 \tag{1-4}$$

由此可以推出：

$$COP=\frac{T_d}{T_h-T_d}+1=\frac{T_h}{T_h-T_d} \tag{1-5}$$

式中 T_d——低温热源的温度（℃）；

T_h——高温热源的温度（℃）。

从上述计算公式分析得出，上午8时之前与16时以后，没有阳光照射或是阳光很微弱，以至于聚焦式太阳能集热器无法获得太阳能，因此不同的串联顺序下，热泵的进口循环水温度相同，热泵机组的*COP*也相同；但是在上午8时至16时之间，阳光充足，太阳能集热器可以收集到热量，因此串联模式Ⅰ具有更高的热泵进口的循环水温度。冬季供暖运行时，对于同一台热泵机组，热泵的性能系数随着高温热源的温度升高而降低，随着低温热源温度的升高而增大，即T_d越高，热泵的*COP*越高，即热泵机组的进口循环水温度越高，热泵的*COP*越高。因此，串联模式Ⅰ时热泵机组具有更高的运行效率。

由于本书选取的集热器为高温型，因此其内部环境温度比集热器进口温度高很多，在模拟过程中，可忽略集热器进口循环介质温度对系统整体运行效率的影响，然而在系统运行时，集热器进口循环水温度对集热器的运行效率还是会产生一定的影响，集热器进口循环水温度越低，集热器的运行效率就越高。因此，串联模式Ⅱ运行时，集热器的运行效率较串联模式Ⅰ更高。

综上所述，串联模式Ⅰ中热泵机组的运行效率较高，串联模式Ⅱ中太阳能集热器的运行效率较高，但是由于集热器的类型是聚焦式，该集热器的运行效率几乎不会受到集热器进口水温的影响，故综合分析，串联模式Ⅰ为实际工程设计应用时的首选。

（3）并联模式下不同分流比例对系统运行效率的影响

表1-5为系统并联运行时的各项参数。

系统并联运行时的各项参数 **表1-5**

参数	数据	单位
太阳能集热器类型	同步跟踪聚焦式	
太阳能集热器面积	50	m^2
埋管换热器类型	单U形	
换热器内径	40	mm
换热器长度	400	m
热交换井热阻	0.0401	(m·K)/W
土壤初始温度	11.5	℃
土壤比热容	2160000	J/(m^3·K)
循环水流量	1.5	kg/s

在系统运行过程中流经地埋侧与集热器侧的流量不同也会导致热泵机组乃至整个系统的运行效率不同。

太阳能集热器与土壤源热泵联合供暖系统并联工作时，循环水从热泵机组流出后流经分水器，分水器将循环介质分流，按照分流后的比例进入埋管换热器与太阳能集热器。设定整个系统的循环介质总流量为定值，则此时分流比例将会导致埋管换热器与太阳能集热器的进出口循环介质温度有差异，从而造成整个系统的运行效率的巨大差异。为了进一步研究这种差异的程度及产生的原因，本节将针对冬季 12 月 20 日进行连续的供暖模拟计算，采用的系统的各项参数见表 1-5，选取分流比例（S_e）为 0.2、0.4、0.6、0.8 进行模拟，结果如图 1-29～图 1-36 所示。

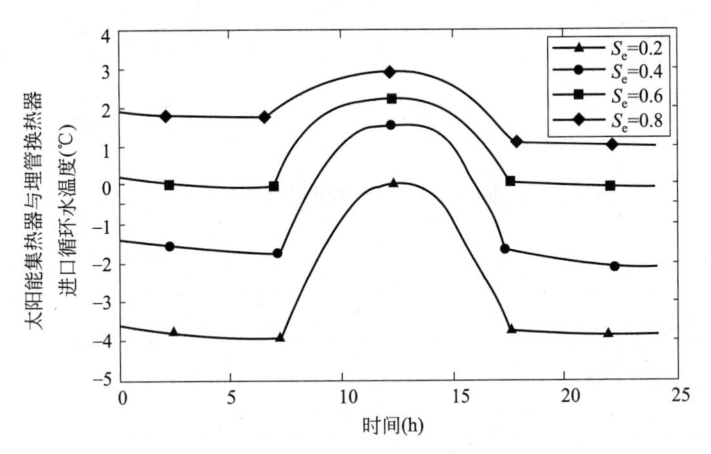

图 1-29　不同分流比例太阳能集热器与埋管换热器进口循环水温度

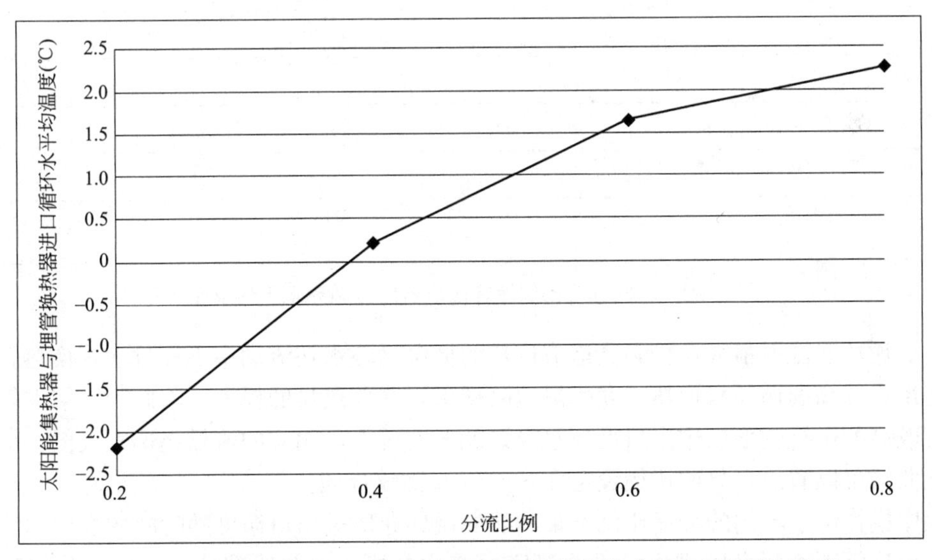

图 1-30　不同分流比例太阳能集热器与埋管换热器进口循环水平均温度

图中给出了四种分流比例下埋管换热器的进出口循环水温度、平均温度的变化曲线。改变分流比例后，尽管埋管换热器换热量没有发生改变，但是埋管换热器的循环介质流量发生了改变，随着分流比例的变大，埋管换热器的循环水流量随之增加，则换热器的循环介质进出口温差逐渐减小。由图可知，埋管换热器的进口水温随着分流比例的增加而升高，出口水温则随着流量的增加而降低。由于实际中，U 形埋管换热器两管间距很小，

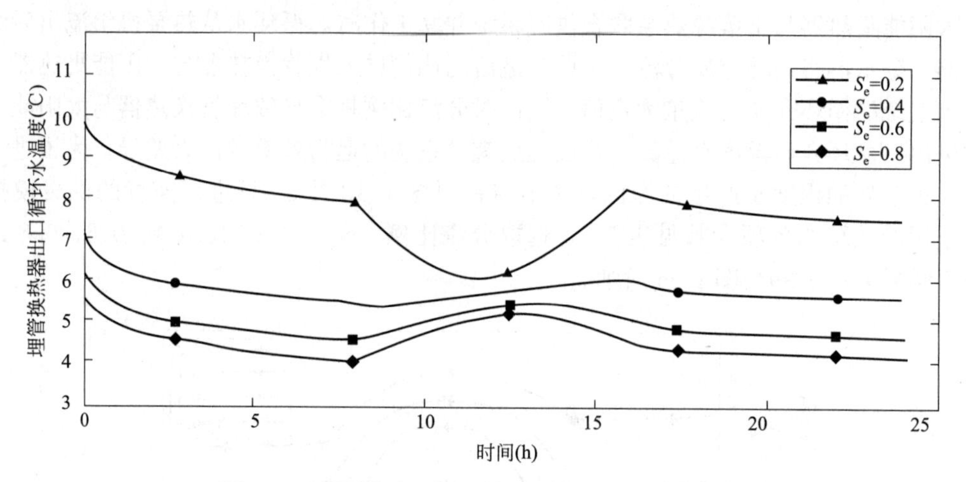

图 1-31　不同分流比例埋管换热器出口循环水温度

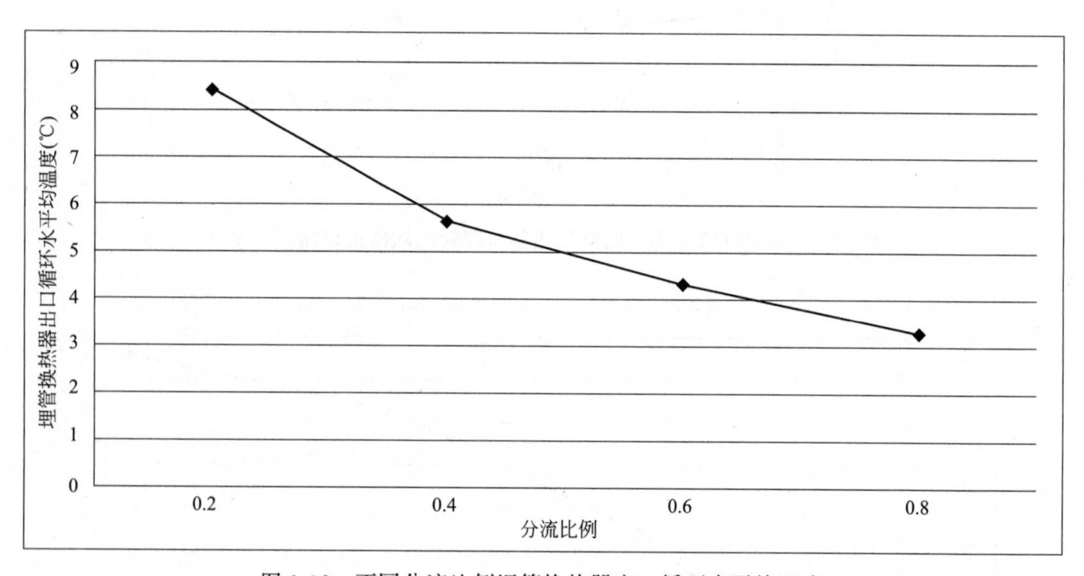

图 1-32　不同分流比例埋管换热器出口循环水平均温度

若进出口循环水温差很大，势必会造成进口的低温循环水在流动中不经过土壤换热，而是直接与出口的高温循环水换热，发生热短路现象，造成热量的损失。因此为了使埋管换热器具有较高的运行效率，进出口循环水温差就不宜过大，相应的流量也不宜太低。由图中的变化曲线可以看出，分流比例设定在 $S_e \geqslant 0.6$ 比较合理。

图中模拟出了不同的分流比例下集热器的循环介质进出口温度随时间的变化曲线以及不同分流比例下循环介质进出口平均温度的变化曲线。由曲线图分析得到，分流比例越大，集热器的进口循环水流量就越小，但是由于热泵的出口循环水温度升高了，所以集热器的进口循环水温度也跟着升高。从图中曲线不难看出，随着分流比例变化，温度的变化趋于明显。流量越小，温度上升得就越快，随着流量的增大，温度的变化就趋于平坦了。对于本次研究选取的太阳能集热器来说，进口循环介质的温度越低，集热器的运行效率就越高，因此，单独考虑集热器时，分流比例设置为 0.2 是最高效的。

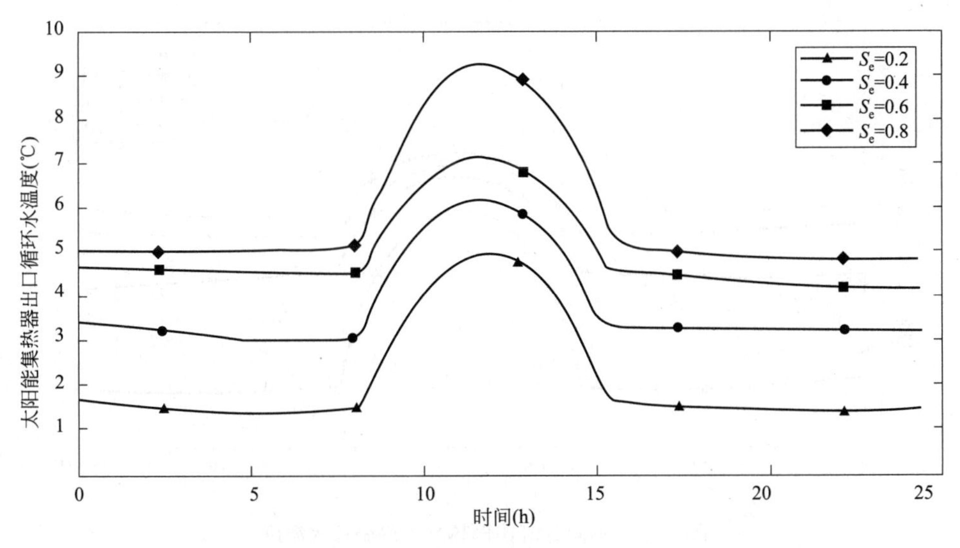

图 1-33　不同分流比例太阳能集热器出口循环水温度

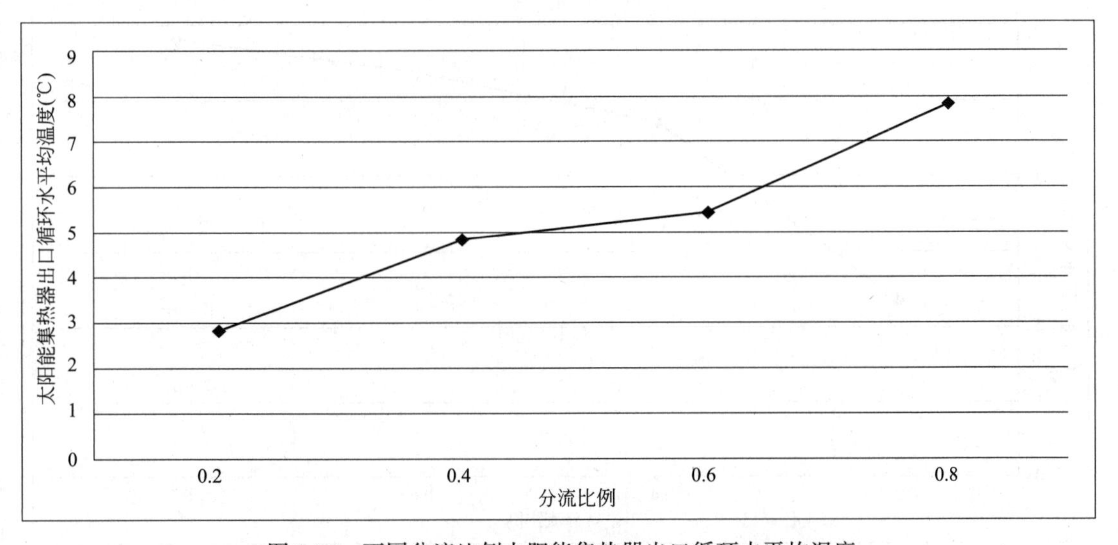

图 1-34　不同分流比例太阳能集热器出口循环水平均温度

通过分析还可以得到，热泵进口循环水温度随着 S_e 的增大而增大，在 $S_e<0.4$ 时，温度上升很快，但在 $S_e>0.4$ 后，温升逐渐变得缓慢，因此，S_e 越大越好，可是当 $S_e>0.4$ 时，热泵机组的 *COP* 受 S_e 的影响越来越小。与分流比例为 0.2 比较可知，当分流比例为 0.4、0.6 和 0.8 时，热泵机组的 *COP* 分别增加了 17.4%、24.3%和 29.6%。

综上所述，分流比例改变时，埋管换热器、太阳能集热器以及热泵机组的运行效率也随之改变。埋管换热器侧的流量越大，埋管换热器的进出口循环介质温差越小，埋管换热器的运行效率就越高，但是与此同时，太阳能集热器侧的分流比例却是越小越好，因为流量越小，太阳能集热器的进口循环水温度就越低，集热器的运行效率也就越高。

（4）串联、并联运行模式对比分析

由以上的模拟结果可知，串联模式Ⅰ和分流比例为 0.6 的并联运行模式是实际应用时

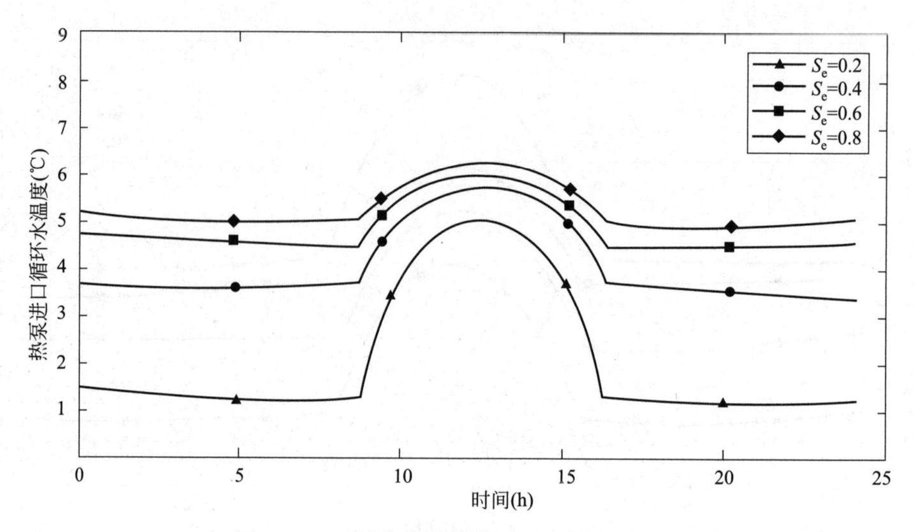

图 1-35　不同分流比例热泵进口循环水温度

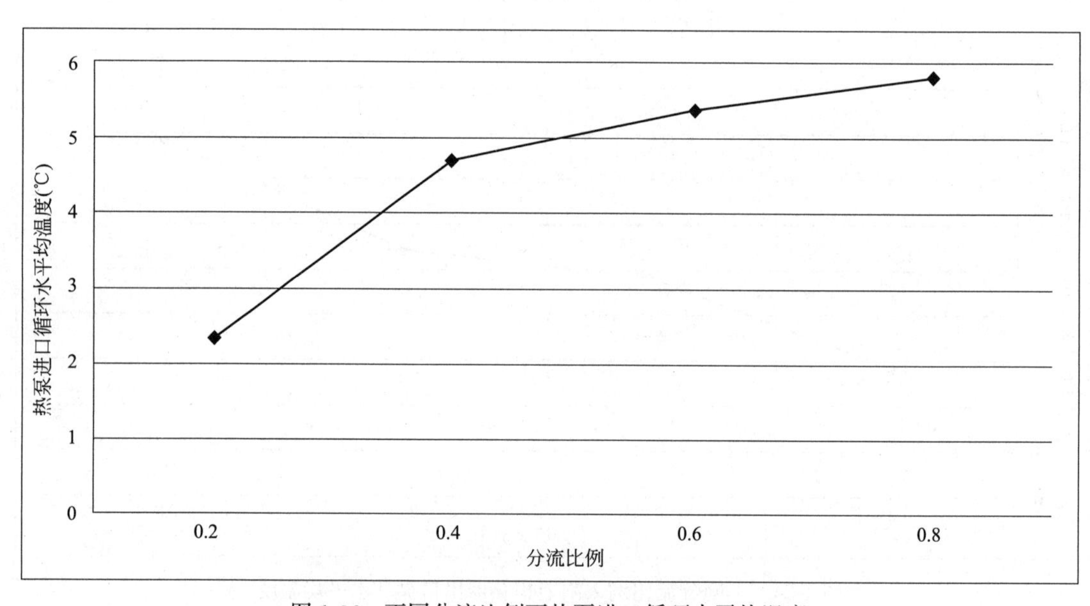

图 1-36　不同分流比例下热泵进口循环水平均温度

比较适合的两种方式，现在将两种模式进行比较得出最优模式。首先将两种运行模式的模拟条件设置为相同，依然对 12 月 20 日供暖模式进行模拟分析，模拟结果如图 1-37～图 1-39 所示。

由图可以看出，两种运行模式的区别在于埋管换热器侧循环介质的流量不同，并联模型运行工况下由于分流器将循环介质分流，地埋侧埋管换热器的流量仅为串联运行时的60%，由于在整个系统运行过程中，埋管换热器的热交换量始终保持不变，埋管换热器进出口循环介质的温差在并联运行时会较串联运行时变大，较大的进出口循环介质的温差会造成埋管换热器的热短路现象，因此，从考虑埋管换热器运行效率来看，选择串联模式较为理想。

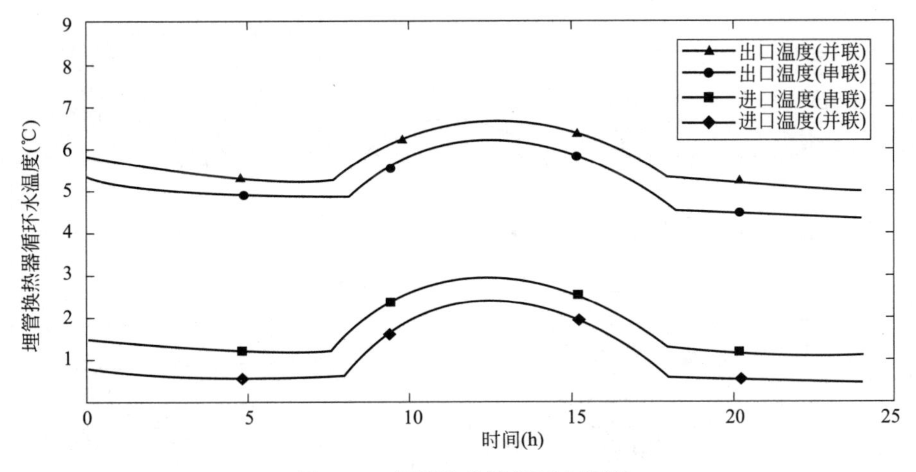

图 1-37 埋管换热器循环水温度

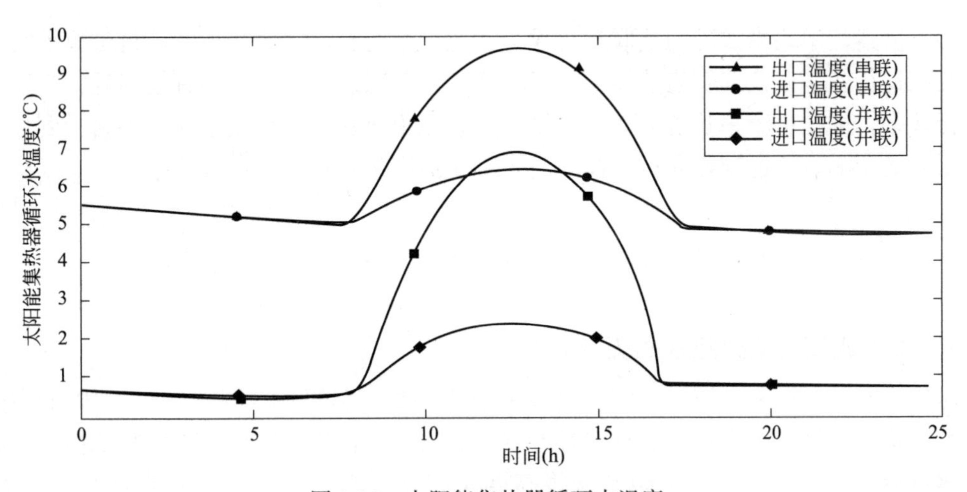

图 1-38 太阳能集热器循环水温度

由图 1-37～图 1-39 可知，系统串联运行时，循环介质经过地埋侧埋管换热器加热后，以较高的温度进入太阳能集热器，再次进行加热，而在并联运行时，循环介质从热泵出口流出后经过分水器分流，一部分循环介质直接进入太阳能集热器进行热交换，此后再与另外一部分进入埋管换热器加热的循环介质混合作为热泵系统进口的循环介质，而串联模式中循环水先经过地埋侧与单 U 形埋管换热器进行过一次热交换后才进入集热器与集热器进行热交换，因此，并联运行时太阳能集热器进口循环水温度较低，但从太阳能集热器的角度来看，集热器的进口水温越低，集热器的运行效率就越高，因此，选择串联模式较为理想。但是由于集热器选取的是聚焦式太阳能集热器，这种进口水温的变化对其效率影响很小，因此分析时应综合考虑。

由图 1-37～图 1-39 可知，系统串联运行时热泵进出口循环介质的平均温度相对于并联运行来说较大一些，这是因为串联时埋管换热器的出口水温增加了，虽然集热器的出口水温降低，但是影响并不明显。热泵机组的 *COP* 随着低温热源（热泵进口循环水温度）的升高而增大，因此串联运行时热泵的运行效率较高一些。

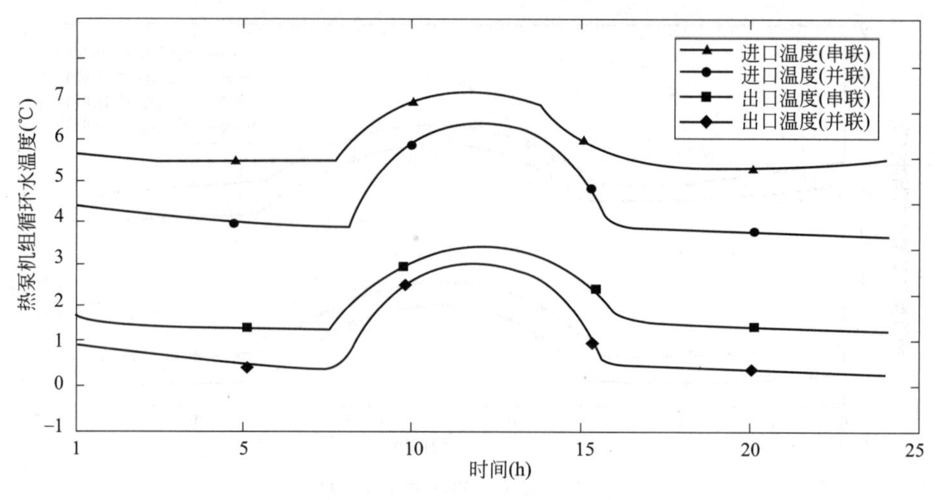

图 1-39　热泵机组循环水温度

综上所述，串联模式Ⅰ与并联运行模式相比，系统在串联模式Ⅰ的运行工况下具有较高的热泵运行效率以及埋管换热器的运行效率，在并联运行工况下具有较高的太阳能集热器运行效率，但是由于集热器的类型是聚焦式，该集热器的运行效率几乎不会受到集热器进口水温的影响，故选择串联运行模式更有利于提高整个系统的运行效率。

1.4　严寒地区太阳能与土壤源热泵复合系统模拟优化

1.4.1　太阳能与土壤源热泵系统设计

对沈阳市的某办公建筑的太阳能-土壤源热泵系统进行设计（图 1-40）。太阳能集热系统不仅为建筑提供卫生用水，而且在过渡季节时向土壤蓄热。地源热泵系统承担建筑物冬天的热负荷和夏季冷负荷。沈阳市海拔高度 44.7m，该项目设计建筑类型为办公建筑，共 7 层，每层层高为 3.6m，建筑面积为 5040m^2，楼内办公人员为 350 人。建筑中包括公务人员办公的办公室和用于开会的大办公室，运动休闲室以及相应的洗漱间。选用了太阳能集热系统与地源热泵系统并联的形式。该系统可分为三部分：太阳能热水系统部分、土壤源热泵部分、用户负荷部分。

（1）太阳能热水系统设计

1）卫生热水耗热量计算

供应热水的住宅、旅馆、医院、办公楼、公共浴室、剧院、体育馆等建筑的集中热水供应系统设计小时耗热量应按式(1-6) 计算：

$$Q=\frac{K_{\mathrm{h}}q_{\mathrm{h}}cm\rho(t_{\mathrm{r}}-t_{\mathrm{L}})}{86400} \tag{1-6}$$

式中　Q——设计小时耗热量（W）；

ρ——热水密度（kg/L）；

q_{h}——热水用水定额［L/(人·d)］，见表 1-6；

c——水的比热容；

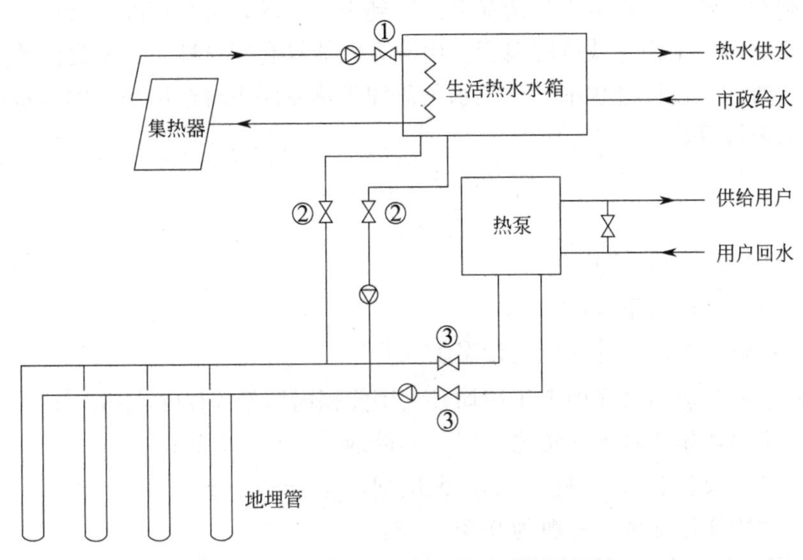

图 1-40 太阳能-土壤源热泵系统原理图

m——用水计算人数；

t_r——热水温度（℃），$t_r=60℃$；

t_L——冷水温度（℃），冷水温度的取值，对于全年运行的热水系统，取当地年平均冷水温度（沈阳地区 10～15℃）；

K_h——热水小时变化系数（办公楼取值为 1.2～1.5）。

通过计算得出小时耗热量为 10504.4W。

热水用水定额 **表 1-6**

建筑名称	单位	最高日用水定额(L)	使用时间(h)
办公楼	每人每班	5～10	8

系统平均日用水量：

$$q_a=m\times q_a \tag{1-7}$$

式中 m——用水计算单位人数；

q_a——日平均用水定额［约为 60%的日最高用水定额，L/(人 · d)］。

计算得出平均日用水量为 2100L。

设计小时热水量：

$$Q_r=\frac{Q}{c(t_r-t_L)\rho} \tag{1-8}$$

式中 Q_r——设计小时热水量（L/h）。

其他符号同式(1-6)。

由计算得出设计小时热水流量为 200L/h。

2）太阳能集热器面积计算

相关规范中指出对于加热设备选型时和计算日常生活用水负荷时会以最高日用水量为基础数据，但是在实际工程中出现最高用水量的时间比较少，如果按照规范要求设计太阳能热水系统则在一年中只有极少数情况可以达到设计要求，很多情况下会由于水温过高造成一部分集热器停止工作导致资源浪费。由于太阳能具有间歇性，它所提供的热量是需要时间积累的，所以在设计过程中计算热水负荷和集热器面积时选用平均用水量比较好，而不选用瞬时值来计算。

$$A=\frac{q_{a}c\rho(t_{end}-t_{L})f}{J_{T}\eta_{cd}(1-\eta_{L})} \tag{1-9}$$

式中 A——太阳能集热器总面积（m^2）；

q_a——日平均用水量（L）；

t_{end}——蓄热水箱内水的终止设计温度（℃）；

J_T——当地集热器采光面上年平均日太阳能辐射照量［$J/(m^2 \cdot d)$］；

η_{cd}——集热器年或月平均集热效率，无量纲，0.25～0.50；

η_L——管路及蓄热水箱热损失率，无量纲，0.10～0.15；

f——太阳能保证率，一般为0.3～0.8。

由上式计算可得所需的面积为$250m^2$。

3）太阳能集热系统的设计流量

太阳能集热器的种类不同会影响太阳能集热系统的流量大小，一般流量的大小生产厂家会给出。也可以利用式(1-10）进行估算：

$$G_s=g\cdot A \tag{1-10}$$

式中 G_s——太阳能集热系统的设计流量（m^3/h）；

g——太阳能集热器的单位面积流量［$m^3/(h \cdot m^2)$］，按表1-7选取。

通过计算得出太阳能集热系统设计流量为$15m^3/h$。

太阳能集热器的单位面积流量 **表1-7**

系统类型		太阳能集热器的单位面积流量［$m^3/(h\cdot m^2)$］
小型太阳能供热水系统	真空管太阳能集热器	0.035～0.072
	平板型太阳能集热器	0.72
大型集中太阳能系统(集热器面积大于$100m^2$)		0.021～0.060
小型独户太阳能供暖系统		0.024～0.036
太阳能空气集热器供暖系统		36

①蓄热水箱的设计

蓄热水箱是太阳能热水系统中另一个重要的组成部分，它的大小可以由集热器面积来确定。在蓄热水箱中由于受水温影响从而导致密度不同，蓄热水箱会实现不同程度的分层现象，这使得蓄热水箱上部温度高下部温度低。在工程实践中应保证蓄热水箱有良好的分层，这样会提高太阳能保证率。对于太阳能供热水系统，蓄热水箱选取的容积范围取$40\sim100L/m^2$，本书选取$80L/m^2$。蓄热水箱出口的温度应保持在55～60℃，因为水温过高会导致设备和管道附件的腐蚀，系统热损失能耗增大；当水温低于55℃时，会使生活在温水中的细菌滋生。本书选取蓄热水箱体积为$20m^3$。

②太阳能热水控制系统

太阳能热水系统应设置自动控制。自动控制应该包括对太阳能集热系统的运行控制和安全防护控制、集热系统和辅助热源设备的工作切换控制。太阳能集热系统安全防护控制的功能应包括防冻保护和防过热保护。

太阳能集热系统应采用温差循环运行控制。太阳能集热系统和辅助热源加热设备的相互工作切换宜采用定温差控制。在蓄热装置内的供热介质出口处设置温度传感器，当介质温度与集热器出口介质温度差高于设计要求的供热介质温度差时，辅助热源的加热设备应该停止工作。

对于水箱过热温度传感器应设置在蓄热水箱的最上方，防过热执行温度应设置在80℃以内；系统防过热温度传感器应设置在集热器的出口，防过热执行温度的设定范围应与系统运行工况和部件的耐热能力相匹配。

（2）土壤源热泵系统设计

1）建筑负荷模拟计算

在 DeST 软件中建立物理模型，并对建筑物进行全年逐时负荷模拟计算。建筑围护结构的传热系数见表 1-8，对于办公室室内温度要求做如下设定：室温上限为 26℃，耐受温度上限 29℃；温度下限为 18℃，耐受温度下限为 16℃。室内的灯光热扰设置：最大功率 13W/m^2，辐射部分：天花板 40%，地板 50%，墙体 10%，设备热扰最大功率 20W/m^2，辐射部分天花板 33.3%，地板 33.3%，墙体 33.4%。人员热扰，设定人均发热量为 64W。

建筑围护结构传热系数 **表 1-8**

围护结构名称	围护结构材料	传热系数[W/(K·m^2)]
外墙	混凝土＋聚苯保温	0.591
外窗	双层玻璃窗	2.5
外门	憎水珍珠岩保温	0.74
屋顶	玻璃外门	2.95

办公建筑全年逐时负荷，从图 1-41 可以看出，冬季热负荷远大于夏季冷负荷。通过模拟数据得到全年最大热负荷为 668.3kW，最大冷负荷为 583.4kW。对于地埋管的选型全年累计负荷的影响也是很重要的。全年累计热负荷为 498052.4kW·h，全年累计冷负荷为 267747.1kW·h，冷热负荷不平衡百分率为 46.2%。

2）热泵机组的选型

通过冬季最大热负荷选取热泵机组，热泵机组的型号为 DRZBL-695；外形尺寸为 3880mm×1300mm×200mm；蒸发器进口和出口温度为 12℃和 7℃，冷冻水流量为 96m^3/h，冷凝器进口和出口温度为 40℃和 45℃，冷却水流量为 120m^3/h；电源为三相四线制 380V，50Hz；电动机功率 114kW，最大工作电流为 370A 启动电流为 589A；其制冷系数和制热系数分别为 4 和 3；机组重 3270kg。

3）地埋管换热器的设计

由于在实际工作中水泵的放热量和流动介质输送过程中的热量无法被准确地确定。水泵运行时与流体发生的热交换和周围环境与管道的热交换的热量比热泵机组与循环水热交

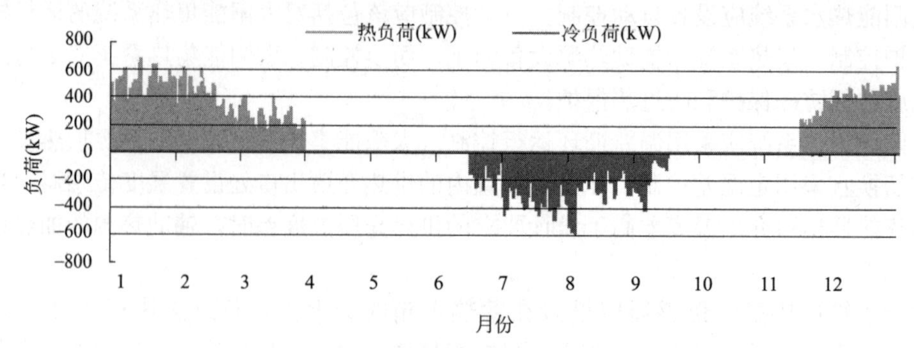

图 1-41 办公楼全年逐时负荷

换的热量小得多，所以在计算地埋管放热量和吸热量时可以忽略以上热量。计算公式为：

$$Q'=\left(1+\frac{1}{COP}\right)\times Q \tag{1-11}$$

$$Q_1'=\left(1-\frac{1}{COP_1}\right)\times Q_1 \tag{1-12}$$

式中 Q'——夏季埋管向土壤排放的热量（kW）；

Q——夏季设计冷负荷（kW）；

Q_1'——冬季埋管从土壤中吸收的热量（kW）；

Q_1——冬季设计总热负荷（kW）；

COP——设计工况下热泵机组的制冷系数；

COP_1——设计工况下热泵机组的制热系数。

把模拟软件所计算出的夏季最大冷负荷和冬季最大热负荷代入上式，可以得到夏季地埋管换热器向土壤排放热量为 729.3kW；冬季地埋管换热器从土壤中提取的热量为 445.6kW。

计算出所需管井数 105 口，对管井个数的计算结果进行取整，管井数目较多会占据很大的地表面积，因此可以适量增加竖井的深度，也不能加深过大，因为管井深度过大的话会增加钻孔和安装成本。计算出蓄热容积为 145397m^3。

1.4.2 太阳能与土壤源热泵系统的模拟

（1）太阳能热水系统仿真模型

在动态模拟过程中太阳能系统用到的主要模块有气象参数模块（Type109），真空管太阳集热器模块（Type538），分层蓄热水箱模块（Type60），温差控制器模块（Type2），定流量水泵模块（Type114），分流器模块（Type11b）和混流器模块（Type11h）。

（2）地源热泵系统仿真模型

1）热泵机组模块（Type668）

选取水-水热泵机组模块。在模拟过程中，需要引用机组的制热和制冷两种工作情况下的性能数据，这些数据以外部文件的形式被读取。需要输入的参数有负荷侧和源测流动工质的比热容 4.187J/(kg·℃)、编辑外部文件时负荷侧和源测流动介质温度的个数、热泵机组个数、制冷和制热控制信号。根据热泵的工作原理，有针对制冷和制热两种工况下的计算程序，在模拟计算中主要依据是能量守恒定律。在模拟计算中热泵机组内部组件间传热和热泵机组内部的热损失被忽略，机组内部的循环介质假设为一维流动。

对于热泵机组启停的设置可以由模拟软件中自带的计算器、时间控制模块和季节控制模块控制。为使模拟能正常运行我们需要合理地设置机组运行条件、初始参数和显示设备性能的外部文件。

2）地埋管（Type668）

该模块是针对垂直地埋管开发的。为了简化计算，在模块中进行了一些简化：在土壤蓄热范围内，埋管钻孔均匀对称分布；地下井区域和蓄热体区域两部分构成了计算区域。如图 1-42 所示，d 代表埋管顶部距地面距离；h 代表 U 形埋管深度；r_0 代表钻孔半径。

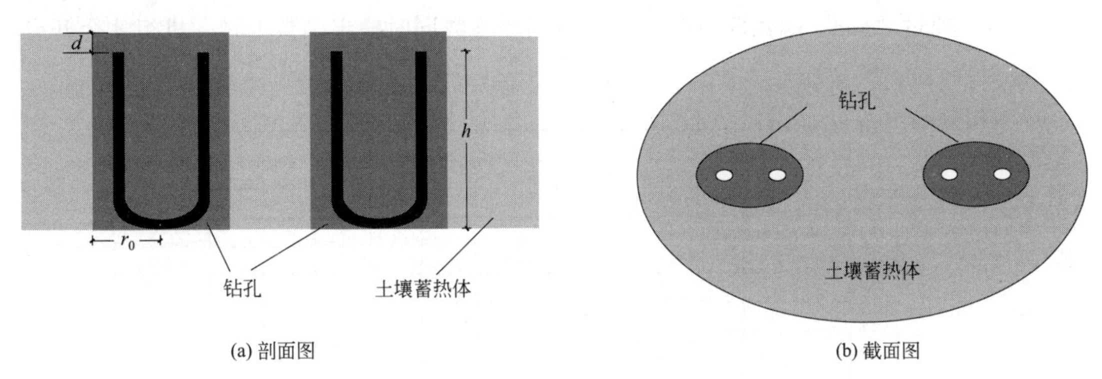

图 1-42　U 形埋管换热器结构

在模拟过程中土壤的传热过程由埋管和钻井之间的传热、钻井内部的导热和钻井与土壤之间导热三种热量传递过程组成。在该模块中需要设置环境气象参数、埋管管径、埋管数量、埋管深度、土壤特性等参数。

土壤导热系数反映了土壤温度受导热量变化影响变化幅度大小；土壤热扩散率反映了土壤温度变化快慢的性能。因此土壤源换热器模块中需要输入有关土壤的主要参数和土壤源换热器的基本尺寸参数，具体见表 1-9。

土壤源热泵系统初始参数　　**表 1-9**

参数	数值	单位
无穷远处土壤温度	11.5	℃
土壤导热系数	1.9	W/(m·℃)
土壤的热扩散率	1.03	$\times 10^{-6} m^2/s$
循环水比热容	4138	J/(kg·K)
土壤体积热容量	2348	kJ/(K·m^3)
土壤密度	2804	kg/m^3
回填材料导热系数	1.5	W/(m·℃)
管材导热系数	0.46	W/(m·℃)
埋管外径	32	mm
埋管顶部距地面距离	1.5	m
地埋管间距	4	m

3）时间控制器（Type14h）与制热季节控制器（Type14K）、制冷季节控制器（Type14L）

这三种模块都是通过输出 0、1 函数来控制机组的启停。这三种控制模块可以单独使用控制机组和水泵等装置的启停，也可以通过计算模块进行简单的逻辑运算使它们联合起来控制机组工作或者是停机。图 1-43～图 1-46 分别展示了以上三种控制模块的工作时刻表。在图中横坐标均表示小时数，图中显示了一天 24h 机组的工作情况，工作时间为早上 7 时到晚上 8 时，图 1-44、图 1-45 表示全年 8760h 机组的工作情况分布，制热季节设置为每年的 11 月 1 日到次年的 4 月 1 日，制冷季节设置为从每年的 6 月 15 日开始到 9 月 15 日结束。图 1-46 表示利用计算模块把日运行时刻参数（D 信号）和制热季节参数（H 信号）通过“and”函数联系起来，只有两个参数同时输出函数 1 时，机组才会开启运行。

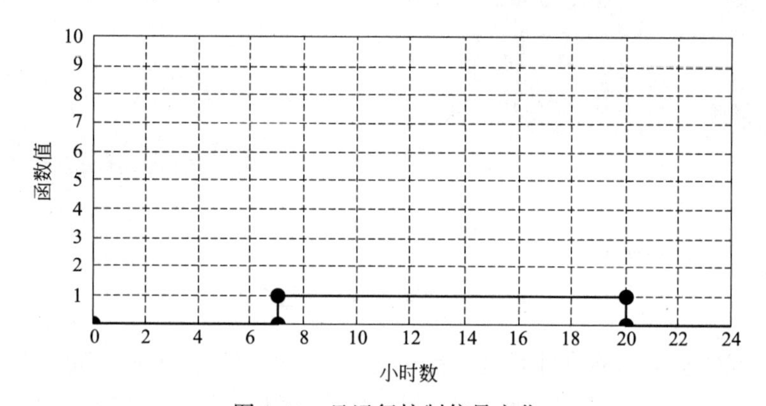

图 1-43　日运行控制信号变化

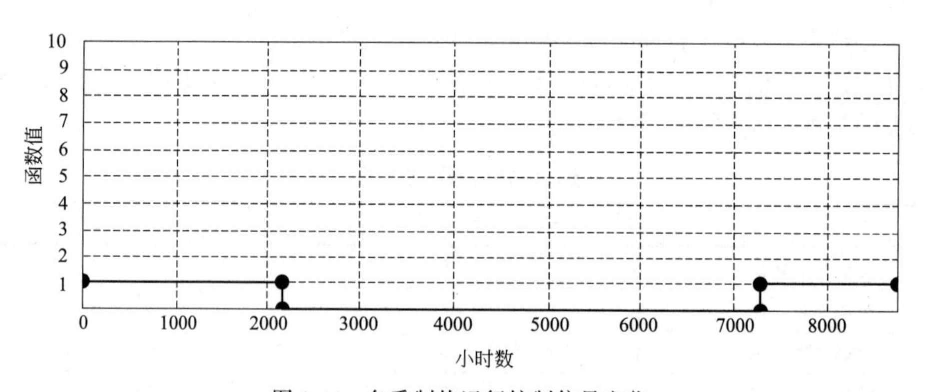

图 1-44　冬季制热运行控制信号变化

夏季制冷控制函数的设置与冬季相同，也是通过 and 函数进行控制。模拟过程中通过利用这种组合方式的时间函数来控制热泵机组的开启与停止工作，使得模拟过程更为贴近真实情况。

4）绘图仪模块（Type65）和输出模块（Type25）

在 TRNSYS 模拟软件中建立模型，并且设置好各模块参数后通过绘图仪模块输出逐时的数据曲线，可以直观地了解到模拟结果曲线的大体走向从而判断模拟是否正确。

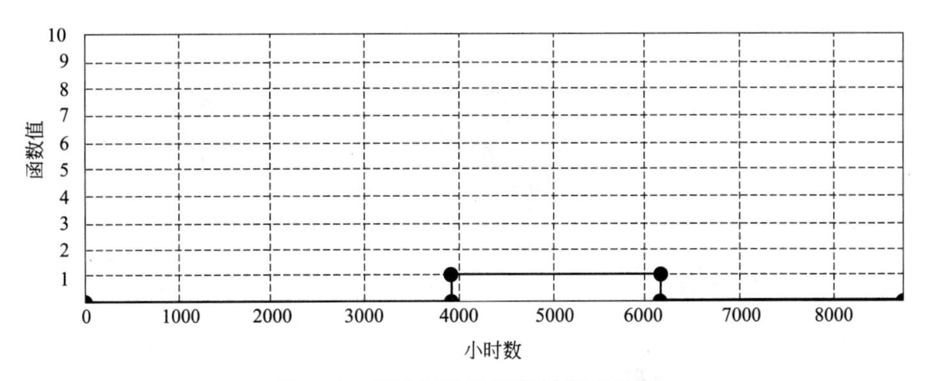

图 1-45 夏季制冷运行控制信号变化

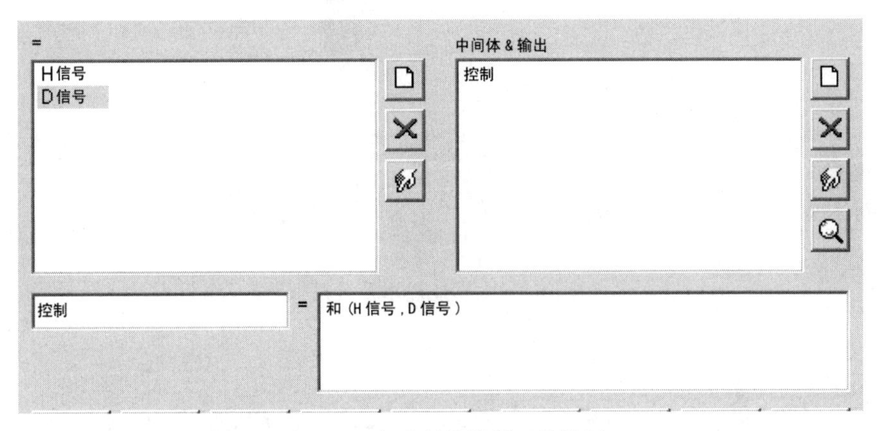

图 1-46 冬季制热控制函数设置

（3）系统仿真模型建立

以 TRNSYS 模拟软件为平台分别建立太阳能热水模拟系统，土壤源热泵模拟系统，太阳能-土壤源热泵模拟系统。图 1-47 为太阳能热水系统模型，图 1-48 为土壤源热泵系统模型，图 1-49 为太阳能-土壤源热泵系统模型。

（4）系统模拟运行分析

模拟中采用的模拟时间为一年，根据模拟结果来验证该模拟系统的正确性，从而验证该模拟系统是否符合实际工作需求。

1）太阳能供卫生用水模拟运行分析

在整个模拟系统中，太阳能热水系统为办公建筑提供卫生用水。如图 1-50 所示可以看到整个系统全年热水温度变化情况。在该图中我们可以看出利用太阳能热水系统提供卫生用水时水温不是稳定不变的，而是存在一定的波动性。一般波动幅度比较大的时期为冬季，这是由于冬季室外气温比较低，有时由于受到天气的影响造成太阳辐射量偏低，就会导致集热器效率下降从而使得卫生用水温度降低。在夏季室外温度比较平稳，太阳能辐射量也比较充足，所以这段时间太阳能热水系统提供的热水温度比较平稳。本案例中太阳能热水系统提供的热水温度变化范围在 30～45℃之间，全年的平均水温为 36℃，可以满足人们的需要。

2）土壤源热泵系统模拟运行分析

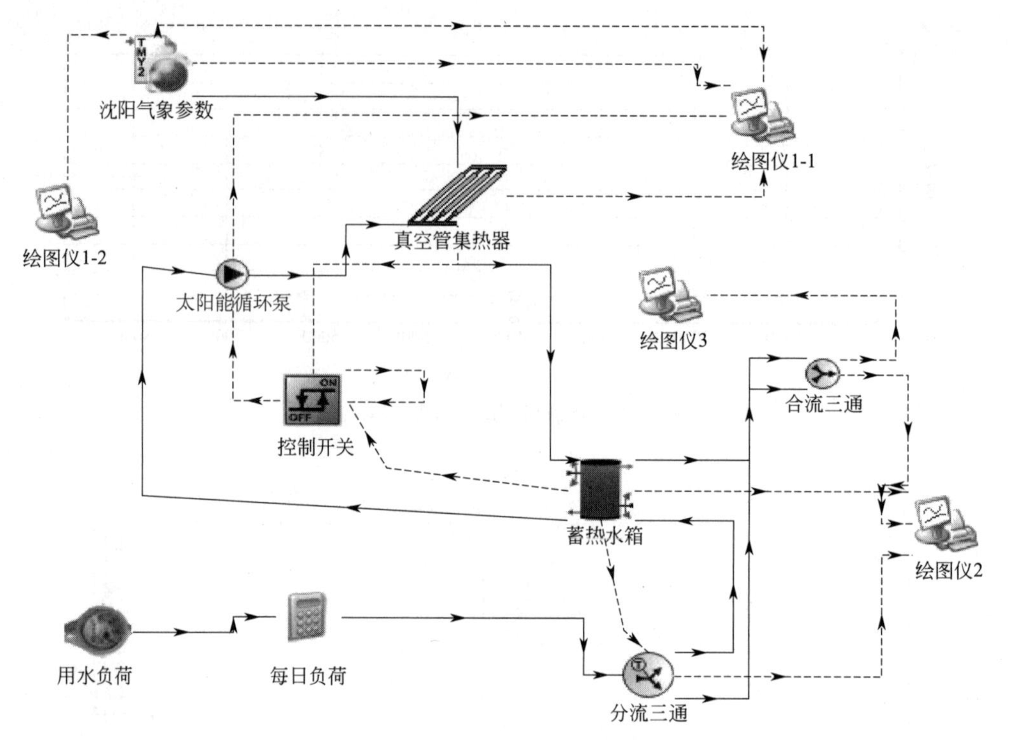

图 1-47 太阳能热水系统模型

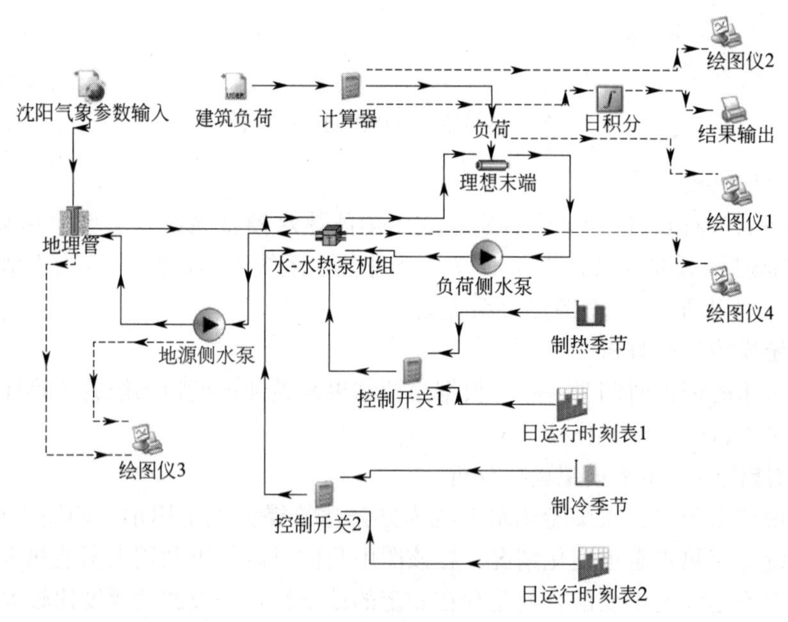

图 1-48 土壤源热泵系统模型

热泵负荷侧供回水温度的变化不仅会影响建筑物冷热负荷，导致其不确定是否可以满足人们热舒适性的要求，也会影响热泵机组的工作性能。冬季和夏季热泵机组负荷侧进出口水温变化如图 1-51、图 1-52 所示。从图中可以看出，冬季热泵负荷侧进口温度（建筑中换完热的流体流进机组的温度）在 39℃上下进行波动，而热泵负荷侧出口温度（流向

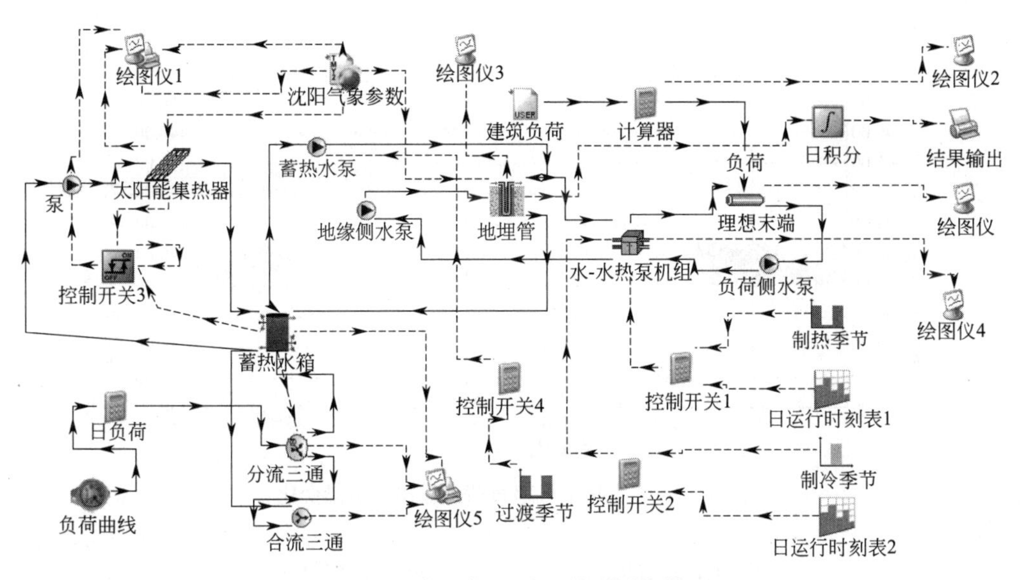

图 1-49 太阳能-土壤源热泵系统模型

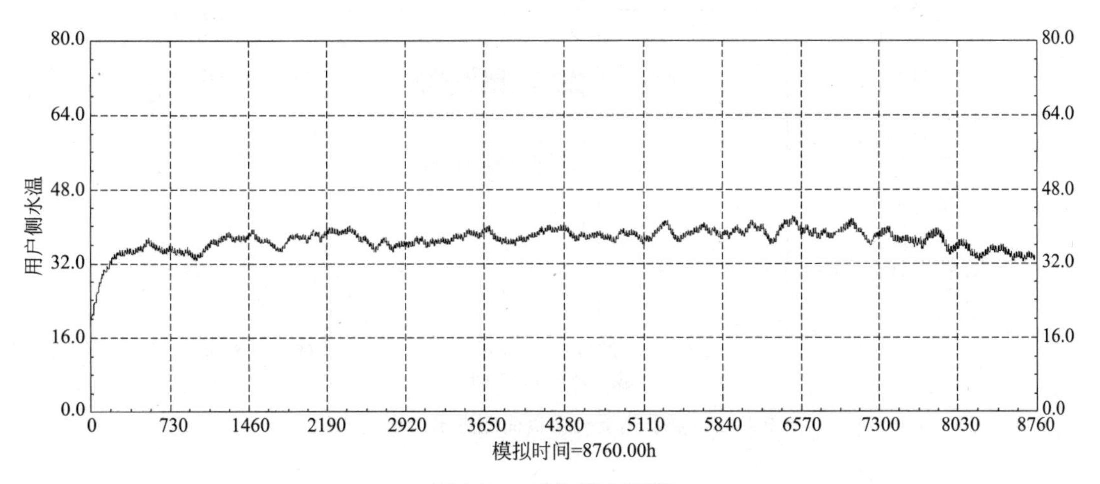

图 1-50 卫生用水温度

建筑进行换热的温度）变化范围在 45℃上下波动。对于夏季时热泵负荷侧进口温度在 13℃上下波动而热泵负荷侧出口温度在 7℃上下波动，冬季和夏季该模拟系统基本可以满足人们的热舒要求且符合设计规范。

热泵机组全年运行 *COP* 的变化情况如图 1-53 所示。冬季运行时 *COP* 值在 3.9～4.3 的范围内波动，夏季在 3.6 上下波动。在过渡季节中机组处于停机状态，所以 *COP* 值为 0。

通过对模拟结果进行分析，该系统可以为用户提供所需的卫生用水，地源热泵系统中热泵机组负荷侧温度变化可以保证室内温度，满足人们生活需要，机组的 *COP* 值也在要求的范围内。进而可以确定该系统模型的正确性，可以利用该模拟系统对太阳能土壤源热泵系统进行优化分析。

1.4.3 过渡季节太阳能与土壤源热泵系统的储热运行分析

对系统优化方法进行了分析，优化方向为增加太阳能系统在过渡季节时向土壤中的蓄

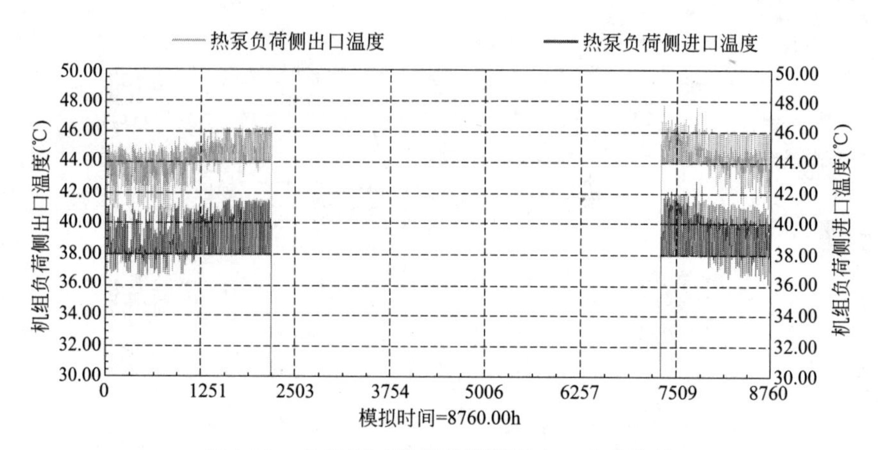

图 1-51　冬季热泵机组负荷侧进出口水温变化

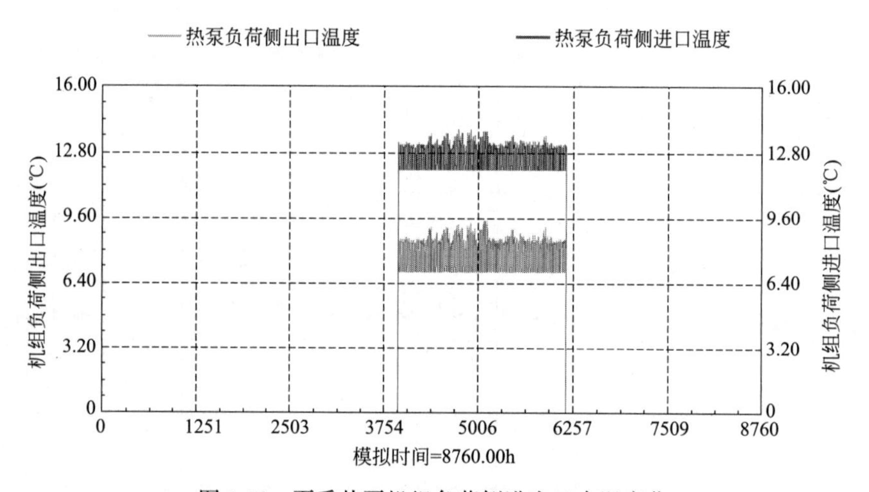

图 1-52　夏季热泵机组负荷侧进出口水温变化

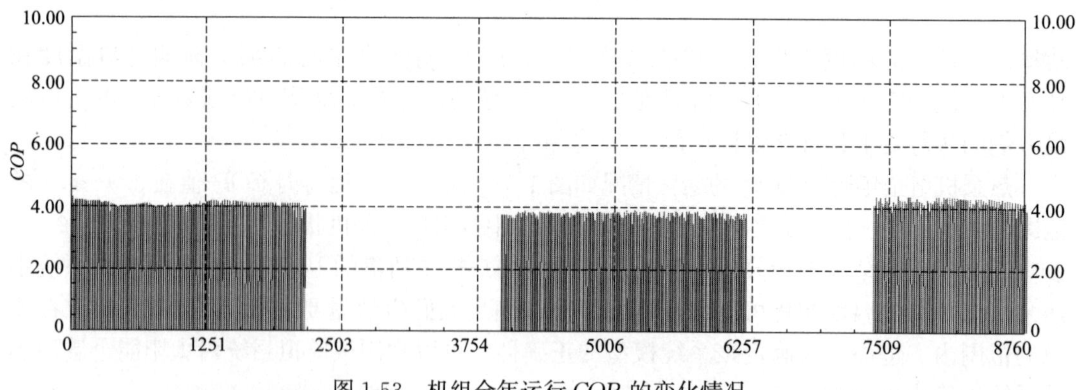

图 1-53　机组全年运行 *COP* 的变化情况

热量以缓解严寒地区土壤冷堆积的问题，以便为热泵系统提供良好的工作条件。本书对于提高土壤储热量的方法分别从太阳能热水系统部分和地埋管换热器进行优化。

（1）土壤存储热量变化

对于严寒地区当土壤源热泵系统正常运行时，由于系统向土壤中取出的热量会大于向土壤中释放的热量，因此地埋管换热器对土壤温度会有一定的影响。图 1-54 展示出该系统在运行 5 年时间内土壤温度变化趋势，在冬季时系统向土壤取热使土壤温度变低，导致土壤中热量减少；之后在过渡季节有太阳能热水系统向土壤中汇入热量和土壤自动恢复一部分热量从而导致土壤的温度上升，使土壤热量得到一定的恢复；在夏季系统也会向土壤中注入一部分热量使土壤温度进一步上升，进而增加土壤的蓄热量。但是系统向土壤总的取热量要大于系统向土壤中释放的热量从而导致土壤的储存热量不断地减少，土壤温度也不断地下降。

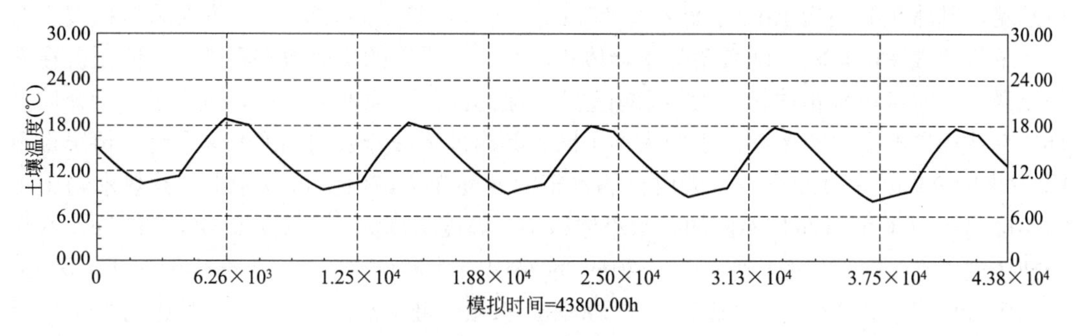

图 1-54　土壤温度变化

（2）太阳能集热器安装角度对土壤储热效率的影响

集热效率：在工况条件下，一定的时间内太阳能集热器收集的热量与该时间内在集热器表面上太阳辐射量之比。

集热效率的大小反映了集热器对太阳能辐射量的利用情况。在工程实例中集热器的安装朝向为南向，这样安装的集热器效率比较高。所以在模拟过程中我们规定太阳能集热器安装朝向为南向。但是由于太阳能集热器的安装角度不同从而影响太阳能集热器表面太阳辐射量不同，导致集热系统的集热效率不同。模拟过程中把安装角度分为 0°、15°、30°、40°、45°、60°、70°、80°，模拟结果见表 1-10。

太阳能热水系统集热效率　　**表 1-10**

角度	年辐射量(kJ)	集热器吸收热量(kJ)	集热效率
0°	115624012.707	42128861.660	36.4%
15°	129919028.561	56292414.107	44.3%
30°	137694666.628	66651725.331	48.4%
40°	138973207.005	71401309.435	51.4%
45°	136723361.900	73172321.621	52.9%
60°	132131794.654	71699176.123	54.3%
70°	124228755.835	6708352.815	54.0%
80°	113660346.123	6708352.815	53.5%

模拟结果显示，随着安装角度的增大太阳辐射到集热器表面上的辐射量先增加随后减少，集热器的吸收热量变化趋势也是先增加后减少。但是太阳辐射强度在集热器安装角度

为 45°时是最大的，而集热效率在集热器安装角度为 60°时是最大的。二者的最大值没有出现在同一时刻，这表明并不是集热器表面太阳辐射热量越大太阳能热水系统的集热效率越高。因为太阳辐射量较大会导致集热器内的水温较高减少了换热量，从而使集热器的集热效率降低。所以在该工程中选取的太阳能集热器的安装角度为 60°。此时太阳能热水系统集热效率最大，在过渡季节太阳能热水系统可以向土壤中补充较多的热量。

（3）蓄热水箱的大小对土壤储热效率的影响

蓄热水箱是太阳能热水系统中的一个重要组成部分，蓄热水箱容积的大小不仅会影响用户卫生用水的温度也会影响整个系统的集热效率。在模拟过程中我们选取不同体积的蓄热水箱，其体积分别为 $15m^3$、$20m^3$、$25m^3$、$30m^3$。图 1-55 展示了蓄热水箱体积大小对该系统集热效率的影响。随着蓄热水箱体积的增大，系统的集热效率在逐渐地降低。在系统流量一定时蓄热水箱体积过大会影响蓄热水箱内液体工质的流动性，减慢了流动介质循环速率从而影响了集热效率。水箱大小不同，其内部溶液介质的温度升高和降低情况也不同。图 1-56 展示了过渡季节一天内蓄热水箱的温度变化，由图可以看出，蓄热水箱中工质温度达到 60℃的时间是不同的，水箱体积小，温度梯度大，水温升温快，如 $15m^3$ 水箱中液体温度在 11：00 时达到 60℃，$20m^3$ 水箱中液体温度在 11：50 时达到 60℃，$25m^3$ 水箱中液体温度在 12：30 时达到 60℃，$30m^3$ 水箱中液体温度在 13：00 时达到 60℃。但是体积小的水箱不仅升温快而且温度下降也快，对系统的稳定性会造成一定的影响，但是水箱体积过大不仅会占据很大的空间也会造成初投资的浪费。综合考虑应选取体积为 $20m^3$ 的蓄热水箱，既能保证集热效率比较高也可以保证系统运行的平稳性和温度提升要求。

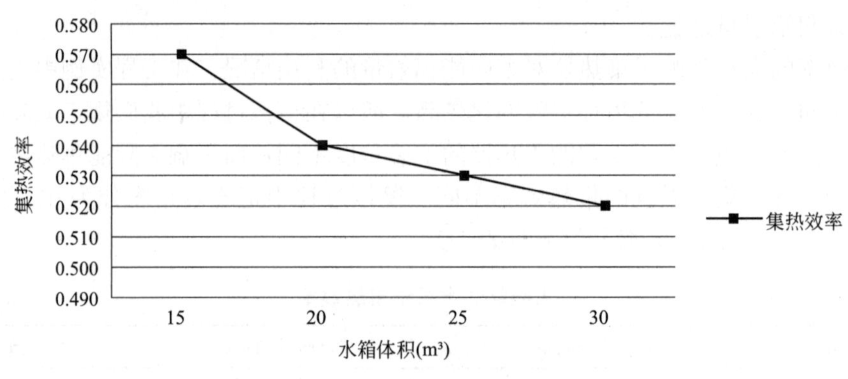

图 1-55 集热效率变化

（4）地埋管埋深对过渡季节土壤温度影响

系统在过渡季节里热泵机组处于停机状态，这时利用太阳能热水系统通过地埋管向土壤中进行蓄热，减轻土壤冷堆积问题从而缓解土壤热平衡。模拟过程中我们把地埋管换热区域划分为热存储部分和土壤区域。土壤蓄热区域被定义为以埋管为中心，向周围扩散一定的距离。埋管周围土壤温度受到了局部传热和稳态传热的影响，我们得出的温度是在把以上两种传热温度进行叠加的结果。该温度则为储热区土壤温度。在进行蓄热过程中地埋管的埋深不同会对土壤温升有一定的影响。图 1-57 为地埋管埋深为 100m、90m 和 80m 时，太阳能热水系统对土壤进行蓄热时土壤温度变化情况。供冷期刚结束时土壤温度为 9.2℃，当太阳能热水系统对土壤进行蓄热时，土壤温度开始增加并且开始温度增加很快

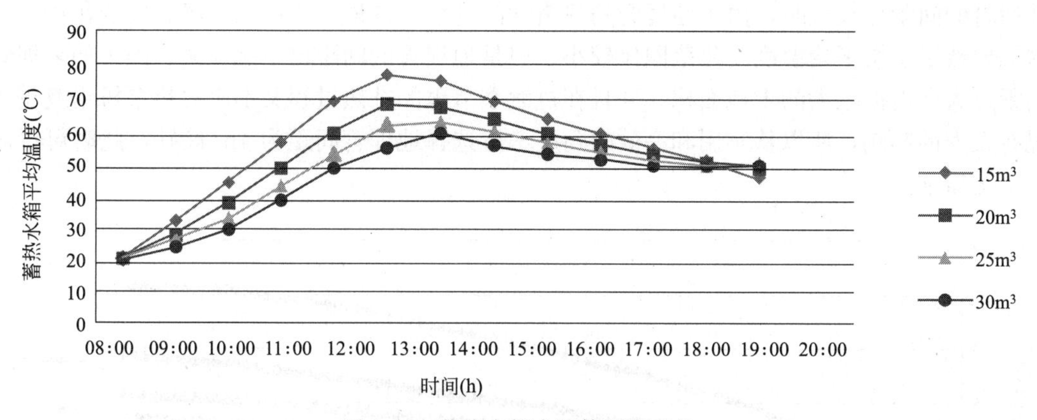

图 1-56 蓄热水箱内液体温度变化

随着时间的推移土壤温度逐渐趋于平稳。这是由于在过渡季节时太阳的辐射热量比较大，使得地埋管换热器中流动介质温度要远高于周围土壤温度。由于埋管的深度不同，导致了在相同条件下温度提升效果不一样。当埋管埋深为 80m 时土壤温度升高较快并且温度一直高于其他两种埋管深度，但是由于埋管深度过浅可能会导致在制冷和制热季节机组所需冷热量无法满足要求。所以我们选取埋管深度为 90m，既具有良好的温升也可以相应地减少系统的初投资。对于模拟过程中为了不影响热泵机组夏季工况时向地源热泵放热，不应该把土壤温度提升得过高，应该把补热时间控制在 2.9×10^3h 左右。

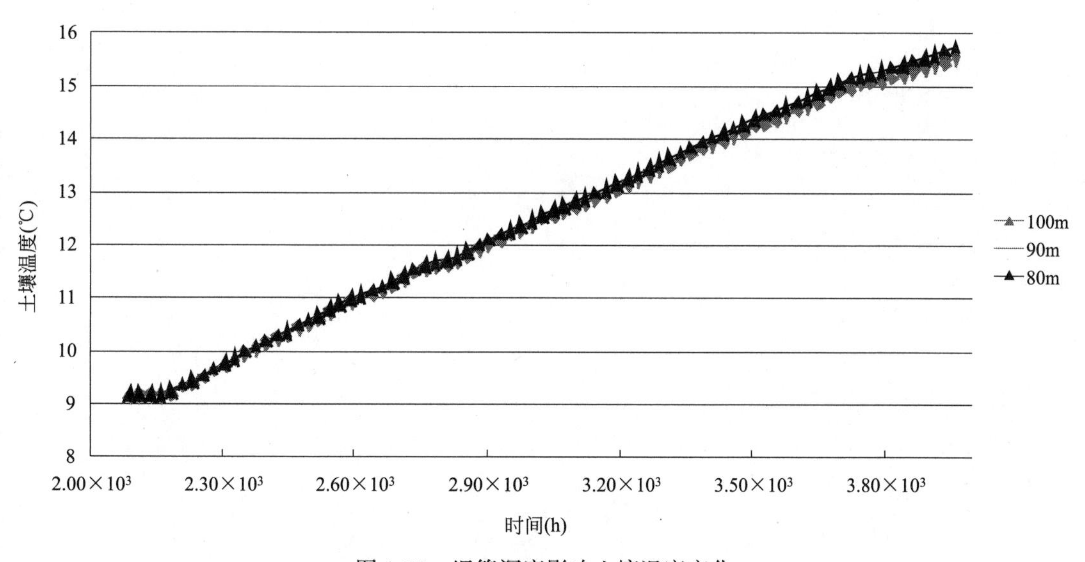

图 1-57 埋管深度影响土壤温度变化

（5）地埋管间距对过渡季节土壤温度影响

由于地埋管的间距不同也会影响过渡季节里太阳能热水系统对土壤蓄热情况，选取了地埋管间距分别为 2m、3m、4m、5m 四种情况进行模拟分析。图 1-58 中显示出地埋管间距对土壤温度回升造成的影响。图中土壤温度变化趋势均为温度先升高而后趋于平稳，当埋管距为 2m 时土壤温度升高最快，随着地埋管间距的增加温度提升范围也在减少。由于地埋管间距较小时埋管之间的传热会相互影响，这样会使土壤的平均温度升高较快。当地埋管的间距比较大时，由于地埋管的热惰性问题会导致地埋管周围土壤温度变化比较小这就导致了土壤平均温度变化范围比较小。但是地埋管的间距也不能太大，因为如果埋管间距过大会占据很大的土地面积，并且在过渡季节里的补热过程又不应对热泵机组夏季工况有太大的影响，所以从实用和高效的角度考虑选择地埋管间距为 4m 最好，此时可以满足工况需求。

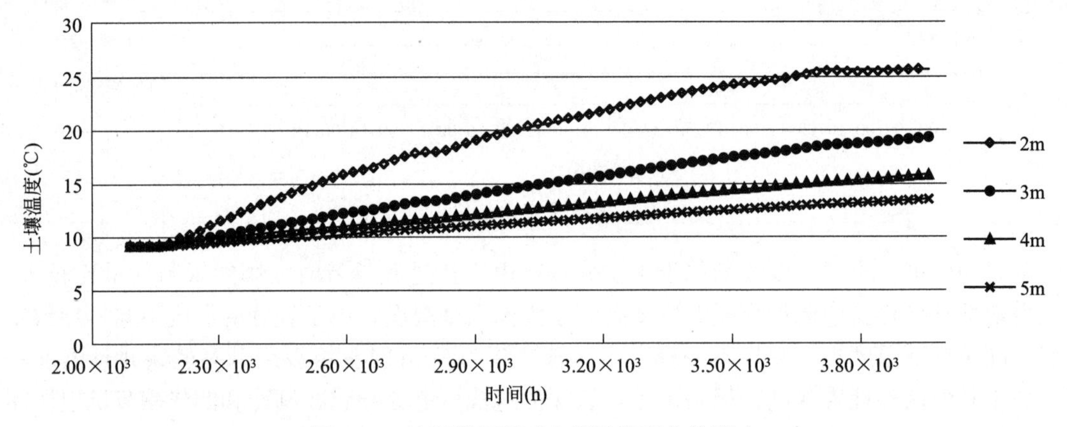

图 1-58　地埋管间距对土壤温度变化的影响

2 严寒地区建筑能源系统性能优化分析

2.1 严寒地区建筑供热系统的组成及热力学分析

2.1.1 区域锅炉房供热

区域锅炉房供热是我国最为普遍的传统供热方式，在锅炉房中设置蒸汽锅炉或热水锅炉作为热源，向一定区域供应热能的系统。依燃料的不同可以分为燃煤、燃油和燃气锅炉三种，我国传统供热方式是燃煤锅炉区域供热，主要向居民区住宅进行供暖，其热效率比较高，是比较成熟的供热技术。锅炉消耗大量的常规能源，导致污染严重，但由于其投资少、见效快、技术稳定，因此受到国情的影响，在未来一定阶段内，它仍然是集中供热的重要形式之一。

1. 锅炉供热的热平衡法

锅炉运行过程中，燃煤燃烧释放出来的热量的去向有热水吸收的热量 Q_1、排烟损失的热量 Q_2、气体不完全燃烧损失的热量 Q_3、固体不完全燃烧损失的热量 Q_4、锅炉散热损失的热量 Q_5、灰渣物理热损失的热量 Q_6 六个部分。

热平衡方程：

$$Q_r = Q_1 + Q_2 + Q_3 + Q_4 + Q_5 + Q_6 \tag{2-1}$$

两边同时除以 Q_r 即得到：

$$100\% = q_1 + q_2 + q_3 + q_4 + q_5 + q_6 \tag{2-2}$$

式中 Q_r——锅炉输入的热量（kJ/kg）；

Q_1——热水吸收的热量（kJ/kg）；

Q_2——排烟损失的热量（kJ/kg）；

Q_3——气体不完全燃烧损失的热量（kJ/kg）；

Q_4——固体不完全燃烧损失的热量（kJ/kg）；

Q_5——锅炉散热损失的热量（kJ/kg）；

Q_6——灰渣物理热损失的热量（kJ/kg）；

q_1、q_2、q_3、q_4、q_5、q_6——表示有效利用热量和各项热损失分数。

（1）排烟热损失

排烟热损失是指燃烧后经烟囱排入大气的烟气中所含有的热量，包括氮氧化物，二氧化硫等三原子气体，氮气以及水蒸气的热量。理论上燃料燃烧所需要的空气量以及排烟中各部分所占体积分别为：

单位燃料燃烧所需理论空气量：

$$V_k^0=0.0889(C_{ar}+0.375S_{ar})+0.265H_{ar}-0.0333O_{ar} \tag{2-3}$$

三原子气体体积：

$$V_{RO_2}^0=0.01866(C_{ar}+0.375S_{ar}) \tag{2-4}$$

氮气体积：

$$V_{N_2}^0=0.79V_k^0+0.008N_{ar} \tag{2-5}$$

水蒸气体积：

$$V_{H_2O}^0=0.111H_{ar}+0.0124M_{ar}+0.0161V_k^0 \tag{2-6}$$

排烟处过量空气系数：

$$\partial_{py}=\partial_{lk}+\sum\partial=1.2+0.1=1.3 \tag{2-7}$$

式中 C_{ar}、S_{ar}、H_{ar}、O_{ar}、N_{ar}——收到基中C、S、H、O、N所占的百分比；

M_{ar}——燃煤收到基水分；

∂_{lk}——进口冷空气过量空气系数；

∂——漏风系数。

由于温度升高使烟气体积发生改变，当作绝热升温过程，所以：

$$\frac{P_1V_1}{T_1}=\frac{P_2V_2}{T_2} \tag{2-8}$$

式中 P_1、V_1、T_1——绝热升温前烟气的压力、体积和温度；

P_2、V_2、T_2——绝热升温后烟气的压力、体积和温度。

烟气在从0℃升高到20℃、165℃、250℃、900℃和1970℃时应满足式(2-7)。

排烟焓

$$H_{py}=V_{RO_2}^0(c\theta)_{RO_2}+V_{N_2}^0(c\theta)_{N_2}+V_{H_2O}^0(c\theta)_{H_2O}+(\alpha_{py}-1)V_k^0(c\theta)_k \tag{2-9}$$

式中 ∂_{py}——过量空气系数；

$(c\theta)_{RO_2}$、$(c\theta)_{N_2}$、$(c\theta)_{H_2O}$、$(c\theta)_k$——各成分在温度θ时的焓值。

排烟热损失

$$q_2=\frac{Q_2}{Q_r}=\frac{[H_{py}-\partial_{py}V_k^0(c\theta)_{lk}]}{Q_{net,ar}}\left(1-\frac{q_4}{100}\right)\times100\% \tag{2-10}$$

式中 $(c\theta)_{lk}$——冷空气焓（kJ/m^3）；

$Q_{net,ar}$——煤的低位发热量（kJ/kg）；

（2）气体不完全燃烧损失

气体不完全燃烧损失是指燃烧过程中产生的可燃性气体（H_2、CO、CH_4等）不完全燃烧所带走的热量。

$$Q_3=V_{gy}(126.36CO+107.98H_2+358.18CH_4)\times\left(1-\frac{q_4}{100}\right) \tag{2-11}$$

实际烟气中含有的 H_2、CH_4 很少，这里认为烟气中只有 CO，所以气体不完全燃烧热损失可用式(2-12) 计算：

$$Q_3=126.36COV_{gy}\left(1-\frac{q_4}{100}\right) \tag{2-12}$$

干烟气体积：

$$V_{gy}=\frac{1.866(C_{ar}+0.375S_{ar})}{RO_2+CO} \tag{2-13}$$

由式(2-12) 和式(2-13) 得到：

$$q_3=\frac{Q_3}{Q_r}=\frac{233.3}{Q_{net,ar}}\times\frac{CO\cdot(C_{ar}+0.375S_{ar})}{RO_2+CO}\left(1-\frac{q_4}{100}\right)\times100\% \tag{2-14}$$

式中　CO，RO_2——分别表示一氧化碳和三原子气体在烟气中所占的比重。

(3) 固体不完全燃烧热损失

固体不完全燃烧造成的热损失是指因进入炉膛的燃料并未参与燃烧或没有完全燃烧殆尽而最终排出锅炉外而造成的热损失，包括灰渣、漏煤、飞灰三部分热损失。

灰渣损失热量：

$$Q_4^{hz}=Q_{hz}\frac{C_{hz}G_{hz}}{100B} \tag{2-15}$$

漏煤损失热量：

$$Q_4^{lm}=Q_{lm}\frac{C_{lm}G_{lm}}{100B} \tag{2-16}$$

飞灰损失热量：

$$Q_4^{fh}=Q_{fh}\frac{C_{fh}G_{fh}}{100B} \tag{2-17}$$

固体不完全燃烧损失的热量为：

$$Q_4=Q_4^{hz}+Q_4^{lm}+Q_4^{fh}=\frac{32700}{100B}(C_{hz}G_{hz}+C_{lm}G_{lm}+C_{fh}G_{fh}) \tag{2-18}$$

由炉膛内的灰平衡可得：

$$\frac{BA_{ar}}{100}=G_{hz}\frac{100-C_{hz}}{100}+G_{lm}\frac{100-C_{lm}}{100}+G_{fh}\frac{100-C_{fh}}{100} \tag{2-19}$$

将上式转变为：

$$1=\frac{G_{hz}(100-C_{hz})}{BA_{ar}}+\frac{G_{lm}(100-C_{lm})}{BA_{ar}}+\frac{G_{fh}(100-C_{fh})}{BA_{ar}}=a_{hz}+a_{lm}+a_{fh} \tag{2-20}$$

所以，灰渣质量：

$$G_{hz}=\frac{a_{hz}BA_{ar}}{100-C_{hz}} \tag{2-21}$$

漏煤质量：

$$G_{lm}=\frac{a_{lm}BA_{ar}}{100-C_{lm}} \tag{2-22}$$

飞灰质量：

$$G_{fh}=\frac{a_{fh}BA_{ar}}{100-C_{fh}} \tag{2-23}$$

固体不完全燃烧热损失为：

$$q_4=\frac{Q_4}{Q_r}=\frac{32700A_{ar}}{Q_{net,ar}}\times\left(\frac{a_{hz}C_{hz}}{100-C_{hz}}+\frac{a_{lm}C_{lm}}{100-C_{lm}}+\frac{a_{fh}C_{fh}}{100-C_{fh}}\right) \tag{2-24}$$

式中 Q_{hz}、Q_{lm}、Q_{fh}——表示灰渣、漏煤和飞灰中可燃物质的发热量；

32700——该煤中固定碳的发热量（kJ/kg）；

a_{fh}、a_{lm}、a_{hz}——飞灰、漏煤、灰渣占燃料灰分的百分比；

C_{fh}、C_{lm}、C_{hz}——飞灰、漏煤、灰渣中所含有的可以燃烧物质质量的百分数；

B——燃煤量（kg/h）；

A_{ar}——燃煤中灰分质量含量（%）；

G_{fh}、G_{lm}、G_{hz}——锅炉每小时的飞灰、漏煤和灰渣的质量（kg/h）。

（4）锅炉散热损失

锅炉散热损失的多少由锅炉散热表面大小和表面的温度以及周围空气的温度决定。

$$q_5=\frac{F_s\alpha_s(t_s-t_k)}{BQ_r} \tag{2-25}$$

式中 F_s——锅炉散热表面积（m^2）；

α_s——锅炉表面散热的放热系数［$W/(m^2 \cdot ℃)$］；

t_s、t_k——散热表面温度和外部气温（℃）。

（5）灰渣物理热损失

$$q_6=\frac{Q_6}{Q_r}=\frac{A_{ar}}{Q_{ner,ar}}(a_{hz}+a_{lm})(c\theta)_{hz} \tag{2-26}$$

式中 $(c\theta)_{hz}$——1kg 灰渣在 θ℃时的焓。

（6）锅炉热效率

$$\eta_1=q_1=1-q_2-q_3-q_4-q_5-q_6 \tag{2-27}$$

2. 锅炉供热的㶲分析法

㶲分析法分析锅炉效率一般会把锅炉㶲损失分为外部损失和内部损失两个部分，其中外部损失是系统工质离开供热系统时所损失的部分，例如排烟㶲损失 E_2，气体不完全燃烧㶲损失 E_3，固体不完全燃烧㶲损失 E_4，散热㶲损失 E_5 和灰渣㶲损失 E_6；内部的㶲损失是由于系统内部过程的不可逆而造成的损失，有燃烧过程损失 E_7 和传热过程损失 E_8。计算时均以 1kg 燃料为基础。将燃料燃烧后产生的高温烟气㶲作为锅炉系统的有效输入㶲，按式(2-20）计算各环节㶲损失的百分率和锅炉的㶲效率。

$$e_i=\frac{E_i}{E_{y,rs}}\times 100\% \tag{2-28}$$

式中 e_i——表示 1kg 燃料所产生的各项㶲损失的百分率；

$E_{y,rs}$——输入给锅炉的有效㶲；

E_i——系统各环节的㶲损失。

（1）输入给锅炉的有效㶲

燃烧温度下烟气焓为：

$$H_{py}(t_{rs})=V^0_{RO_2}(c\theta)_{RO_2}+V^0_{N_2}(c\theta)_{N_2}+V^0_{H_2O}(c\theta)_{H_2O}+(\alpha_{py}-1)V^0_k(c\theta)_k \tag{2-29}$$

输入给锅炉的有效㶲为：

$$E_{y,rs}=[H_{py}(t_{rs})-H_{py}(t_0)]\left(1-\frac{T_0}{T_{rs}-T_0}\ln\frac{T_{rs}}{T_0}\right) \tag{2-30}$$

式中 $H_{py}(t_{rs})$、$H_{py}(t_0)$——表示燃烧温度及环境温度下的烟气焓（kJ/kg）；

T_{rs}——燃烧温度（K）；

T_0——环境温度（K）。

（2）排烟㶲损失

环境温度下的烟气焓：

$$H_{py}(t_0)=V^0_{RO_2}(ct_0)_{RO_2}+V^0_{N_2}(ct_0)_{N_2}+V^0_{H_2O}(ct_0)_{H_2O}+(\alpha_{py}-1)V^0_k(ct_0)_k \quad (2\text{-}31)$$

排烟㶲损失为：

$$E_2=[H_{py}(t_{py})-H_{py}(t_0)]\left(1-\frac{T_0}{T_{py}-T_0}\ln\frac{T_{py}}{T_0}\right) \quad (2\text{-}32)$$

式中 $H_{py}(t_{py})$、$H_{py}(t_0)$——排烟温度和环境温度下的烟气焓（kJ/kg）；

$(ct_0)_{RO_2}$、$(ct_0)_{N_2}$、$(ct_0)_{H_2O}$、$(ct_0)_k$——各成分在温度为 t_0 时的焓值；

T_{py}、T_0——排烟温度和环境温度（K）。

（3）气体不完全燃烧㶲损失

造成气体不完全燃烧㶲损失的原因是燃料在燃烧过程中生成的一部分可燃气体残留在烟气中，这部分的化学㶲是损失的部分，它与该部分可燃气体产生的热量是相等的。

$$E_3=Q_{net,ar}q_3 \quad (2\text{-}33)$$

（4）固体不完全燃烧㶲损失

固体不完全燃烧的㶲损失因燃烧过程中残余了一部分燃料没有充分燃烧而造成的，这部分的化学㶲是损失了的，这与该部分燃料燃烧产生的热量是相等的。

$$E_4=Q_rq_4=Q_{net,ar}q_4 \quad (2\text{-}34)$$

（5）散热㶲损失

锅炉燃烧过程中由于炉内温度高于炉外温度，产生的热量传递所造成的㶲损失。

$$E_5=Q_5\left(1-\frac{T_0}{T_h}\right) \quad (2\text{-}35)$$

其中，锅炉壁面平均温度为：$T_h=\dfrac{T_{h1}-T_{h2}}{\ln(T_{h1}/T_{h2})}$ (2-36)

$$\text{供热量}:Q_5=Q_rq_5=Q_{net,ar}q_5 \quad (2\text{-}37)$$

式中 T_{h1}、T_{h2}——表示锅炉内、外壁的温度（K）；

T_h——锅炉壁面平均温度（K）；

T_0——锅炉外空气温度（K）。

（6）灰渣㶲损失

灰渣㶲损失指排出炉膛的灰渣的物理㶲。

$$E_6=Q_6\left(1-\frac{T_0}{T_{hz}}\right) \quad (2\text{-}38)$$

其中，灰渣损失热量为：$Q_6=Q_rq_6=Q_{net,ar}q_6$ (2-39)

式中 T_{hz}——燃烧后排出的灰渣温度（K）。

（7）传热过程㶲损失

锅炉传热过程通过烟气将热量经过锅炉壁面以及换热的设备传递到热水中，两种不同的工质因为传热温差的存在，而且这个过程是非可逆的，一部分的㶲被损失在炉内。

$$E_8=QT_0\left(\frac{1}{T_c}-\frac{1}{T_r}\right) \tag{2-40}$$

热水平均温度：

$$T_c=\frac{T_1-T_2}{\ln(T_1/T_2)} \tag{2-41}$$

烟气平均温度：

$$T_r=\frac{T_{rs}-T_{py}}{\ln(T_{rs}/T_{py})} \tag{2-42}$$

锅炉传热量：

$$Q=V_{py}^0 c_{py}(T_{rs}-T_{py}) \tag{2-43}$$

式中 T_1、T_2——热水进出口温度（K）；

T_{rs}、T_{py}——烟气燃烧最高温度和排烟温度（K）；

V_{py}、c_{py}——表示排烟体积和排烟热容。

（8）热水获得的㶲

热水获得的㶲是指由于加热热水而得到的㶲增，由系统㶲平衡得：

$$E_{y,rs}=E_1+E_2+E_3+E_4+E_5+E_6+E_8 \tag{2-44}$$

则热水获得的㶲为：

$$E_1=E_{y,rs}-E_2-E_3-E_4-E_5-E_6-E_8 \tag{2-45}$$

（9）锅炉的㶲效率

$$\eta_{e1}=e_1=\frac{E_1}{E_{y,rs}}\times 100\% \tag{2-46}$$

2.1.2 热电联产

热电联产是一种在发电的同时又提供热量的能源综合利用技术，通过汽化潜热进行供热，总热效率较高，环境污染也比较少。从经济和社会方面看，它也是非常好的一种供热模式。我国热电联产供热技术已经很成熟，发展十分迅速，应用相当广泛，与其他传统供热方式相比更节能（图 2-1）。

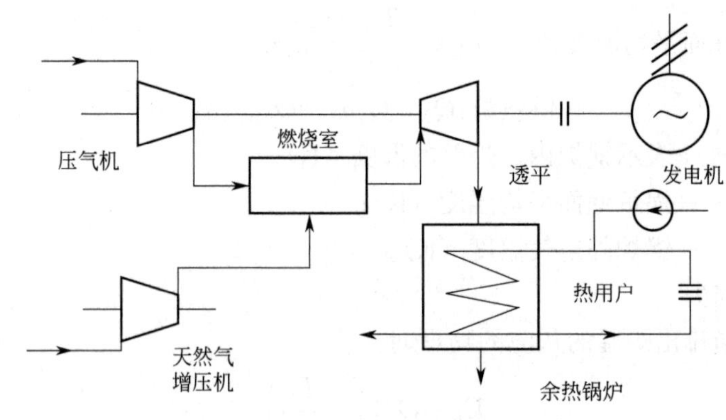

图 2-1 热电联产系统图

（1）热电联产热分析法

热电联产系统热效率：

$$\eta=\frac{W+Q}{BQ_{dw}} \tag{2-47}$$

热电比：
$$\beta=\frac{Q}{W} \tag{2-48}$$

若已知热电比，则可以推导出系统热效率：
$$\eta=\frac{W}{BQ_{dw}}\frac{W+Q}{W}=\beta\left(1+\frac{1}{\omega}\right) \tag{2-49}$$

式中 W——机组小时发电量（kJ/h），$W=3600P$，P 指发电功率（kW）；

Q——供热量（kJ/h）；

B——燃料消耗量（kJ/kg）；

Q_{dw}——燃料低位发热量（kJ/kg）；

ω——热化发电率，表示以供热量为基准的发电量。

热电联产系统中锅炉部分热量损失与锅炉房系统热量损失分析方法相同。

（2）热电联产系统㶲分析

输给锅炉的㶲为：
$$e_{w0}=(h_0-h_w)-T_0(S_0-S_w) \tag{2-50}$$

输给背压机的㶲为：
$$e_{w1}=(h_1-h_w)-T_0(S_1-S_w) \tag{2-51}$$

背压机做功的比㶲：
$$e_w=h_1-h_3 \tag{2-52}$$

背压机提供给用户的热量㶲为：
$$e_Q=(h_2-h_w)-T_0(S_2-S_w) \tag{2-53}$$

锅炉产生 1kg 蒸汽所消耗的燃料㶲为：
$$E_f=be_f \tag{2-54}$$

锅炉㶲效率：
$$e_{e,B}=\frac{\Delta e_{w0}}{E_f} \tag{2-55}$$

式中 h_0——蒸汽的比焓值；

h_w——给水的比焓值；

S_0——蒸汽的比熵值；

S_w——给水的比熵值；

T_0——蒸汽温度；

h_1——汽轮机（背压机）的比焓值；

S_1——汽轮机（背压机）的比熵值；

h_3——热用户进水的比焓值；

h_2——热用户进水比焓值；

S_2——热用户进水比熵值；

E_f——燃料㶲；

b——燃料消耗量；

e_f——单位质量燃料的㶲值。

热电联产供热与供电各自的燃料㶲消耗量分别为 $E_{f,Q}$ 和 $E_{f,E}$，供热部分㶲效率 $\eta_{e,c}^{Q'}$，热电联产系统综合㶲效率 $\eta_{e,c}^{Q'+E'}$。

供热部分燃料㶲消耗量：$E_{f,Q}=\dfrac{e_Q}{\eta_{e,B}}$ (2-56)

供电部分燃料㶲消耗量：$E_{f,E}=E_f-E_{f,Q}$ (2-57)

供热部分㶲效率：

$$\eta_{e,c}^{Q'}=\frac{e_Q}{\Delta e_{wl}}\eta_{e,B}\eta_{e,Q} \tag{2-58}$$

热电联产系统综合㶲效率：

$$\eta_{e,c}^{Q'+E'}=\eta_{e,c}^{Q'}+\eta_{e,c}^{E'} \tag{2-59}$$

式中 e_Q——供热过程的㶲损失；

$\eta_{e,Q}$——锅炉供热效率；

$\eta_{e,B}$——锅炉供热设备的㶲效率；

Δe_{wl}——锅炉出口与进口状态比㶲值的比值。

2.1.3 热泵系统供热

热泵的原理类似于制冷机，也是以逆卡诺循环来工作，只是工作的温度范围不同。热泵工作本身需要消耗少量能量，以此将环境介质中储存的能量通过工质循环系统升高的温度进行利用，所有热泵装置消耗的功只占输出功非常小的一部分，故此采用热泵供热能够节约大量高品位的能源。其工作原理如图 2-2 所示。

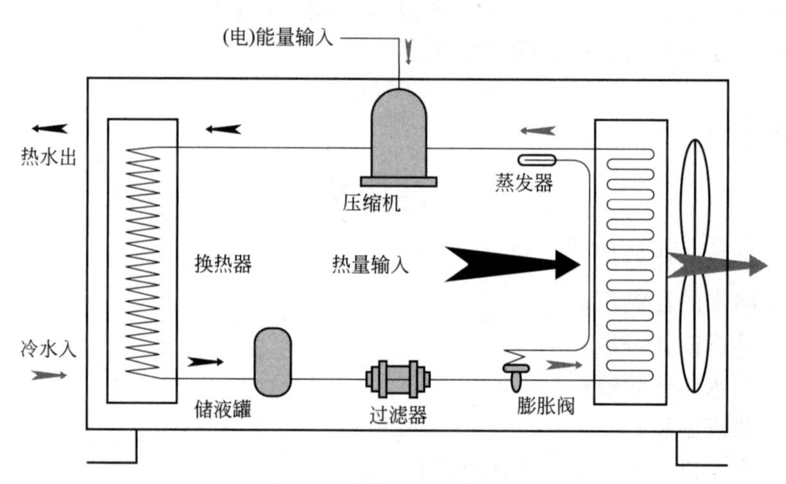

图 2-2 热泵系统工作原理

(1) 热泵机组热分析法

在热泵供热系统中通常以制热系数 COP 来评价热泵机组的能效，表示机组在单位功耗下产生的热量。

热泵制热系数：

$$COP=\frac{Q}{W} \tag{2-60}$$

式中 Q——热泵输出热量；

W——压缩机消耗电能。

实际最大制热系数：$COP_{\max}=\dfrac{T_1}{T_1-T_2}$ (2-61)

实际制热系数：$COP=\eta COP_{\max}$ (2-62)

式中 T_1——工质向室内放热时的冷凝温度（K）；

T_2——工质向低温热源吸热时的温度（K）；

η——热泵有效系数。

（2）热泵机组焵分析法

热泵工作原理如图 2-3 所示。

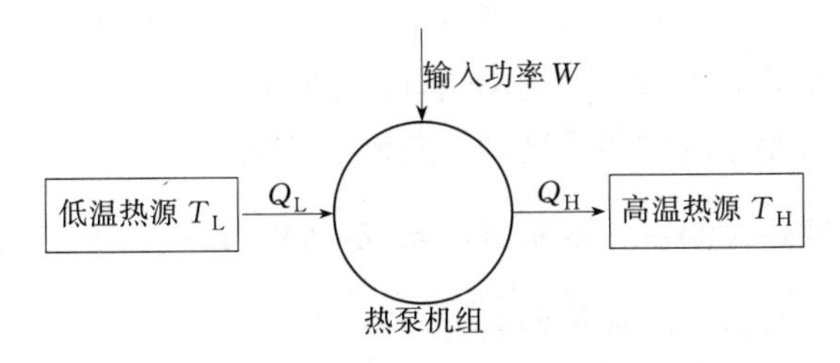

图 2-3 热泵工作原理图

焵平衡方程为： $$E_{x_{QL}}+W=E_{x_{QH}}+\sum E_{xl}$$ (2-63)

式中 $E_{x_{QL}}$——制冷机组冷水焵；

$E_{x_{QH}}$——制冷机组热水焵；

E_{xl}——水源热泵机组的总焵损失。

1）供给水源热泵机组的供给焵

$$W=\frac{q_k}{COP_{hp}}$$ (2-64)

式中 q_k——水源热泵机组制热水功率（kW）；

COP_{hp}——热泵制热平均性能系数。

2）压缩机的焵损失

$$E_{xl1\text{-}2}=W-m_{ref}[(h_2-h_1)-T_0(s_2-s_1)]$$ (2-65)

式中 h_2、h_1——压缩机出口和进口制冷剂的焓（kJ /kg）；

s_2、s_1——压缩机出口和进口制冷剂的熵［kJ /(kg·℃)］；

T_0——环境温度（℃）；

m_{ref}——制冷剂流量（kg/s），$m_{ref}=\dfrac{W\eta_s\eta}{h_2-h_1}$。

其中 η_s 为压缩机压缩消耗的理论功 W_s 和实际消耗的轴功 W_e 之比，这里 $\eta_s=\eta_1\eta_2\eta_3$，机械效率 $\eta_1=0.85$，内效率 $\eta_2=0.8$，电机效率 $\eta_3=0.96$，η 为修正系数，取 0.95。

3）冷凝器的焵损失

$$E_{xl2-3}=W-m_{ref}[(h_2-h_3)-T_a(s_2-s_3)]-E_{xq_k}$$ (2-66)

式中 h_2、h_3——冷凝器进口和出口制冷剂的焓（kJ /kg）；

s_2、s_3——冷凝器进口和出口制冷剂的熵[kJ/(kg·℃)]；

E_{xq_k}——水源热泵制得的热水的㶲（kW），其中 $E_{xq_k}=q_k\left(1-\frac{T_a}{T_{lq}}\right)$；

T_a——环境温度（℃）；

q_k——水源热泵机组制热水功率（kW）；

T_{lq}——冷凝器进出热水平均温度（K）；

4）节流阀的㶲损失

$$E_{xl3-4}=W-m_{ref}T_a(s_4-s_3) \tag{2-67}$$

5）蒸发器的㶲损失

$$E_{xl4-1}=-m_{ref}[(h_1-h_4)-T_a(s_1-s_4)]+E_{xq_0} \tag{2-68}$$

式中 h_4、h_1——蒸发器进出口制冷剂的焓（kJ /kg）；

s_4、s_1——蒸发器进出口制冷剂的熵［kJ /（kg·℃）］；

E_{xq_0}——水源热泵制得的冷水的冷量㶲（kW），$E_{xq_0}=q_0\left(1-\frac{T_a}{T_{ld}}\right)$；

T_{ld}——蒸发器进出冷水平均温度（K）；

q_0——水源热泵机组制冷水功率（kW），$q_0=WCOP_{sys}-q_k$；

COP_{sys}——热泵系统综合性能系数。

6）水源热泵机组的总㶲损失

$$E_{xl}=W-E_{xq_k}+E_{xq_0} \tag{2-69}$$

7）水源热泵机组的㶲效率

$$e_{ex}=1-\frac{E_{xl}}{W} \tag{2-70}$$

$$e_{ex}=\frac{E_{xq_k}-E_{xq_0}}{W} \tag{2-71}$$

2.2 严寒地区建筑供热系统的能效分析

2.2.1 锅炉供热的能效分析

以沈阳市某住宅小区为例，其建筑面积为 9 万 m²，供暖负荷为 4.05MW，只考虑供暖的情况，对比在相同负荷情况下采用不同燃料形式的供热锅炉进行供暖的能效情况。燃煤锅炉以 QXG360-7/95/70-AⅡ型燃煤热水锅炉供暖，燃料选用新汶Ⅱ号烟煤，其组成见表 2-1。燃油燃气锅炉以 WNS4.2-1.0/115/70-Y（Q）型锅炉供暖，燃料分别选用 0 号轻柴油和天然气，其组成分别见表 2-2 和表 2-3。

新汶Ⅱ号烟煤的组成 **表 2-1**

燃料挥发分含量（%）	收到基碳含量 C_{ar}（%）	收到基氢含量 H_{ar}（%）	收到基氧含量 O_{ar}（%）	收到基氮含量 N_{ar}（%）	收到基硫含量 S_{ar}（%）	收到基灰分含量 A_{ar}（%）	收到基水分含量 M_{ar}（%）	燃料低位发热量（MJ/kg）
42.84	47.43	3.21	6.57	0.87	3.00	31.32	7.60	18.85

0号轻柴油的组成　　表2-2

收到基碳含量C_{ar}(%)	收到基氢含量H_{ar}(%)	收到基氧含量O_{ar}(%)	收到基氮含量N_{ar}(%)	收到基硫含量S_{ar}(%)	收到基灰分含量A_{ar}(%)	收到基水分含量M_{ar}(%)	燃料低位发热量(MJ/kg)
85.55	13.49	0.66	0.04	0.25	0.01	0	42.915

天然气的组成　　表2-3

收到基碳含量C_{ar}(%)	收到基氢含量H_{ar}(%)	收到基氮含量N_{ar}(%)	燃料低位发热量(MJ/kg)
74.34	24.66	1.00	49.136

进入炉膛空气温度为20℃，燃煤、燃油、燃气锅炉的燃烧温度、排烟温度以及锅炉内外壁温度见表2-4，由于$V_{CO_2} \gg V_{SO_2}$，并且二者比热容接近，所以取$(c\theta)_{RO_2}=(c\theta)_{CO_2}$，1kg灰分在600℃时的焓$(c\theta)_{hz}$是560kJ/kg。烟气中各成分的焓见表2-5。

各部分温度（单位:℃）　　表2-4

	燃烧温度	排烟温度	锅炉内外壁温度
燃煤锅炉	900	165	200/100
燃油锅炉	900	250	
燃气锅炉	1970	250	

烟气中各成分的焓（单位：kJ/m^3）　　表2-5

温度(℃)	$(c\theta)_{CO_2}$	$(c\theta)_{N_2}$	$(c\theta)_{H_2O}$	$(c\theta)_k$
20	20.40	26.00	28.60	26.00
165	291.55	214.50	250.45	219.10
250	458.00	326.00	383.50	334.50
900	1952.00	1242.00	1526.00	1282.00
1970.00	4763.00	2916.70	3855.20	3015.90

燃煤热水锅炉额定功率为4.2MW，该锅炉热水出口压为0.7MPa，燃烧过程中烟气平均比热容取2.55kJ/（m^3·K），锅炉进出口温度分别为95/70℃。燃油燃气热水锅炉额定功率为4.2MW，该锅炉热水出口压为1.0MPa，燃油和燃气时燃烧过程中烟气平均比热容分别取5.25kJ/（m^3·K）和5.75kJ/（m^3·K）。锅炉进出口温度分别为115/70℃。进口处过量空气系数$\partial_{lk}=1.2$，漏风系数$\partial=0.1$。锅炉散热损失一般通过查图、查表和经验公式得到，QXG360-7/95/70-AⅡ型燃煤热水锅炉的热水出口压为0.7MPa，供暖负荷为4.05MW，锅炉散热损失取1.9%，见表2-6，经检测烟气中CO、RO_2分别为0.4%和19%。锅炉燃烧后对灰分的检测结果见表2-7。

热水锅炉散热损失（单位:%）　　表2-6

锅炉供热量(MW)	≤2.8	4.2	7.0	10.5
q_5	2.1	1.9	1.7	1.5

锅炉灰分组成（单位:%）　　表 2-7

C_{hz}	C_{lm}	C_{fh}	a_{hz}	a_{lm}	a_{fh}
8	60	30	88	2	10

燃煤、燃油、燃气三种不同燃料形式的热分析的计算结果见表 2-8，三种燃料热量损失比较如图 2-4 所示；燃煤、燃油、燃气三种不同燃料形式炯分析的计算结果见表 2-9，三种燃料炯损失比较如图 2-5 所示。

锅炉各环节的热量和所占百分率　　表 2-8

	燃煤		燃油		燃气	
	Q_i(kJ/kg)	q_i(%)	Q_i(kJ/kg)	q_i(%)	Q_i(kJ/kg)	q_i(%)
有效输入的热量	18850.000	100.000	42915.000	100.000	49136.000	100.000
排烟损失的热量	2145.130	11.380	9939.114	23.160	11983.780	24.389
气体不完全燃烧损失的热量	226.200	1.700	214.575	0.500	192.613	0.392
固体不完全燃烧损失的热量	1526.850	8.100	—	—	—	—
散热损失的热量	358.150	1.900	815.385	1.900	933.584	1.900
灰渣损失的热量	158.340	0.840	5.579	0.013	—	—
热水获得的热量	14435.330	76.080	31940.347	74.427	36026.023	73.319

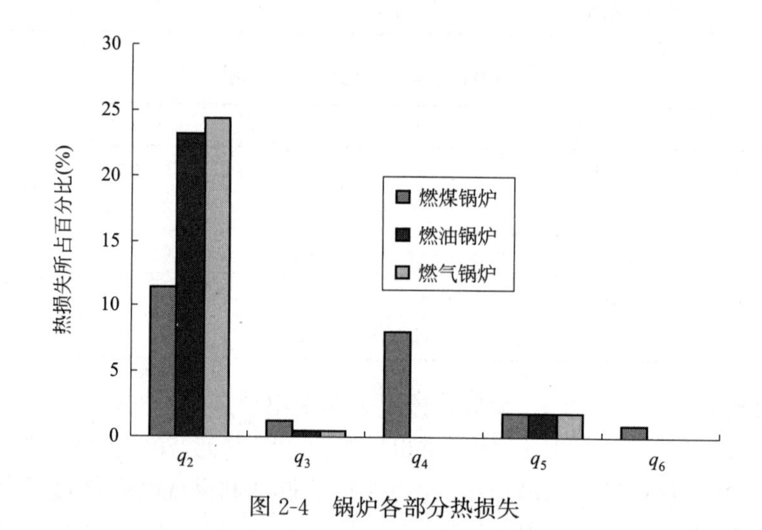

图 2-4　锅炉各部分热损失

锅炉工作各环节的炯及其百分率　　表 2-9

	燃煤		燃油		燃气	
	E_i(kJ/kg)	e_i(%)	E_i(kJ/kg)	e_i(%)	E_i(kJ/kg)	e_i(%)
有效输入的炯	21209.200	100.000	48215.300	100.000	343018.615	100.000
排烟损失的炯	435.140	2.050	2590.280	5.372	3118.717	0.910
气体不完全燃烧损失的炯	226.200	1.070	214.575	0.445	192.613	0.060
固体不完全燃烧损失的炯	1526.850	7.200	—	—	—	—

续表

	燃煤		燃油		燃气	
	E_i(kJ/kg)	e_i(%)	E_i(kJ/kg)	e_i(%)	E_i(kJ/kg)	e_i(%)
散热损失的㶲	108.890	0.510	247.910	0.514	283.845	0.080
灰渣损失的㶲	105.200	0.500	3.700	0.008	—	—
传热过程损失的㶲	6611.780	31.170	15505.261	32.158	102419.710	29.860
热水获得的㶲	12195.140	57.500	29653.574	61.503	237003.730	69.090

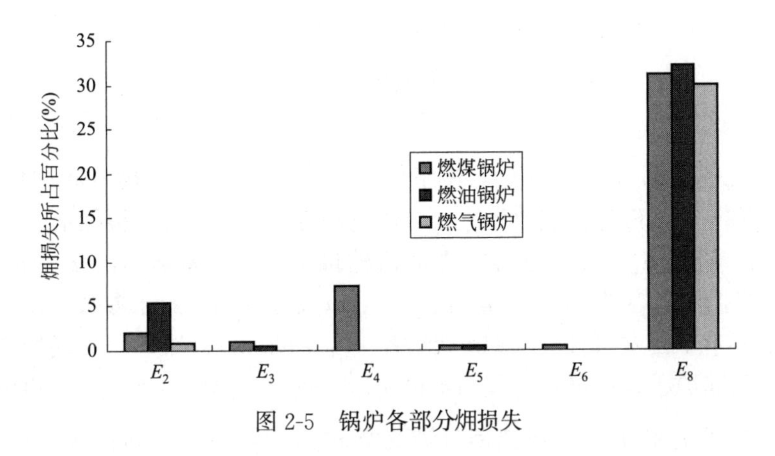

图 2-5 锅炉各部分㶲损失

从热量分析的计算结果可以看出，锅炉的排烟损失所占总损失的比例最大，说明它是系统热损失的主要部分；㶲分析表明能量损失主要在传热过程中，说明传热过程的不可逆热量损失是损失的主要部分。

燃煤、燃油、燃气锅炉的热效率分别为 76.080%、74.427%和 73.319%；㶲效率分别为 57.500%、61.503%和 69.090%。虽然所选条件下的锅炉热效率相差不大，但是燃气和燃油锅炉的㶲效率高于燃煤锅炉，说明燃气和燃油锅炉的能源利用更加充分，运行过程中的能量损失较小。

由于燃油燃气锅炉的排烟温度是 250℃，远高于燃煤锅炉 165℃的排烟温度，燃油和燃气锅炉排烟带出的热量较大，相对降低了热效率。应将燃油和燃气锅炉的排烟中的热量加以回收利用，可以在锅炉末端设置省煤器以及余热回收装置等措施降低锅炉排烟温度，这样就能够减少排烟部分的能量损失，从而提高锅炉的效率。

相对于煤来说，使用天然气和柴油效率更高、更节能，而且污染较小，在现有的供暖形式中降低煤的使用，提高天然气和石油资源的利用比例，不仅能够提高能源的利用率，达到节能目的，更有利于环境、有利于人们的生活健康。

2.2.2 热电联产供热能效分析

燃煤锅炉供热选用背压式热电联产供热机组（图 2-6），为了衡量热电联产的节能效果，热化发电率取 31%，热电比取 20%。β 与 ω 之间有一定的关系。ω 越大，则 β 也越高。一般 ω 在 0.12～0.40 之间，相应地 β 在 0.09～0.23 的范围。则根据前文可以计算得出热电联产系统综合热效率 $\eta=84.5\%$。

设环境温度为 20℃，锅炉给水温度 145℃，回水温度为 80℃，$h_2=2964.3$kJ/kg，

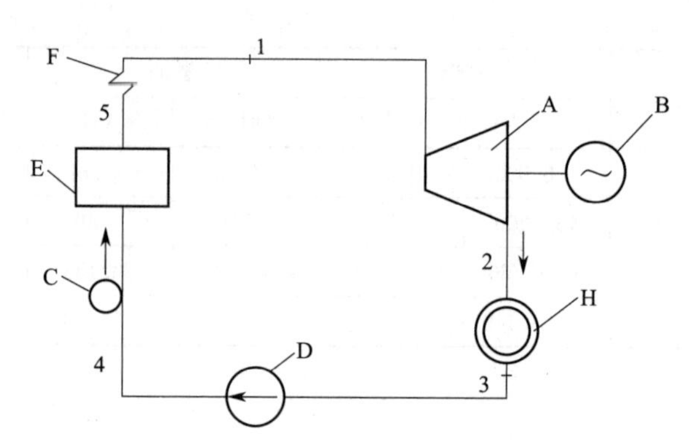

图 2-6　背压式热电联产系统

A—汽轮机；B—发电机；C—凝汽器；D—给水泵；E—锅炉；F—过热器；H—热用户

s_2=7.19kJ/（kg·K），t_2=257℃，背压机内效率为 74.2%，热电联产燃料㶲消耗量 E_f，锅炉㶲效率 $\eta_{e,B}$，汽轮机㶲效率 $\eta_{e,T}$，供电部分㶲效率 $\eta_{e,c}$，根据锅炉出口主蒸汽状态参数 p_0、t_0，查得 h_0、s_0；已经求得的汽轮机进、排汽参数 p_1、t_1、h_1、s_1 和 p_2、t_2、h_2、s_2；根据回水参数 p_h、t_h 查得 h_h、s_h 以及根据锅炉给水参数 p_{wl}、t_w 查得 h_w、s_w，由 2.1.2 小节中公式可计算出锅炉㶲效率 $e_{e,B}$=68.32kJ/kg，可见锅炉㶲效率远低于其热效率，说明锅炉燃烧和传热过程的不可逆损失较大。热电联产供热与供电各自的燃料㶲消耗量分别为 $E_{f,Q}$ 和 $E_{f,E}$，供热部分㶲效率 $\eta_{e,c}^{Q'}$，联产系统综合㶲效率 $\eta_{e,c}^{Q'+E'}$，计算得到供热部分㶲效率 $\eta_{e,c}^{Q'}$=57.5%，供电部分㶲效率 $\eta_{e,c}^{E'}$=11.42%，则热电联产系统综合㶲效率：$\eta_{e,c}^{Q'+E'}$=68.92%。热电联产系统㶲分析结果见表 2-10。

热电联产系统㶲分析结果　　　　**表 2-10**

		E_i(kJ/kg)	e_i(%)
锅炉部分	有效输入的㶲	21209.20	100.00
	排烟损失的㶲	435.14	2.05
	气体不完全燃烧损失的㶲	226.20	1.07
	固体不完全燃烧损失的㶲	1526.85	7.20
	散热损失的㶲	108.89	0.51
	灰渣损失的㶲	105.20	0.50
	传热过程损失的㶲	6611.78	31.17
	蒸汽获得的㶲	12195.14	57.50
汽轮机部分	汽轮机不可逆做功损失的㶲	4856.91	23.00

热电联产通过锅炉供热，所以其热损失主要是在锅炉部分，其次汽轮机做功也会造成部分热量损失。从图 2-7 中可以看出，在热电联产系统中，其主要的㶲损失在锅炉传热过程和汽轮机做功，再有就是锅炉燃烧的固体不完全燃烧以及排烟损失上。可见在热电联产系统运行过程中，减小燃料燃烧过程的不可逆损失以及传热过程的损失是主要的节能方向，这是提高热电联产系统综合效率的关键。将㶲分析法应用于热电联产中，是根据用户的供热需求，按照热能的不同品位进行合理供能，使能源在使用过程中，数量和品质上都

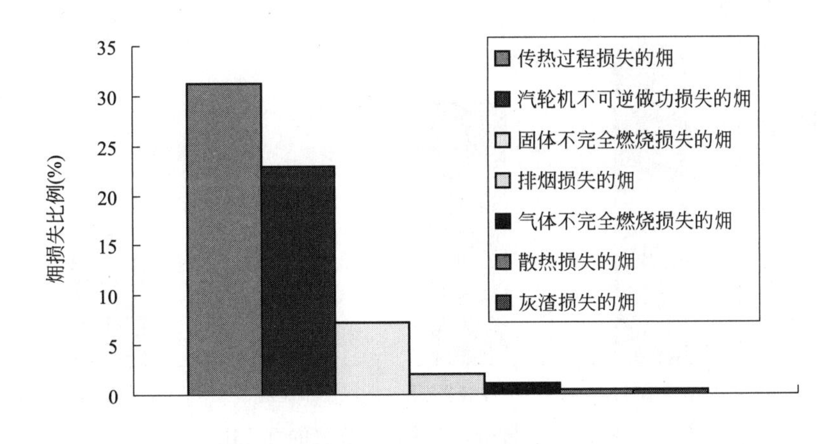

图 2-7 㶲损失的比较

能够合理匹配，从而避免能源的浪费。

2.2.3 热泵供热系统能效分析

以某 9 万 m^2，供暖负荷为 4.05MW 的小区为例，主要参数有：夏季冷水供回水温度为 7℃、12℃，水源水供回水温度为 15℃、20℃，室内温度为 25℃；冬季供应给用户的热水水温是 52℃，回水水温是 42℃，水源水供应的水温度为 15℃，回水的水温度是 10℃，室内温度为 25℃。热泵采用 R22 工质，夏季冷凝温度 50℃，蒸发温度 5℃，冬季冷凝温度 55℃，蒸发温度−2℃。压缩机进口制冷剂的焓 h_1=407.9kJ /kg，压缩机出口冷凝器进口制冷剂的焓 h_2=448.1kJ /kg，冷凝器出口制冷剂的焓 h_3=263.1kJ /kg，蒸发器进口制冷剂的焓 h_4=263.1kJ /kg，s_1=1.767kJ/(kg·℃)，s_2=1.767kJ/(kg·℃)，s_3=1.207kJ/(kg·℃)，s_4=1.223kJ/(kg·℃)，取热泵有效系数 η=0.6。

热泵机组的实际制热系数 $COP=\eta COP_{max}$=3.45，系统㶲效率 e_{ex}=68.76%。

制热过程中热泵各部分的㶲损失见表 2-11。

制热过程中热泵各部分的㶲损失　　表 2-11

	压缩机	冷凝器	节流器	蒸发器	系统
㶲损失(kJ/kg)	121.93	98.36	25.23	52.18	297.70
各部分㶲损失占总损失的百分比(%)	40.96	33.04	8.47	17.53	

分析结果表明，在热泵供热的系统之中，压缩机部分造成的㶲损失是最大的，占系统㶲损失的 40.96%，这是由于电机运行引起的损失以及因为传动引起的损失，还有压缩机的不可逆过程造成一定的损失。其次是冷凝器和蒸发器，分别为 33.04%和 17.53%，节流器的㶲损失最小，只占 8.47%，如图 2-8 所示。因此要提高整个系统的㶲效率就必须降低单个设备的㶲损失，特别是要降低压缩机的㶲损失。

对热泵的热力分析，一方面能够评价水源热泵的能量利用及能量损失情况，另一方面也明确了水源热泵的性能，知道系统的能量损失主要在哪些部分和损失程度等，从而为进一步分析系统用能、改进技术措施提供有效的科学指导。通过对这一实例分析可以看出，

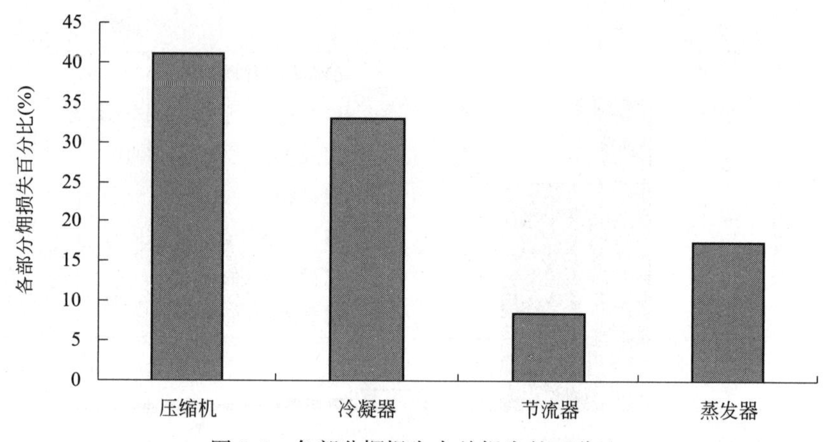

图 2-8 各部分㶲损失占总损失的百分比

压缩机、冷凝器和蒸发器都是具有技术改进和进一步节能前景的部分。

对于压缩机的节能改造，重点方向应该是减少压缩机的进口和出口温度，及压缩过程中引起的能量损害。而对冷凝器和蒸发器的改进主要是换热过程的强化，如采用高效的换热管等。

2.2.4 三种供热形式能效对比

通过分析锅炉房供热系统、热电联产供热、热泵供热三种供热形式，以㶲分析方法分析计算出各自的㶲效率。

通过表 2-12 和图 2-9 可以看出，热量分析不能完全说明能量损失的环节，㶲分析更能揭示能量流动情况，热电联产和燃气锅炉供热效率要高于燃煤锅炉，燃煤锅炉燃烧过程㶲效率只有 57.5%，而热电联产可达到 68.92%，燃气锅炉的能源利用率要高于燃煤锅炉，鉴于排烟温度较高的情形下，其热效率略低于燃煤锅炉，但其㶲效率要明显高于燃煤锅炉，说明燃气锅炉的能源利用情况和节能效果优于燃煤锅炉。

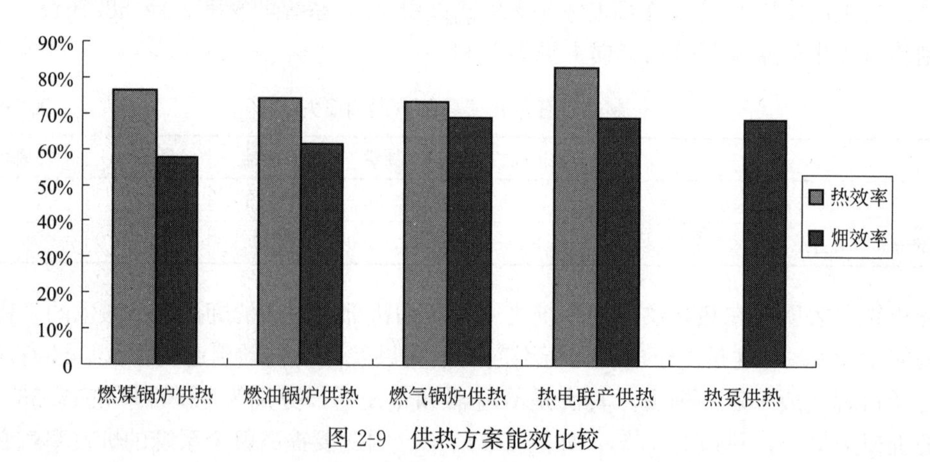

图 2-9 供热方案能效比较

几种供热方案的能效比较 **表 2-12**

	热效率(%)	㶲效率(%)
燃煤锅炉供热	76.580	57.500
燃油锅炉供热	74.427	61.503

续表

	热效率(%)	㶲效率(%)
燃气锅炉供热	73.319	69.090
热电联产供热	84.500	68.920
热泵供热	—	68.760

2.3 建筑供热系统中节能技术和节能措施的应用

2.3.1 余热锅炉

对于锅炉供热系统而言，因为排烟温度较高，一般都达到150℃以上，造成了较大的能量损失，通过对锅炉排烟损失的计算也表明在整个锅炉供热系统中排烟损失占较大部分，因此要设法降低排烟温度，有效利用烟气中的能量，降低因排烟所带走的热量损失，从而提高系统的效率。

通过在热源末端增加余热锅炉以及烟气冷凝器，以此来回收烟气中的热量加以再利用，能够降低排烟温度，达到进一步节能的目的。

(1) 余热锅炉的节能原理

燃煤、燃油和燃气锅炉在经过燃烧产生的高温烟气释放热量，这些具有较高温度的烟气先进入炉膛，然后进入余热回收装置，再进入烟火管，最后进入后烟箱烟道内的余热回收装置，高温烟气变成低温烟气经烟囱排入大气。余热锅炉可以很大程度地提高燃料燃烧所释放热量的利用率，因此这种锅炉很节能。余热锅炉排烟温度一般低于180℃。余热锅炉工作原理如图2-10所示。

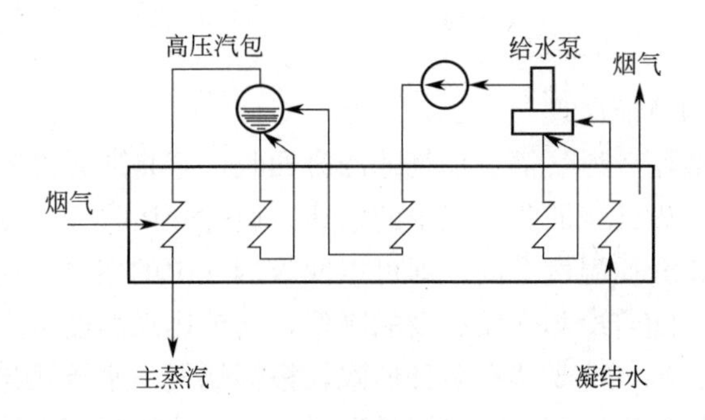

图2-10 余热锅炉工作原理

(2) 余热锅炉的节能效果

燃煤锅炉排烟温度为165℃，高于供热热水温度95℃，燃油和燃气锅炉排烟温度为250℃，也高于供热热水温度115℃。回水温度为70℃，现利用余热锅炉回收烟气热量，使排烟温度都降为140℃。

由第2.1节可知$V_{413K}=1.5V_{273K}$，还可计算得到燃煤锅炉排烟热损失为10.61%，锅炉热效率提高到77.35%，提高了1%。排烟㶲损失为1.65%，锅炉㶲效率提高到57.9%，提高了0.6%。

同理可计算得到：燃油锅炉排烟热损失为17.9%，排烟㶲损失为2.6%，锅炉热效率提高了 7.1%，㶲效率提高了 4.5%。燃气锅炉的排烟热损失为 18.86%，排烟㶲损失为 0.434%，锅炉热效率提高了 7.5%，㶲效率提高了 0.69%。

增加使用余热锅炉之后，有效降低了排烟的温度，大大减少了排烟部分的损失，提高了锅炉系统的热效率（图 2-11）。

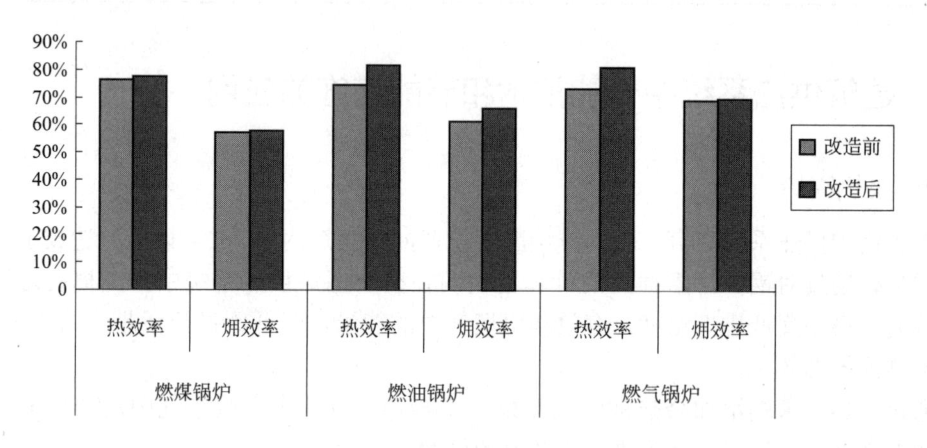

图 2-11　增加余热锅炉改造前后热力分析对比

（3）余热锅炉使用前景

近年来随着能源价格的大幅上涨，人们对于锅炉的选择开始更加注重其运行成本问题，在城镇集中供热中少不了热水锅炉和蒸汽锅炉，而锅炉燃料费用是一项较大的支出，因此，很多厂家和技术人员开始对锅炉进行技术上的节能改造，主要就是锅炉余热回收问题，所以，余热锅炉的应用前景十分广阔，这也是节能供热发展的一种趋势。

2.3.2　烟气冷凝器

（1）烟气冷凝器的节能原理

烟气冷凝器一般适用于燃气锅炉烟气的冷凝回收，它是通过冷凝这样一种方式来降低所排出的烟气的温度，以此来回收烟气中的余热。通过介质将烟气冷却降温使之冷凝，蒸汽相变所释放的热量将介质温度升高，即可以回收烟气中的余热。使用烟气冷凝器要求冷却介质温度相对较低。随着冷却介质温度的降低，锅炉排烟温度也降低，烟气冷凝器的热回收效率进一步提高。烟气冷凝器有多种形式，根据烟气与水接触与否，可分为直接接触型和间接接触型。直接接触型烟气冷凝器是通过喷水使冷水与烟气接触，水会带走大部分的热量，从而让烟气发生冷凝，降低烟气的排出温度，达到降低排烟损失的目的。

（2）烟气冷凝器的适用条件及效果

一般而言，环境条件适当的话，烟气冷凝器可使锅炉房的效率有很大提高。从技术层面来看，燃气锅炉很适合使用烟气冷凝器（图 2-12）。

以燃气锅炉为例，增加任何的节能措施以前，燃气锅炉的排烟温度是 250℃，供水温度是 115℃，回水温度是 70℃，在安装使用烟气冷凝器后，锅炉的排烟温度能降低到 100℃以下，烟气中的水蒸气全部被冷凝，冷水吸收了大部分的汽化潜热。经计算排烟热损失由 24.389%下降到 6.2%，从而使锅炉热效率由 73.319%提高到 91.508%，提高了 24.8%；排烟㶲损失由 0.91%降到 0.1%，锅炉㶲效率由 69.09%提高到 69.9%，提高了 1.17%，由此

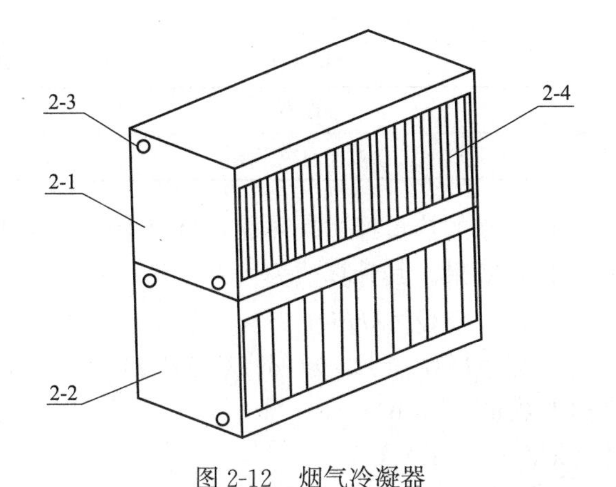

图 2-12 烟气冷凝器

2-1、2-2—非对称板式烟气冷凝器；2-3—烟气通道；2-4—水通道

看出对于燃气锅炉而言，使用烟气冷凝器有较为明显的节能效果（图 2-13）。

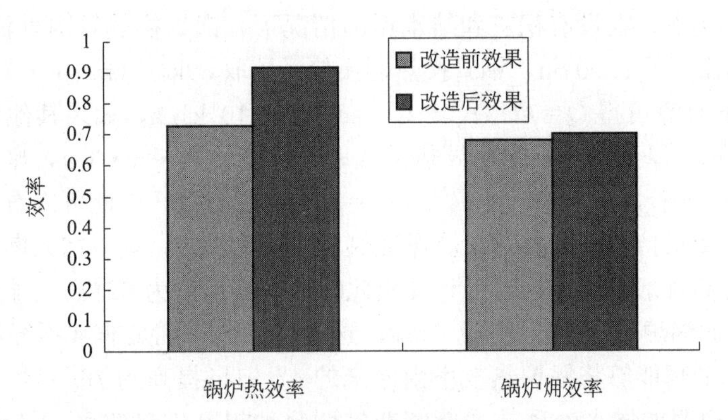

图 2-13 烟气冷凝器安装使用前后燃气锅炉效率对比

2.3.3 加强水处理技术

锅炉经过一段时间的运行，由于水中杂质在锅炉内部沉积，就会造成锅炉结垢的现象。因水质问题，这无法避免。一般实际中锅炉每结垢 1mm 的厚度，将造成很大的传热损失，燃料消耗就会增加很多，通过加强锅炉水的处理，净化供回水水质，避免或减少结垢现象，对于系统节能十分必要。因此需要采取先进的水处理技术等来处理，其中钠离子逆流再生交换器是用得较为广泛的水处理设备，这种处理方式对进水的适应范围较广，出水效果也比较理想。真空除氧在大中型锅炉水处理中用得较多，是一种有效的水处理方式，它比大气热力除氧能节省更多的燃料，而且还能降低排烟损失，提高锅炉效率。水垢及钢材导热系数见表 2-13。

水垢及钢材导热系数 **表 2-13**

	水垢特性	导热系数 λ[W/(m·℃)]
钢	—	46.7
氧化铁水垢	硬度高	0.11～0.23

续表

	水垢特性	导热系数 λ[W/(m·℃)]
硅酸盐水垢	硬度高	0.06～0.23
碳酸盐水垢	硬度与空隙不定	0.58～0.70

锅炉中燃料燃烧所释放出来的热量经过换热面，将热量传递给温度较低的热水，使低温热水的水温升高，达到换热效果。其计算式为：

$$Q=\lambda H(t_{b1}-t_{b2})/\delta \tag{2-72}$$

$$Q=H(t_{b1}-t_{b2})/(\delta_1/\lambda_1+\delta_2/\lambda_2) \tag{2-73}$$

式中 Q——热传导传递的热量（kJ/h）；

λ——导热系数［kJ/（m·h·℃)］；

H——导热面积（m^2）；

δ——壁厚（m）；

t_{b1}、t_{b2}——锅炉换热器外内壁温度（℃）。

以燃煤锅炉为例，在没有积灰和结水垢的情况下，锅炉换热管内外温度分别为 95℃和 165℃，换热器壁厚 0.004m，钢管换热器换热系数取 39kJ/（m·h·℃），单位面积换热量由式(2-72）计算可得 $Q=\lambda H(t_{b1}-t_{b2})/\delta=68\times10^4$kJ/h，如果其他条件相同，壁面结一层厚度为 1mm 厚的水垢，水垢导热系数取 1.5kJ/（m·h·℃），则由式（2-73）计算可得 $Q=H(t_{b1}-t_{b2})/(\delta_1/\lambda_1+\delta_2/\lambda_2)=9.1\times10^4$kJ/h，由此可以看出结垢后传热量明显下降。如果要保持原来的换热量，保证热水的热量供应，则应加大燃烧热量，需要消耗大量燃料，提高排烟温度，这时可计算出此时的排烟温度为 623℃，排烟损失很大，提高到 45.95%，而锅炉热效率仅为 42.01%，这对于供热来说是非常不经济的，所以在供热过程中加强水处理能够将锅炉热效率由原来的 42.01%提高到 76.58%，热效率相对提高了 82.29%，说明加强水处理技术能够非常明显地提高供热效率，是十分有效的节能方式。

2.3.4 实行供热调节

（1）供热调节的方式及产品

供热调节的方式主要有质调节、量调节以及分阶段流量调节。质调节是改变管网回水温度，量调节是改变管网的循环水量，分阶段流量调节是维持某一阶段流量不变进行调节。

1）散热器恒温阀：为了保证稳定舒适的室温而安装在散热器上的一种能够自动控制的阀门，控制元件是一个温包，里面充有感温物质，在室内温度升高时，温包就会膨胀从而阀门关小，减少了热水供应，室温下降时反之，这样就可以达到控制温度的目的。

2）平衡阀：是一种可测流量的调节阀，对于动态调节系统，它主要是调节系统的平衡和稳定性，让控制设备能够发挥应有作用的一种设备。

3）变频水泵：可以根据系统阻力、水量变化来改变转速，调节出力，使水泵能够始终在较高效率下工作，这样就降低了耗电量。

4）气候补偿器：是由气候补偿节能控制器、浸入式温度传感器、室外温度补偿传感器和执行元件四个部分所组成的。其能以室外温度变化和用户最初所设定的各个时间对温度的要求，给定适合的供回水温度和流量，可以实现供水温度随着室外温度进行自动气候补偿，避免因产生过高温度造成能源浪费。气候补偿器安装原理如图 2-14 所示。

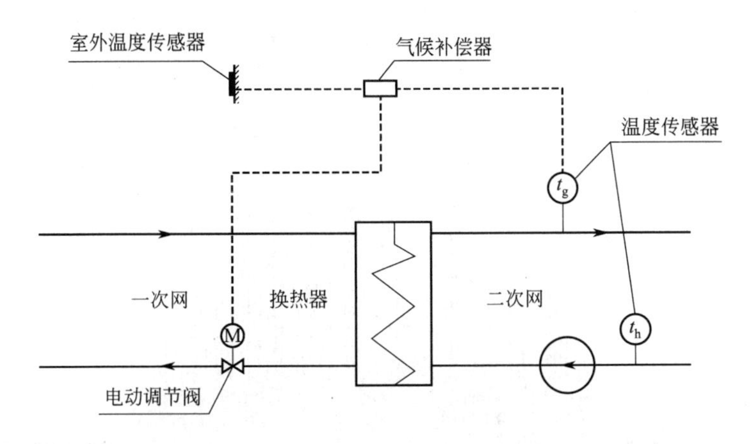

图 2-14 气候补偿器安装原理

(2) 供热调节后的节能效果

以燃煤锅炉供热系统为例，安装气候补偿器对供热系统进行调节来达到合理供热的目的。运行调节是指如果热负荷发生了一定的改变，为实现按需供热，对供热系统的流量和供水水温进行合理控制调节。以供热负荷随室外温度变化为调节依据。

室外温度为－10℃，室内温度为 20℃，燃煤锅炉管网供回水温度分别为 95℃和 70℃，供热量为 4.05MW，通过采用供回水水温变化和流量调节的方式来控制供热量。供热负荷在不同时间是不同的，其随室外逐时温度变化而变化，如图 2-15 所示。供回水水温随室外日平均温度的变化如图 2-16 所示。

供热调节基本公式：

$$\bar{Q}=\frac{t_n-t_w}{t_n'-t_w'} \tag{2-74}$$

$$Q=h(t_n-t_w) \tag{2-75}$$

$$Q=cm(t_g-t_h) \tag{2-76}$$

式中 $\bar{Q}$——实际工况与设计工况负荷比；

Q——供热负荷（kW）；

h——室内外传热系数（W/K）；

t_n、t_w——实际室内外温度（℃）；

t_n'、t_w'——设计室内外温度（℃）；

c——水的比热容，取 4.2kJ/（kg·℃）；

m——热水流量（kg/s）；

t_g、t_h——供回水温度（℃）。

在调节之前，供热期间供热量恒定，由式(2-74)～式(2-76) 可求出 h＝135kW/K，由式求出热水流量为 38.6kg/s。

实际过程中，在供暖期每天不同时段的温度是变化的，并不是恒定的。要保证室内供

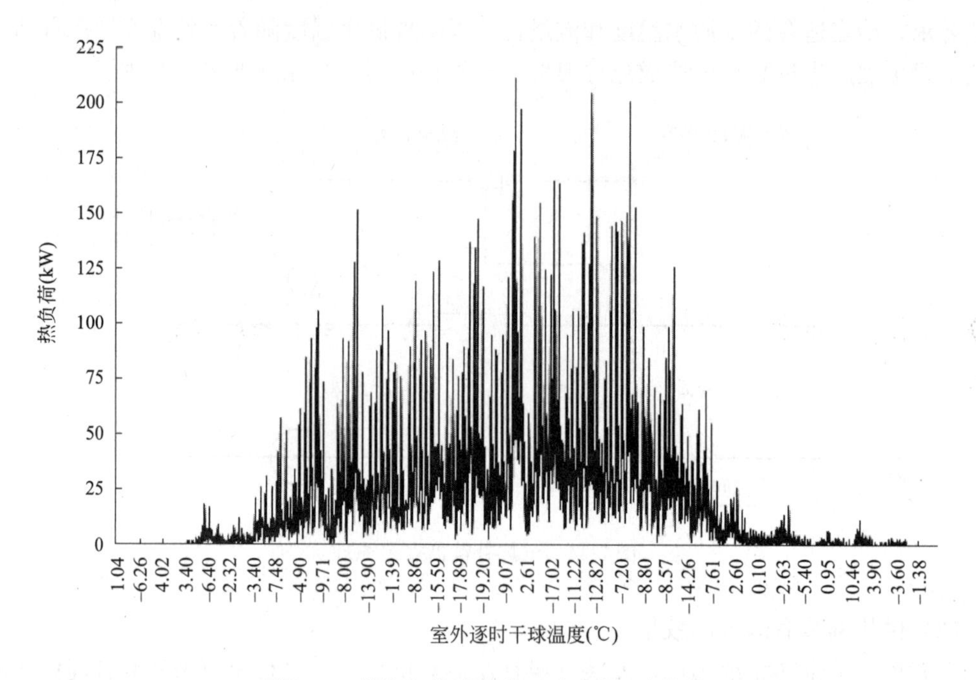

图 2-15 供热负荷随室外逐时干球温度变化

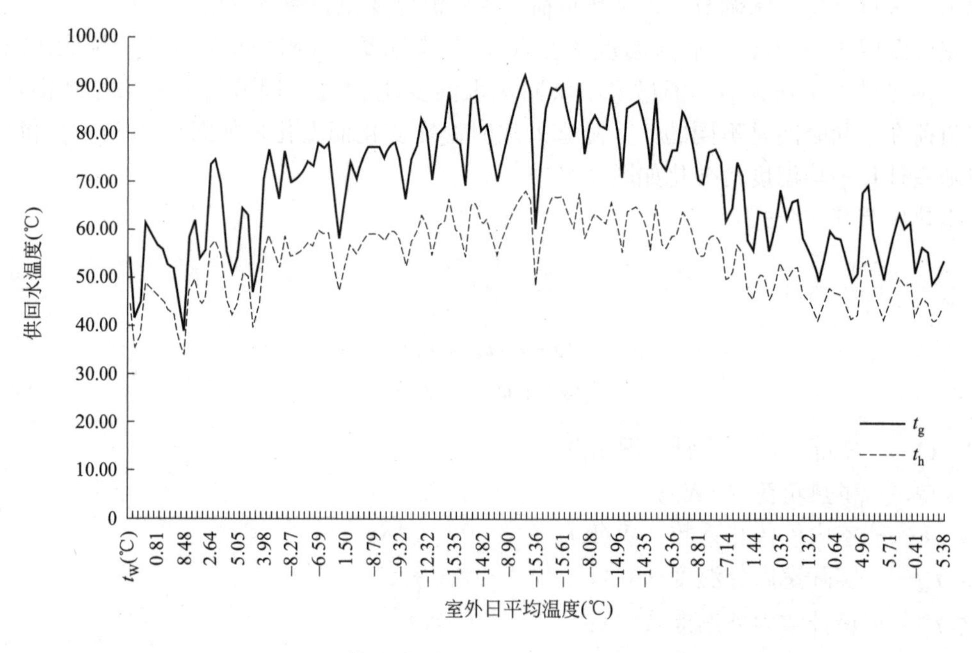

图 2-16 供回水水温随室外日平均温度的变化

热稳定，应使供热热水温度改变，或者改变热水流量，来控制总的供热量。所以以增加气候补偿器的方式进行不同时段热水流量控制来调节，设定供暖期间每天的 24h 分为 4 个时间段，分别为 3:00—10:00、10:00—14:00、14:00—22:00、22:00—3:00，供暖期各时间段的平均温度分别为−8℃、1℃、−3℃、−16℃，对于温度高于−10℃时，就要降低流量，减少供热，以避免不必要的能源浪费。对前三个时段进行流量调节，计算出其平均流量为34.1kg/s，调节后，节能的热量为：

$$Q=c\Delta m(t_g-t_h) \tag{2-77}$$

式中　Δm——调节前后流量差。

由式(2-77) 可计算出调节后的节能量为472.64kW，节约了11.67%的能源。说明通过热计量制度对供热过程进行热量调节以后，能够有效节约能源，减少能源消耗（图2-17）。

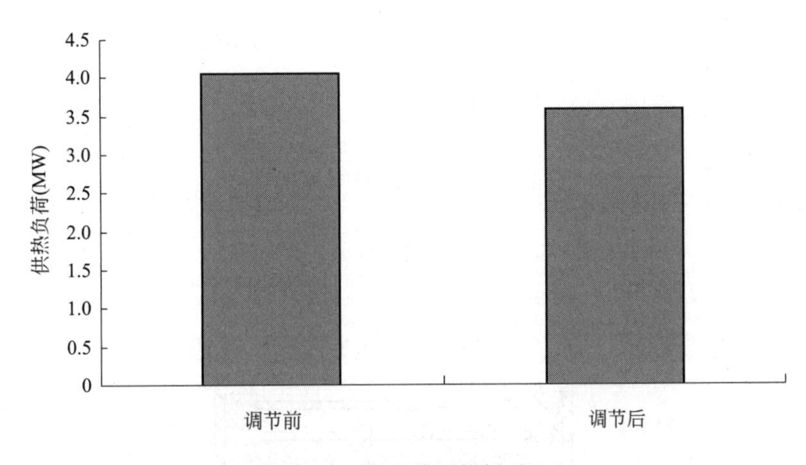

图2-17　调节前后能耗对比

2.4　可再生能源形式供热研究

2.4.1　太阳能供热

太阳能供暖系统是以太阳能集热器收集的太阳能作为能源，替代或部分替代传统的以煤、石油、天然气等石化燃料作为能源的锅炉，以液体作为传热介质，以水作为储热介质，水箱中储存过剩的热量，当太阳能集热器收集的热量达不到供暖负荷要求的时候，就由此部分热量进行补充，热能是储存在保温水箱中的（图2-18）。

太阳能供暖系统包括太阳能集热器、蓄热水箱和散热部件及控制系统等。集热器有平板、真空管等几种。这种集热器集热快、运行稳定，而且非常耐用（图2-19）。

集热器面积：

$$A=\frac{86400Q_w\times f}{J_T\times\eta_{cd}(1-\eta_L)} \tag{2-78}$$

式中　A——集热器采光面积（m^2）；

Q_w——建筑平均每天耗热量（W）；

J_T——集热器采光面供暖期的日均太阳辐射量（J/m^2）；

f——太阳能保证率，一般为0.3～0.8；

η_{cd}——系统使用期的平均集热效率；

η_L——管道及蓄热水箱热损失率，一般取0.2～0.3。

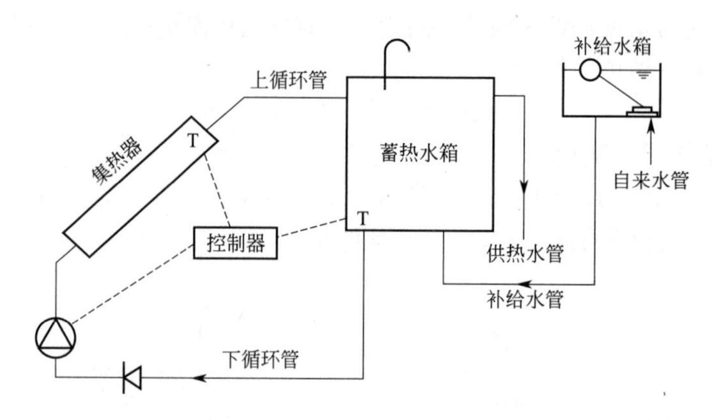

图 2-18 太阳能供热原理

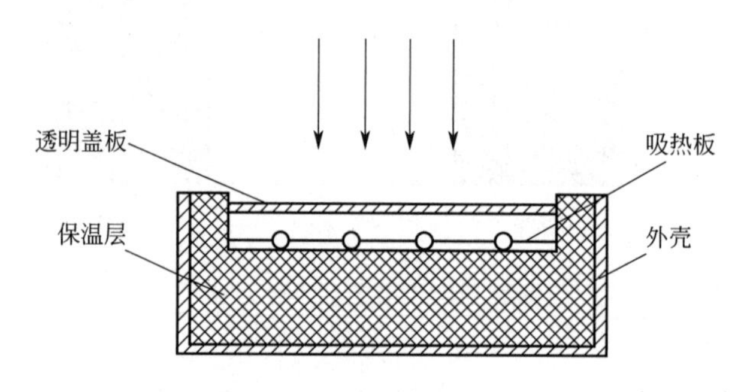

图 2-19 集热器的构成

蓄热水箱容积：

$$V=B_1\times A \tag{2-79}$$

式中 V——蓄热水箱有效容积（L）；

A——集热器采光面积（m^2）；

B_1——单位采光面积平均日产热水量[$L/(m^2\cdot d)$]。

（1）太阳能热泵

太阳能热泵供热是先以集热器进行太阳能低温集热，然后再通过热泵将热量传递给供热热媒。北方冬季供热，由于太阳的辐射量小，环境温度很低，可以使用热泵直接收集太阳能来供暖，太阳能集热器用作热泵蒸发器，换热器用作热泵冷凝器，就能够获得较高温度的供热介质（图 2-20）。

（2）太阳能燃气锅炉

当太阳能不足以满足建筑需热量时，采用太阳能与锅炉联合供热；当太阳辐射为零时，采用锅炉单独对温室供热。对于三种不同能源形式的锅炉，由于燃气锅炉效率较高，热量损失小，所以选用燃气锅炉作为补充热源。

太阳能-锅炉联合供热系统是集热、蓄热和耗热的综合体，主要由热源、蓄热水箱、散热器、换热器、循环泵和锅炉等构成，其中热源由太阳能集热器和锅炉组成（图 2-21）。

2.4.2 地热利用

地热是储藏在地球内部的能量，一般火山喷发出的熔岩温度高达 1200～1300℃，天

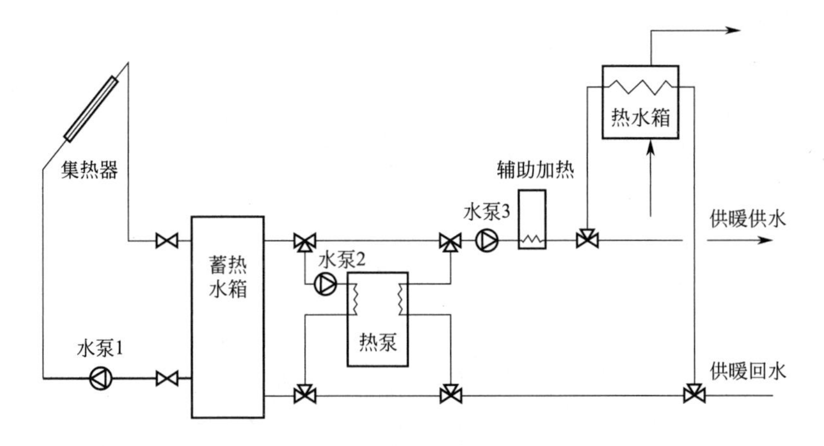

图 2-20 太阳能热泵系统图

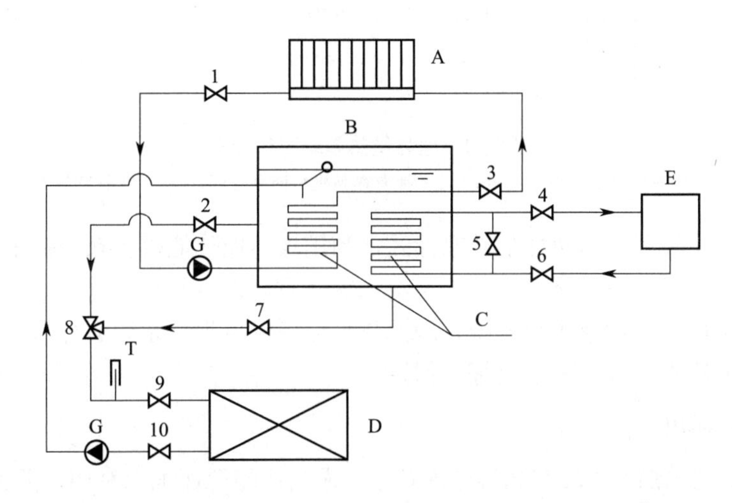

图 2-21 太阳能-锅炉联合供热系统

A—太阳能集热器；B—蓄热水箱；C—换热器；D—温室；E—锅炉；
T—温度传感器；G—循环水泵；8—三通阀；1～7，9，10—阀门

然温泉也有 60℃以上，这都说明了地球蕴藏的热能巨大，其渗出地表就形成地热，是一种可再生的清洁能源。根据温度的不同，将地热资源分为高温、中温和低温三种，中低温的地热资源可以直接利用进行供热，而高温主要用于发电。

我国地热发电主要集中在西藏、四川西部等地区，特别是羊八井地热电站是拉萨地区的主要电力来源，有着十分重要的作用。直接用于供热的中低温地热集中在我国北方地区，利用很广泛。有直接供热和间接供热两种。直接利用地热水作为介质来供热的方式就是直接供热；利用地热水加热介质，再通过介质循环进行供热的方式即为间接供热。地热供热系统工作原理如图 2-22 所示。

地热供热方式的选择取决于地热水中含有的元素成分及其温度。一般采用比较经济可行的直接供热方式，我国地热资源中有 80%是低于 100℃的地热水型热田，地热能直接利用不仅损耗的能量小，而且其热水的温度范围广，从 15℃到 180℃之间均可利用。当然，

地热能直接利用也有一定的局限性，由于受介质输送距离的限制，一般要求热源距离城镇居民点较近，否则投资多、损耗大、经济性差。

地热水释放热量：

$$q=\frac{c_p\times(t_r-t_p)g_r}{3.6} \tag{2-80}$$

式中 g_r——地热水流量（t/h）；

t_r、t_p——地热水开采出口温度和尾水排放温度（℃）；

c_p——水的比热容[kJ/(kg·℃)]。

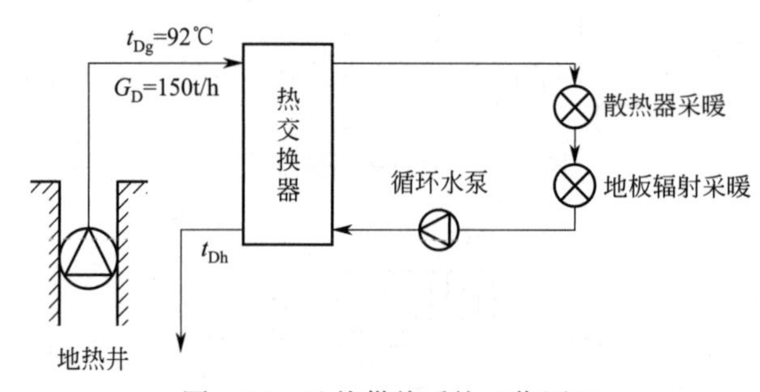

图 2-22 地热供热系统工作原理

t_{Dg}—地源热泵机组供水温度；t_{Dh}—地源热泵机组回水温度；G_D—地源热泵流量。

地源热泵是一种利用地热能的热泵形式，利用水与地热能进行热交换来作为热泵的热源，将地热能中地下水或土壤的热量传递给水等介质，再将介质中的热量以散热形式向室内供暖。相对于传统空调及供热系统，地源热泵热源可再生，系统运行费用低，占地面积比较小，相对节约水资源，并且更加环保。

2.4.3 污水热利用

长期以来，污水都作为废弃和再处理对象，未当作能源而加以利用，因为污水温度低，含有杂质，所以污水的热能利用问题一直未受到重视。随着现今污水热能利用技术的进步，污水热能已经成为新的能源，并且在各个方面也得到了较为广泛的应用（图 2-23）。

城市污水水量大并且稳定，水温变化幅度小，受气候影响小，热能利用区域广，储存的热能大，主要适用于低温利用。

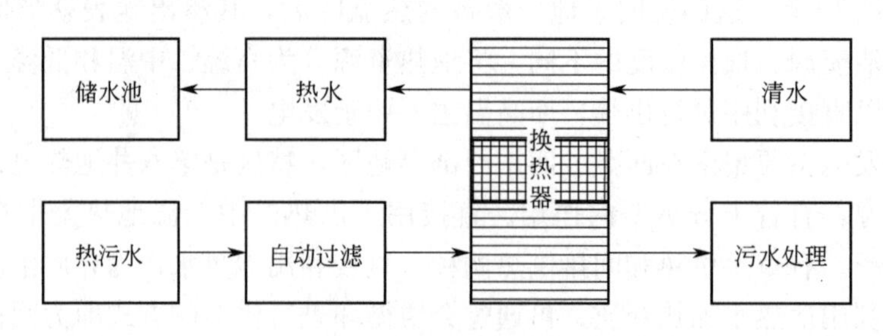

图 2-23 污水废热回收原理

污水废热节能量：

$$Q=V\rho C_p(t_2-t_1) \tag{2-81}$$

式中 Q——污水节能热量（kJ）；

V——污水体积（m^3）；

ρ——污水密度（kg/m^3）；

C_p——污水热容［kJ/（kg·℃）］；

t_2、t_1——污水换热前后温度（℃）。

根据污水热能利用前是否经过处理将其分为处理污水和未处理污水两类。污水热能利用系统是从取水点到利用对象的管道和设备所组成的系统，根据污水的水质、取水点以及用途，可以组成不同的污水热能利用系统。

污水空调供热，因污水含有较多杂质及各种物质，具有较大的腐蚀性，一般选用PEX塑料盘管作为热交换器，利用污水热能，在PEX管内加入新鲜水循环，使新鲜水与污水进行热交换，热量通过40℃清洁新鲜水传递给水源热泵空调系统，经过压缩机压缩将冷介质变为高温高压的气态，在冷凝器中介质冷凝成液态，将热量传递给系统水，系统水被加热到50℃，用于冬季供热（图2-24）。

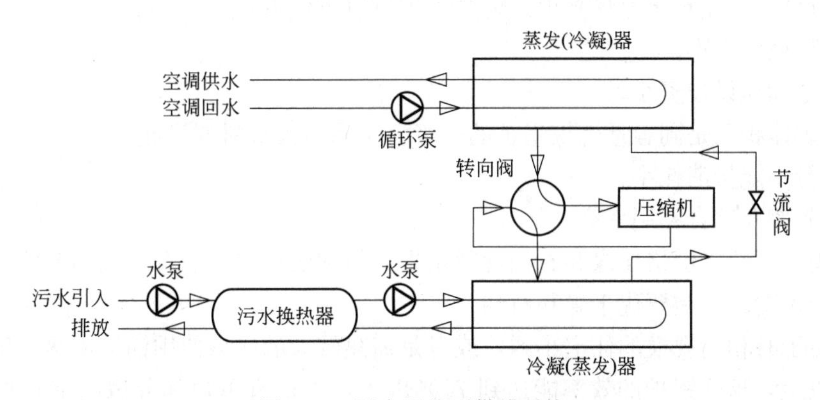

图2-24　污水源热泵供热系统

需要注意的是，污水水质、水温以及污水换热器是影响污水源热泵空调运行的主要因素，特别是污水水质较差，杂质含量较高，易造成阻塞、腐蚀、结垢等问题，所以从污水中回收能量最主要的就是选择合适的污水处理技术。

国外污水热能利用正逐步深入发展，应用的范围也不断加大。我国污水利用研究起步也比较晚。我国特别是北方地区，作为老工业基地，重工业发达，能源消耗较大，污水排热量占总排热量的10%～16%，污水水温在5～35℃，污水量比较稳定，这对于需要大量供热的严寒地区来说，通过有效利用污水热能来节约能源利用，将会有很好的经济效益和环境效益。

2.5　能源的优化配置研究

由于我国各地的能源资源分布情况不同，而单一的能源结构对于能源的浪费比较严重，不能够有效地节约能源。很多地方可以选择不同供热方式的联合运行，既能够满足不同峰值下的供热需求，又能最大限度地节约利用能源资源，达到节能的目的，符合国家能源战略的发展。特别是石化能源资源终将面临枯竭，因此选用可再生能源进行替代发展是十分必要的。东北严寒地区冬季供热传统上多以燃煤为主，但是随着煤炭资源的日益减少，煤炭价格也在不断上升，增加了供热成本。由于在冬季供暖期间大量燃煤产生的CO_2、SO_2、NO_X以及粉尘等对环境造成极大污染，不仅造成人们生活不便，也损害人体健康。多种能源的联合使用能够更高效更环保健康，也能有效节约成本，势在必行。

2.5.1 能源优化配置研究

1. 供热热源特点

（1）锅炉供热

锅炉供热是我国较为常见的一种供热形式，由于我国能源形势的特点，决定了我国大面积使用锅炉供热来进行冬季供暖供热。燃煤锅炉消耗大量的石化燃料，排出较多污染气体，对环境污染严重。但因受我国国情制约，发展较早，技术相对成熟，运行稳定，而且也在不断地改进之中，所以在一定时期内，不会被完全取代，在一定阶段还将广泛采用。燃气锅炉是一种较为清洁的锅炉供热形式，天然气作为较清洁的能源，正慢慢替代以前的燃煤来进行供热。相对于燃煤来说，燃气锅炉有以下优点：

1）对环境污染小；

2）占地和建设投资小；

3）锅炉体积只是同容量燃煤锅炉的一半，金属耐火材料耗量低；

4）运行中能量消耗小；

5）热效率及综合利用率高。

虽然现在天然气价格比煤和石油燃料稍贵，但它的优点说明有很大的节能空间，从经济效果综合来看，还是要优于煤和石油。

一般对于有相当规模的住宅小区，或者是需热较大的区域使用锅炉供热，供热面积在10万m^2以上，这样锅炉的效率能达到70%以上，不适宜单户和分散的锅炉供热，因为分散供热热效率仅为55%左右或者更低。

（2）热电联产

热电联产是合适的集中供热方式，主要是针对大面积高热负荷的城市集中供热，由于管网的损失较大，故热量输送距离不宜太长，不然热网投资太大，不划算。此外由于热电厂占地面积较大，燃料和灰分也较大，在输送和存放等方面要考虑场地问题。

（3）热泵技术

热泵设备能效系数高，运行成本低而且安全可靠，是一种高效节能的供热方式，仅需要很少的电能，产生的污染很少。

水源热泵的使用一般用于较小区域、供热负荷较小的情况，需要水源充足，水温适当，水质良好，供水稳定。地下水源含砂量不超过20万分之一，回灌水的浊度要低于20mg/L，总矿化度小于3g/L，水中Cl^{-1}小于100mg/L，SO_4^{2-}小于200mg/L，Fe^{2-}小于1mg/L，H_2S小于0.5mg/L，若地下水有较大腐蚀性，水源热泵系统还要考虑防腐措施。对于地下水源热泵而言，还需考虑到使用地域的地质结构和土壤条件，保证地下水可以回灌。

（4）太阳能供热

太阳能供热是一种清洁的供热方式，而且太阳能取之不尽用之不竭，资源丰富，辐射范围大、面积广，处处可以就地利用，对于一些缺少能源供应的区域，具有十分强的优越性。利用太阳能这种清洁燃料作能源，没有污染。

（5）地热供热

我国地热资源储藏丰富，但分布不均衡，大多集中在中西部地区，对地域要求较严格。地热能的利用只要求热量交换，无需转变为机械功，利用的技术和设备都较为简单，并能最大限度地利用热能，而且供暖连续，热源温度稳定。

（6）污水废热供热

污水废热利用是一种新的供热技术，一般污水废热都直接排放，没有加以利用，造成了大量的能源浪费，通过利用废热来进行供热能够有效减少能源消耗，实现节能。污水废热供热要求有较多的含废热的污水，一般在工业厂区的排水口进行采集，所以一般用于厂区集中或工业密集的区域。

污水源热泵运行主要受污水的水质和水温影响，如果水质较差，则易造成管道和设备堵塞结垢等问题，如果水温太低则没有利用的必要。

2. 热用户的特点及能源分布情况和供热匹配优化研究

以沈阳市某 9 万 m^2 建筑面积的住宅小区为例，供热负荷 $45W/m^2$，所需供热量为 4.05MW，选择最佳的供热方式。

根据各地太阳年总辐射量分布情况，将太阳能资源划分为 4 个级别，表 2-14 和表 2-15 分别给出了我国太阳能资源评估分类和沈阳市的太阳辐射情况。

我国太阳能资源评估指标 **表 2-14**

名称	级别	年日照时数 H(h)	年总辐射量(MJ/m^2)
丰富区	Ⅰ	$H \geqslant 2700$	$Q \geqslant 5200$
较丰富区	Ⅱ	$2600 \leqslant H < 2700$	$5000 \leqslant Q < 5200$
一般区	Ⅲ	$2500 \leqslant H < 2600$	$4800 \leqslant Q < 5000$
贫乏区	Ⅳ	$H < 2500$	$Q < 4800$

沈阳市太阳能辐射数据 **表 2-15**

月份	月平均室外气温(℃)	水平面月平均日太阳总辐射量($MJ \cdot m^{-2} \cdot d$)	倾斜表面月平均日太阳总辐射量($MJ \cdot m^{-2} \cdot d$)	月日照小时数(h)
1	−12	7.087	12.165	168.6
2	−8.4	10.795	15.915	185.9
3	0.1	14.858	18.333	229.5
4	9.3	17.942	18.214	244.5
5	16.9	20.494	18.587	264.9
6	21.5	19.575	16.629	246.9
7	24.6	17.178	14.890	214.0
8	23.5	16.383	15.574	226.2
9	17.2	15.636	18.035	236.3
10	9.4	11.544	16.682	219.7
11	0	7.735	13.934	166.8
12	−8.5	6.186	11.437	151.7

沈阳及周边地区煤炭资源分布较为丰富，有广泛的煤炭资源，太阳能资源分布属于一般区域，地下水资源相对缺乏，地热资源较为丰富。所以在供热燃料的选择上，使用煤炭、地热以及部分太阳能是比较可行的。

（1）气候条件

沈阳市的气候类型为北温带大陆性季风气候，全年平均气温是6～11℃，每年11月中至第2年3月为冬季，供暖期为5个月。沈阳市年平均太阳总辐射量为4965MJ/m^2，日照时数为2285～2870h，日照百分率为51%～67%，夏季平均为冬季的2倍。年平均降水量为530～680mm。

（2）用户建筑形式

该小区建筑形式为居民住宅小区，该小区共计10幢均为20层的住宅楼，每层4户，小区占地面积1.8万m^2。

基于该小区所处位置为沈阳市，沈阳周边的煤炭资源和热能资源较为丰富，太阳能资源一般，地下水资源较全国来看相对缺乏。该小区建筑面积较大，所需供热负荷较大，热负荷集中，通过对当地各种资源能源的对比结合用户的情况，我们认为应采用集中供热的方式，建议采用的供热方式有：

（1）热电联产供热；

（2）锅炉房供热；

（3）地热＋太阳能供热。

3. 可再生能源用户间优化配置模型

各个区域可再生能源利用对于用户间要进行合理优化，使能源利用的经济效益最大，设第i区域有M个用户用能，可用于经济发展的能源为Q_{i0}，得到配置的可再生能源量为E_i，各用户能源消费的边际效益为f_{ij}，$j=1, 2, \cdots, M$，由于技术和管理的不同，用户消费单位能源所产生的污染为w_{ij}，定义w_{ij}为用户j的污染排放水平，设该区域平均治理各用户单位污染费用为k_{ij}，定义k_{ij}为治理用户j的污染费用系数，$j=1, 2, \cdots, M$，各用户得到配置的可再生能源量为E_{ij}，治理各用户产生的污染费用为$P_{ij}=w_{ij}k_{ij}E_{ij}$，则有优化问题：

$$\mathrm{Max}Y_i = U_i - P_i \tag{2-82}$$

$$\mathrm{Max}U_i = \sum_{j=1}^{M}\int_{Q_{ij}}^{Q_{ij}+E_i} f_{ij}(Q_{ij}+E_{ij})\mathrm{d}E_{ij} \tag{2-83}$$

$$\mathrm{Min}P_i = \sum_{j=1}^{M}P_{ij} = \sum_{j=1}^{M}w_{ij}k_{ij}E_{ij} \tag{2-84}$$

约束条件：

$$S_t\sum_{j=1}^{M}E_{ij} = E_i \tag{2-85}$$

$$\sum_{j=1}^{M}Q_{ij} = Q_{i0} \tag{2-86}$$

$$\frac{\mathrm{d}f_i(Q_{ij}+E_{ij})}{\mathrm{d}E_{ij}} < 0 \tag{2-87}$$

式中　Q_{ij}——当地用于经济发展能源Q_{i0}在各用户之间的配置量；

P_i——得到配置可再生能源量为 E_i，对第 i 区域造成的污染总量得到治理所需费用。

2.5.2 常见的几种可再生能源供热方式能效分析

（1）太阳能与燃气锅炉联合供热

太阳能作为一种新型可再生的能源，受到越来越多的重视，供热效果不错，不消耗化石燃料，对于节能具有重大意义，可以作为一种有效的热源为用户供热。但在供暖期，因为太阳能不能保证全天 100%的供暖，特别是阴雨天气，无法达到供热目的，所以当太阳能足以满足建筑所需热量时，单独利用太阳能供热，并把太阳能富余量用蓄热水箱蓄存起来，在太阳辐射较弱或为零时提供给建筑；当太阳能不足以满足建筑所需热量时，采用太阳能与锅炉联合供热；当太阳辐射为零时，采用锅炉单独对建筑供热。对三种不同能源形式的锅炉进行比较，由于燃气锅炉效率较高，热量损失小，所以选用燃气锅炉作为补充热源。

太阳能-锅炉联合供热系统是集热、蓄热和耗热的综合体，主要由热源、蓄热水箱、散热器、换热器、循环泵和锅炉等构成，其中热源由太阳能集热器和锅炉组成。

太阳能集热器通过将太阳辐射的能量收集转变为热能来加热工质，集热器主要有闷晒型、平板型、真空管型、热管真空集热管型等几种。平板型太阳能集热器机构简单，承压高，成本低廉，易于维护，并且在外观和整体上都同环境协调、易与建筑形成一体，更容易被人们接受，所以用途广泛。真空管型太阳能集热器启动快、保温好、运行可靠，但同时也有很多技术上的缺点，比如使用寿命短。其他几种新开发的集热器虽然构思巧妙，但技术还不够成熟，在实际运用中存在许多问题，其推广应用还要经过进一步的研究。综合考虑集热器的热效率、投资成本、运行可靠性等诸多因数，本书在供暖系统计算中采用平板型太阳能集热器。

燃气锅炉选型：根据最大热负荷，选用哈尔滨瑞达燃烧设备公司锅炉，型号为 CWNS100R0.12，制热量 120kW，城市天然气消耗量 $13m^3/h$。

供热期间每天 8 时至 16 时太阳能供热，16 时至第二天 8 时是燃气锅炉供热。用一次能源利用系数对系统进行能效评价：

$$PER=\frac{Q_1}{Q_r} \tag{2-88}$$

式中 Q_1——用户获得热量（kW）；

Q_r——系统能源消耗的热量（kW）。

（2）燃气热泵供热

燃气热泵是一种通过燃气发动机来驱动的热泵系统，用燃气发动机提供动力给压缩机完成热泵循环，它还能够有效地利用燃气发动机的排热，所以其燃料消耗量比同样用于加热热水的燃气锅炉的燃料消耗量要低许多，是一种高效节能的设备。燃气热泵工作原理如图 2-25 所示。

一般采用性能系数 COP 以及一次能源利用系数 PER 来衡量燃气热泵系统的性能和能量的利用效率，燃气热泵能够回收发动机的热量和高温排气热量，从而使热泵输出热量增大，燃气热泵系统的性能系数必须考虑回收的余热部分，所以燃气热泵系统的性能系数为：

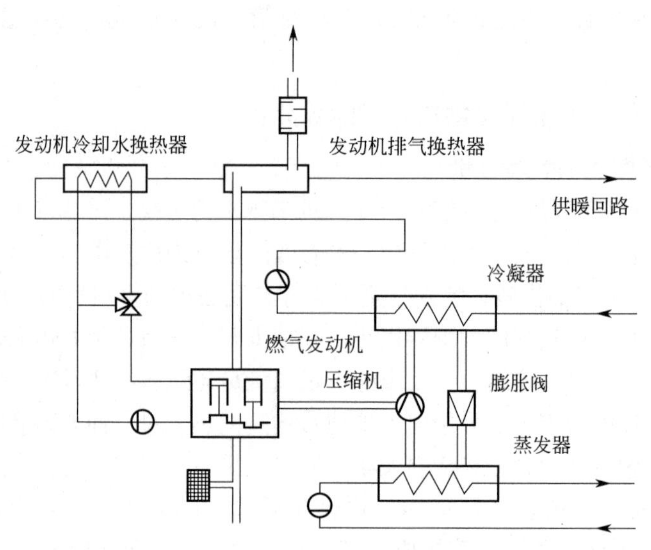

图 2-25 燃气热泵工作原理

$$COP=\frac{Q_c+Q_r}{W} \tag{2-89}$$

式中 Q_c——冷凝放热量（kW）；

Q_r——从发动机部分回收的热量（kW）；

W——供给热泵系统的机械能（kW）。

一次能源利用系数：

$$PER=COP\times\eta_g \tag{2-90}$$

式中 COP——燃气热泵的性能系数；

η_g——发动机效率，取 40%。

（3）太阳能热泵供热

因太阳能受环境因素影响较大，供热负荷较小，在严寒地区，单独利用太阳能来进行供暖在寒冷及阴雨雪天气等有热量不足的缺陷，难以满足要求。热泵系统相对稳定，二者结合的话，具有互补性，因此热泵技术与太阳能利用相结合是一种很好的供热方式。优先利用太阳能为蓄热器（储热水箱）蓄能，将太阳能集热板收集的热量交给储热水箱，达到蓄热的目的，热泵作为太阳能的辅助供热系统（表 2-16）。当太阳能无法维持水池温度在一定水平时，热泵则向蓄能水池供热，保持水池的温度。无论如何，当保温水箱中的水温与太阳能集热器出口水温相差不大时，应停止太阳能上水泵的运行，当从保温水箱来的热泵机组回水水温达到一定值时，机组应停止运行。与传统的单一的太阳能供热相比，太阳能热泵的最大优点是可以采用结构简单的集热器，集热器成本较低。

各类系统蓄热水箱的容积选择范围 **表 2-16**

系统类型	小型太阳能供热水系统	太阳能供热供暖系统（短期蓄热）	太阳能供热供暖系统（季节蓄热）
蓄热水箱容积($L\cdot m^{-2}$)	40～100	50～150	1400～2100

太阳能产生的低温水与热泵的蒸发器进行换热，压缩机将蒸发器产生的低温低压的工

质蒸汽吸入压缩机气缸内，经压缩后，工质蒸汽的压力和温度升高到大于冷凝压力，再将处于蒸汽状态的高压工质排至冷凝器，在冷凝器中工质与低温的水进行热交换，水的温度被冷凝器提高以后进入房间供热，因此热泵应根据太阳能集热器所能提供的热负荷进行选择。

$$COP=\frac{Q_H}{W_C} \tag{2-91}$$

式中 Q_H——用户获得热量（kW）；

W_C——压缩机消耗电能（kW）。

一次能源利用系数

$$PER=COP\times\eta_t \tag{2-92}$$

式中 COP——太阳能热泵的性能系数；

η_t——发电机效率，取40%。

（4）能效对比与分析

通过分析得出太阳能燃气锅炉、燃气热泵和太阳能热泵的能效情况，见表2-17。

优化配置运行的系统 *COP* 与 *PER* 对比 **表 2-17**

	太阳能燃气锅炉	燃气热泵	太阳能热泵
COP	3.0	3.2	4.1
PER	1.20	1.28	1.64

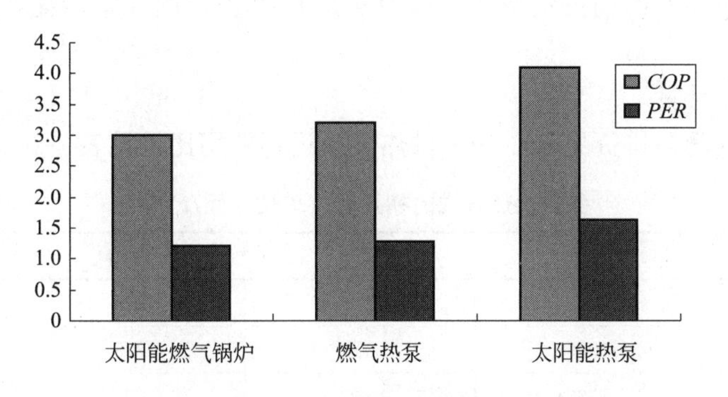

图 2-26 不同供热系统能效比较

由表2-17可知，太阳能热泵的 COP 较高，而太阳能燃气锅炉 COP 最低。对于能源利用情况，从一次能源利用系数来看，太阳能热泵的一次能源利用系数高于燃气热泵，太阳能燃气锅炉的一次能源利用系数最低。

由图2-26可知，通过对比分析发现，单个能源供热系统的效率较低，而能源优化配置以后的联合互补运行供热效率较高，一次能源利用系数较好，在相同供热要求下，也能够节约能源，达到供热节能的目的。对于相同的供热负荷，太阳能热泵的一次能源利用系数最高，其次是燃气热泵，从能源利用技术角度来看，选择太阳能热泵更适合，也更加节能。因为太阳能热泵所使用的是可再生的太阳能和地热能源，相对来说，也是更加符合发展趋势的，不仅能够减少目前对于不可再生能源的过度依赖，更有效地指出今后发展的方向，这是能源利用和能源可持续发展的科学途径。

2.5.3 各种能源供热系统的经济分析

我国能源产业结构中，煤所占的比例较大（表2-18），其次是石油，天然气的开发使用只限部分地区，对于城市集中供热来说，多用热电联产的方式，而对于小区住宅的小面积供热和单户供热情况，热泵使用得较多，但是热泵的使用有较为严格的地域和区域限制，主要制约因素是地下水资源分布的情况。

我国一次能源消费结构（单位:%） 表2-18

年份	煤	石油	天然气	核能	水电
1999	75.0	17.3	1.8	5.9	—
2000	71.0	24.0	2.7	2.0	0.2
2015	60.8	28.7	7.1	2.6	0.8

从经济上来看，煤炭的价格要比石油和天然气低得多，而且使用锅炉房供热初投资较少。热电联产的投资较大，但是产能较合理，同等情况下所产能源较多。热泵的初投资较大，但运行费用和维护费用较低，长远来看，热泵技术值得推广使用。

（1）供热方案优劣综合评价

通常情况下，对于供热方案的选取，除了技术可行和节能的基本要求外，还要考虑到运行的经济性以及环境低污染等综合因素。

经济性，一般要考虑初投资费用，以及年运行维护费用、年能耗费用、年运行总费用等。

（2）设备成本计算

各种供热方式的初投资见表2-19，供热设备运行费用比较见表2-20。

各种供热方式的初投资（单位：元/kW） 表2-19

供热方式	热源	管道	末端	合计
燃煤锅炉	400	100	200	700
燃油锅炉	1000	350	200	1550
燃气锅炉	1000	300	200	1500
热电联产	500	100	200	800
热泵	1500	—	—	1500
太阳能燃气锅炉	1000	300	200	1500
燃气热泵	1500	300	—	1800
太阳能热泵	1500	300	200	2000

供热设备运行费用比较（单位：元/m^2） 表2-20

供热方式	运行费用	管理费用
燃煤锅炉	10.1	2.0
燃油锅炉	48.0	1.0

续表

供热方式	运行费用	管理费用
燃气锅炉	27.1	1.0
热电联产	49.5	2.0
热泵	49.7	1.5
太阳能燃气锅炉	38.7	1.0
燃气热泵	40.3	1.5
太阳能热泵	50.1	1.5

对于给 9 万 m^2 供热负荷为 4.05MW 的小区供热，计算方法为：

$$Y=Q_n'\times M_0+A\times(M_1+M_2) \tag{2-93}$$

式中 Q_n'——供热负荷（kW）；

A——小区供热面积（m^2）；

M_0——单位负荷设备初投资费用（元/kW）；

M_1——单位面积供热下设备所需运行费用（元/m^2）；

M_2——单位面积供热下设备所需管理费用（元/m^2）。

其供热期间设备投资总费用见表 2-21。

供热期间设备投资总费用（单位：万元）　　表 2-21

供热方式	初投资设备总费用	供热方式	初投资设备总费用
燃煤锅炉	392.40	热泵	1068.30
燃油锅炉	1068.75	太阳能燃气锅炉	964.80
燃气锅炉	860.40	燃气热泵	1105.20
热电联产	787.50	太阳能热泵	1274.40

（3）燃料成本计算

燃料消耗量的计算：

$$B=\frac{Q_n'}{95\%\times\eta\times Q_{net,ar}} \tag{2-94}$$

式中 Q_n'——供热负荷（MW）；

η——供热效率，热泵取 COP 值；

$Q_{net,ar}$——燃料热值（kJ/kg）；

95%——供热管网效率。

以供热期 150d 为周期计算：

$$Q_n'=4.05\times10^6\times3600\times24\times150=5.25\times10^{13}\text{kJ/周期}$$

一些经济分析如表 2-22、表 2-23 和图 2-27 和图 2-28 所示。传统供热形式中，燃油锅炉供热费用最高，热电联产的燃料费用最低，对于可再生能源供热方式，燃气热泵的燃料消费最低，其次是太阳能热泵，太阳能燃气锅炉再次之，热泵的费用是最高的。

单纯的热泵技术供热费用会比联合供热方式的高一些，这也是选择联合供热的原因，再加上供热过程中的一些限制因素，如太阳能利用受时间限制，热泵技术供热量不大等，选择联合供热要更实际一些。

综合比较可以发现热电联产的燃料消耗是较少的，费用也最低，相对于新型的可再生能源的供热问题，由于相对投资较大，价格高，导致总费用要比最普通的燃煤锅炉高一些，就燃煤锅炉而言，主要是因为目前煤炭价格过低才导致运行中燃料费用较低，这也是我国普遍采用这种供热模式的主要原因。随着未来煤炭资源的相对减少，煤炭价格必定升高，另外，从运行时间长短来看，初期投资较高的可再生能源供热方式，会越来越经济，而传统供热方式就会显得后期费用较大而不划算。因此综合长远来看，可再生能源的供热方式会是今后发展的主要方向，也是较为经济可行的供热选择。

燃料热值及单价 **表 2-22**

燃料	煤	油	天然气	电
热值	18850	42915	49136	3600
单价	0.78	3.0	3.4	0.4

注：煤、油、气的热值单位为kJ/kg，电的热值单位为kJ/（kW·h），煤、油、气的单价单位为元/kg，电的单价单位为元/（kW·h）。

燃料消耗量及一个周期内的燃料费用 **表 2-23**

	燃煤锅炉	燃油锅炉	燃气锅炉	热电联产	热泵	太阳能燃气锅炉	燃气热泵	太阳能热泵
能效比	0.77	0.81	0.808	0.83	3.8	2.5	3.2	4.1
燃料消耗量（$\times 10^6$）	3.81	1.59	1.39	3.53	4.04	0.45	0.35	3.74
燃料费用（百万元）	3	4.77	4.73	2.75	1.6	1.53	1.19	1.49

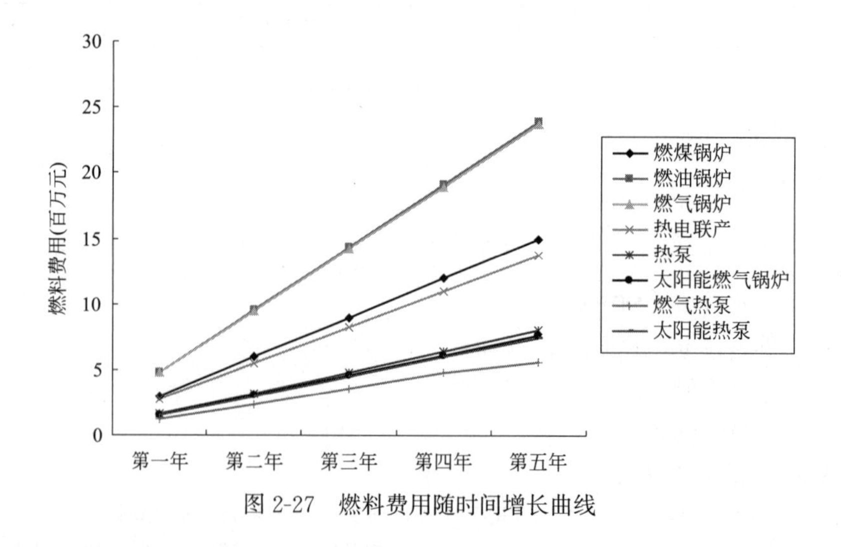

图 2-27 燃料费用随时间增长曲线

2.5.4 供热系统的环境效益分析

随着我国环境污染增加，环境问题越来越严重，所以供热系统中的环保性也越来越受到重视。我国目前能源构成中煤占 70%，石油和天然气占 25%，况且现在国内的能源平均利用率较低，只有 30%左右，再加上目前我国燃煤锅炉的吨位普遍较小，燃烧供热相

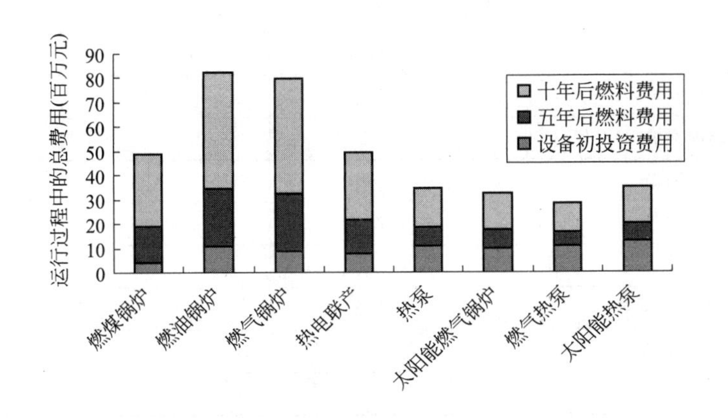

图 2-28 各种供热方式运行中总费用

对分散，更加重了大气的污染。就目前北方冬季供热供暖为例，所排出的 CO_2 量较大。节约能源利用，减少污染已成为当下亟须解决的重要问题。可再生能源和常规能源的互补联合利用是解决目前环境问题的一个重要突破口。从目前的北方地区冬季供热的环境效果来看，燃煤锅炉所占的比例在慢慢降低，因为燃煤锅炉燃烧所排放的气体含有大量的二氧化碳和烟尘，还有较多的二氧化硫等物质。在当前脱硫工艺情况下，只能部分去除，不能保证完全有效的脱硫，会造成酸雨等现象。因此，在条件符合的情况下，选择高效节能，污染较少的可再生能源和常规能源的互补供热方案更合理，从环境角度来讲，太阳能、热泵等能源的使用不会带来较大的污染问题，对环境和人体健康更好。对于大范围的高负荷的供热需求来说，一般都选用城市集中供热系统，如热电联产、燃气锅炉房等，能有效地减少分散的污染问题，便于集中管理。各种燃料燃烧时产生的污染物见表 2-24。

各种燃料燃烧时产生的污染物 **表 2-24**

污染物	煤(kg/t)	油(kg/t)	天然气(kg/万 m^3)
NO_2	9	2.86	6.3
SO_2	$17S$	$4.2S$	1.0
烟尘	$8A(1-f)$	$0.29A(1-f)$	2.4

注：S 为含硫量，以%计；A 为灰分，以%计；f 为燃烧效率。

从表 2-25 中可以看出，燃煤燃烧时产生的 NO_X、SO_2、烟尘等要远远高于天然气和燃油。特别是严寒地区北方冬季供热时期，空气中的污染呈典型的烟煤型污染特征。以沈阳市为例，冬季供热期，燃煤量占能源消费的 60%以上，而且原煤直接燃烧，煤炭含硫量>1%的占 35%，再加上设备燃烧效率较低，这就导致了其有较重的污染问题。

供暖期各种供暖方式污染物排放量可用式(2-95) 计算：

$$D_{pi}=B_{coal}\times P_i \tag{2-95}$$

式中 D_{pi}——污染物排放量 (g/m^2)；

B_{coal}——燃料消耗量 (kg/m^2)；

P_i——燃烧单位燃料第 i 种有害物质排放量 (kg/t)。

各种供热方式的污染物排放比较 **表 2-25**

	NO_X(g/m²)	SO_2(g/m²)	烟尘(g/m²)
燃煤锅炉	20.3	50.9	3.5
燃油锅炉	5.2	28.7	0.91
燃气锅炉	25.4	—	0.89
热电联产	20.3	50.9	3.5
热泵	—	—	—
太阳能燃气锅炉	12.5	—	0.23
太阳能热泵	—	—	—
燃气热泵	13.3	—	0.26

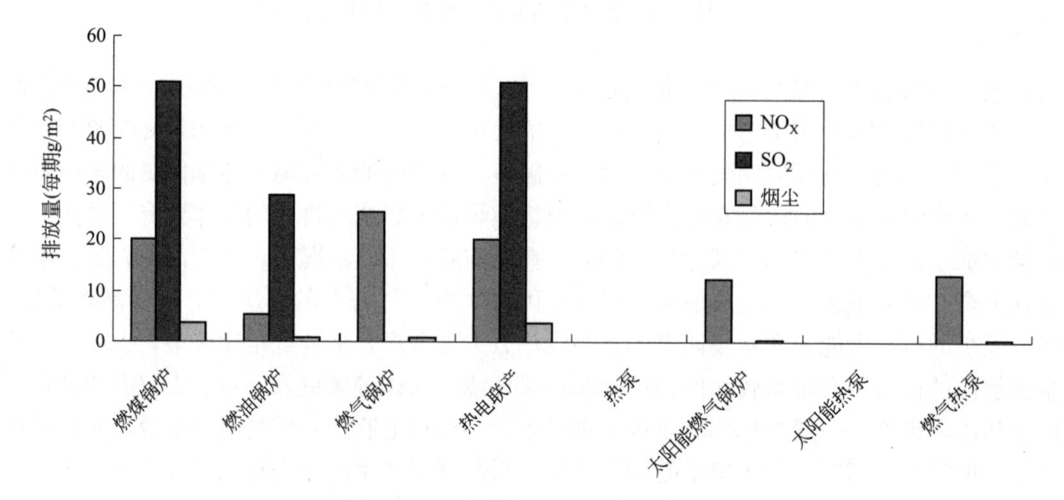

图 2-29 不同供热方式污染物排放量

从图 2-29 中可以看出，单一的能源供热方式的污染物排放量较大，而可再生能源与常规能源优化配置运行供热方式的污染物排放量明显降低许多，对于可再生能源的利用，是供热系统中减少污染的有效方式，是清洁生产、清洁供热的发展趋势。

2.5.5 供热模式综合评价

能源供需评价模型有多种，一般选择可以定性定量等较为可行的方法来对供热情况进行评价，选出最佳的供热方式，基于能效、经济和环境三个方面综合考虑，这里选择层次分析法来对多种供热模式的供热效果进行一般性评价。

目标函数：

$$\max(\alpha_1 M_{cj} + \alpha_2 M_{Ej} + \alpha_3 M_{Gj}) \tag{2-96}$$

式中 M_{cj}——第 j 种供热模式总费用年值因素优度；

M_{Ej}——第 j 种供热模式环境因素优度；

M_{Gj}——第 j 种供热模式能效因素优度；

α_1——M_{cj} 的权重值；

α_2——M_{Ej} 的权重值；

α_3——M_{Gj} 的权重值。

（1）准则层权重确立

基于沈阳市供热形式的选择条件，以及目前人们对于环境问题越来越重视，更加注重环境对于生活的影响，依据权威专家打分和主动赋权来确定各因素的权重，根据层次分析理论采用 9 标度法，咨询相关领域有关专家针对该问题各因素进行两两比较，打分表见表 2-26，然后根据不同专家打分的结果取平均值得出最终准则层权重 α 的值，见表 2-27。

准则层专家打分表 **表 2-26**

	能效因素	经济因素	环境因素
能效因素			
经济因素			
环境因素			

准则层权重 **表 2-27**

准则因素	能效因素	经济因素	环境因素
权重	0.3	0.5	0.2

由于目前主要的制约因素是经济因素，其所占权重较大，而能效是影响经济的关键所在，对于燃料使用量的多少决定了经济投入，故而排在第二位，而环境因素越来越受到重视，目前还停留在污染治理方面，费用有限，所以权重只占 0.2。

（2）方案层权重确立

基于前面所计算和分析的结果，对各种供热方式的能效优度进行量化分级，分为较好、中等、一般、较差四个等级来衡量，对不同等级给予不同的量化赋值，见表 2-28。

供热方式的评价权重 **表 2-28**

供热方式	评价等级	评价权重
燃煤锅炉	较差	0.3
燃油锅炉	一般	0.5
燃气锅炉	一般	0.5
热电联产	中等	0.7
热泵	较好	0.9
太阳能燃气锅炉	较好	0.9
太阳能热泵	较好	0.9
燃气热泵	较好	0.9

经济优度依据消耗燃料年总费用和设备初投资费用进行综合赋值，见表 2-29。

经济评价权重 **表 2-29**

供热方式	初投资费用(百万元)	年燃料费用(百万元)	评价权重
燃煤锅炉	3.92	3.00	0.5
燃油锅炉	10.69	4.77	0.3
燃气锅炉	8.60	4.73	0.3

续表

供热方式	初投资费用(百万元)	年燃料费用(百万元)	评价权重
热电联产	7.88	2.75	0.7
热泵	10.68	1.60	0.7
太阳能燃气锅炉	9.65	1.53	0.8
太阳能热泵	11.05	1.19	0.8
燃气热泵	12.74	1.49	0.7

环境优度的确立依据各供热方式所产生的污染物质的量来确定，按对环境影响程度等级划分为优、中等、轻微污染、较重污染四个等级，分别对不同等级赋值，见表 2-30。

环境评价权重 **表 2-30**

供热方式	评价等级	评价权重
燃煤锅炉	较重污染	0.2
燃油锅炉	较重污染	0.2
燃气锅炉	轻微污染	0.4
热电联产	较重污染	0.2
热泵	优	0.8
太阳能燃气锅炉	中等	0.6
太阳能热泵	优	0.8
燃气热泵	中等	0.6

(3) 合理供热优化选择

依照目标函数式 $H=\alpha\times M$，计算得出最终的优化结果见表 2-31。

供热方式最优化结果 **表 2-31**

燃煤锅炉	燃油锅炉	燃气锅炉	热电联产	热泵	太阳能燃气锅炉	太阳能热泵	燃气热泵
0.38	0.34	0.38	0.60	0.78	0.79	0.83	0.74

对各个因素以能效、经济和环境三个方面作为评判基础，分析各个因素的影响结果，绘制各评判分项柱状图，如图 2-30 所示。

单个因素影响分析表明，热泵、太阳能燃气锅炉、太阳能热泵和燃气热泵四种供热方式的能效较高，可再生能源的利用是比较合理的供热发展模式，传统的以燃煤锅炉为主的几种供热方式的能效相对较低，从能源利用方面来看，是不太合理的。经济影响因素考虑下，可再生能源的长远经济状况也较好，因为资源具有可持续性和成本低廉，故而比常规化石能源更具有优越性。环境分析也更加说明传统的供热模式存在较大的污染，造成生活成本增加，人们健康受损，是不利的。

从最优化计算结果可知，由于环境因素要求较高，所以使用可再生能源供热的方式比较好，选择太阳能热泵、单独热泵技术供热是较好的，其次是对于现在普遍的实际供热情况，燃气热泵、太阳能燃气锅炉以及热电联产等都是具有实际意义的，而且目前短期内还将是供热的主要形式，锅炉供热系统将逐渐被替代，特别是燃油锅炉。

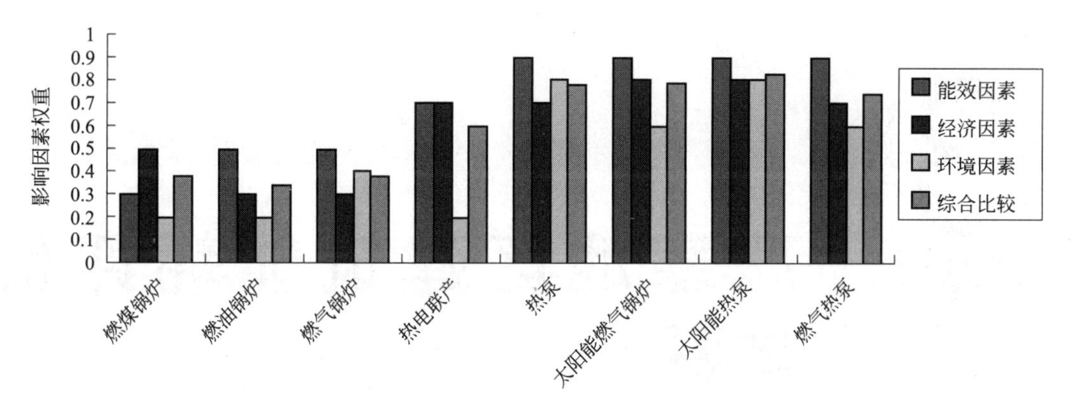

图 2-30 不同供热方式综合优化分析

严寒地区建筑能耗评价体系

我国东北严寒地区是我国纬度位置最高的区域，地域广阔，建筑面积约占全国的7.3%，冬季漫长且寒冷干燥，此种地域环境和气候特点导致了该地区的建筑能耗较大，其中供暖能耗占全国总建筑能耗的比例已达到60%左右。因此，建筑节能的重点是严寒地区建筑，清华大学的江亿院士曾表示要使建筑节能的推动模式真正运转起来，其关键是给出建筑能耗指标，建立起建筑能耗评估体系。因此，建立严寒地区的建筑能耗评价体系是开展严寒地区建筑节能的基础性工作。然而，到目前为止，我国还没有一套完整的、适用于严寒地区建筑能耗的评价体系。由此可见，建立合理的、适合严寒地区的建筑能耗评价体系已经刻不容缓，它将对严寒地区的建筑节能工作甚至是整个社会的节能工作起到至关重要的作用。

指标体系的建立是评价的基础，要对建筑能耗实现科学的评价，必须构建科学、全面的评价指标体系。影响建筑能耗的因素众多，选取能全面反映建筑能耗水平的指标，并采用科学的方法确定各指标权重，对建立科学的建筑能耗评价体系尤为重要。

3.1 建筑能耗评价体系构建

3.1.1 指标体系的构成

根据指标体系的构建原则，结合严寒地区的地域特点、气候特点以及大型公共建筑的能耗特点，通过查阅文献，借鉴国内外相关的评价体系，建立了包含建筑规划设计、建筑围护结构、暖通空调、设备、新能源的利用和运行管理六个准则层，二十五个细化指标层的大型公共建筑能耗评价体系。各指标的具体构成见表3-1。

严寒地区建筑能耗评价指标体系的构成　　表3-1

目标层	准则层	指标层
大型公共建筑能耗 A	建筑规划设计因素 $B1$	建筑物朝向 $C11$
		建筑物的体形系数 $C12$
		窗墙面积比 $C13$
		遮阳系数 $C14$

续表

目标层	准则层	指标层
大型公共建筑能耗 A	建筑围护结构因素 $B2$	屋面传热系数 $C21$
		外墙(包括非透明幕墙)传热系数 $C22$
		外门、窗(包括透明幕墙)传热系数 $C23$
		门窗气密性 $C24$
		建筑物围护结构热工缺陷 $C25$
	暖通空调因素 $B3$	空调冷、热源系统 $C31$
		空调风系统 $C32$
		空调水系统 $C33$
		空调自控系统 $C34$
		冷水机组评价指标 COP $C35$
		水管路的输送能效比 ER $C36$
		风机的单位风量耗功率 $C37$
	设备因素 $B4$	照明设备 $C41$
		动力设备 $C42$
		其他设备 $C43$
	新能源的利用因素 $B5$	太阳能的转化利用率 $C51$
		自然通风的利用 $C52$
		其他可再生能源的相对利用比重 $C53$
	运行管理因素 $B6$	运行调节 $C61$
		系统维护与检修 $C62$
		员工水平 $C63$

3.1.2 指标权重的分析

(1) 指标权重确定的方法

运用若干不同指标进行综合评价时，各个指标相对于评价对象的作用与影响地位，并不是完全同等重要的。通过赋予这些指标不同的权重系数，来体现各个评价指标在评价指标体系中的不同地位和重要程度。权重是以某种数量形式的对比、权衡被评价事物的总体之中诸因素的相对重要程度的度量，相同的一组指标数值、不相同的权重系数，会导致截然不同的或是相反的评价结论。那么，选择恰当的方法来确定权重对于评价的最后结果具有很重要的影响作用。本书下面将采用网络层次分析法（ANP 法）来计算评价指标体系各个指标权重。

(2) 建立基于 ANP 法的网络评价模型

采用的指标体系由控制层和网络层构成，其中：控制层中的元素包括建筑规划设计因素 $B1$、建筑围护结构因素 $B2$、暖通空调因素 $B3$、设备因素 $B4$、新能源的利用因素 $B5$ 和运行管理因素 $B6$。网络层中的元素包括建筑物朝向 $C11$，建筑物的体形系数 $C12$，窗墙面积比 $C13$，遮阳系数 $C14$，屋面传热系数 $C21$，外墙（包括非透明幕墙）传热系数

C22，外门、窗（包括透明幕墙）传热系数C23，门窗气密性C24，建筑物围护结构热工缺陷C25，空调冷、热源系统C31，空调风系统C32，空调水系统C33，空调自控系统C34，冷水机组评价指标COP C35，水管路的输送能效比 *ER* C36，风机的单位风量耗功率C37，照明设备C41，动力设备C42，其他设备C43，太阳能的转化利用率C51，自然通风的利用C52，其他可再生能源的相对利用比重C53，运行调节C61，系统维护与检修C62，员工水平C63。

建筑能耗评价体系的能耗评价网络结构模型如图3-1所示。

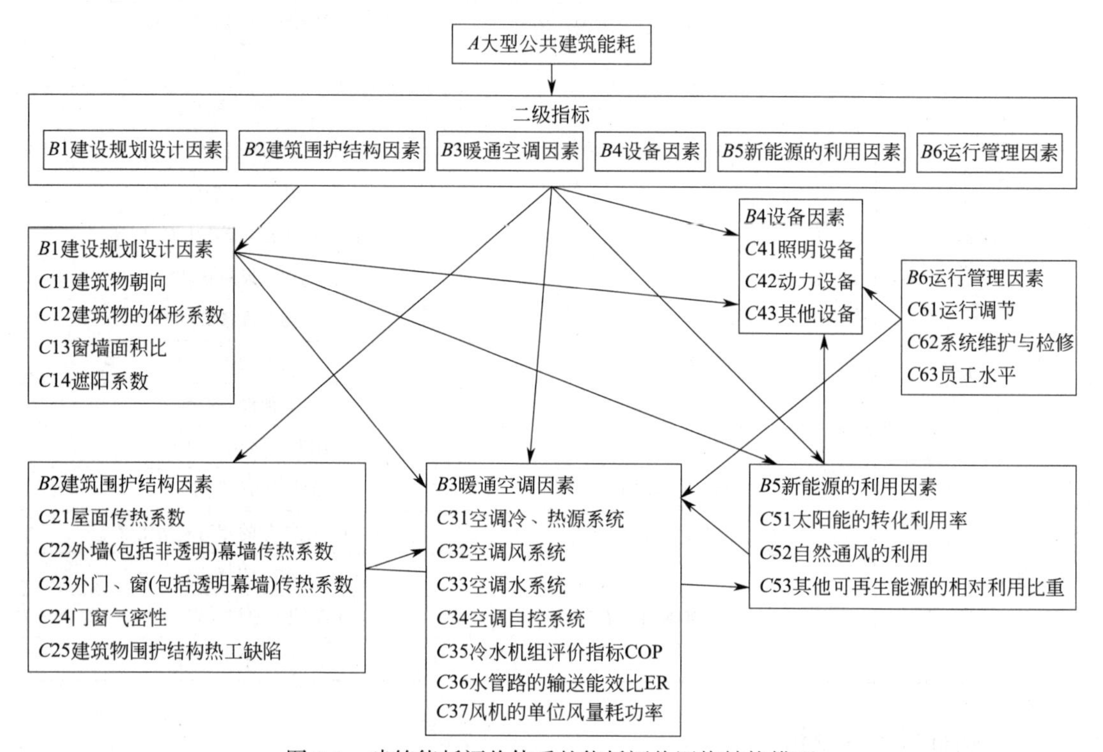

图3-1 建筑能耗评价体系的能耗评价网络结构模型

（3）控制层指标的权重计算

运用ANP法通过SD软件计算控制层中指标的权重，当然由于此层次中各指标是相互独立的关系，所以也可由层次赋权法（AHP法）获得。根据专家调查表可以得到有关指标重要性的数据，并整理得出各个评价指标重要程度的“比较”，利用SD软件计算控制层指标权重的两两判断矩阵以及算得的结果如图3-2、图3-3所示。

（4）网络层指标的权重计算

由于要体现出内部依存的元素之间存在的相互影响关系，不仅要做相对于上层元素的纵向重要程度的分析比较，还要做横向不同元素之间重要程度的分析比较。考虑集中的元素之间的相互依存关系，把所有指标之间的相互依存关系的影响权重组成矩阵，得到超矩阵。计算得到的超矩阵也是加权超矩阵，经对列归一化处理，对该超矩阵再求其极限矩阵，得出网络层指标的权重。由于网络层中的指标众多，各个因素指标间又存在多个依存、反馈的关系，因此需要建立多个二级指标的两两判断矩阵，由于工作量大，受到篇幅的限制，现以建筑围护结构为例，其网络层指标的两两判断矩阵如图3-4、图3-5所示。

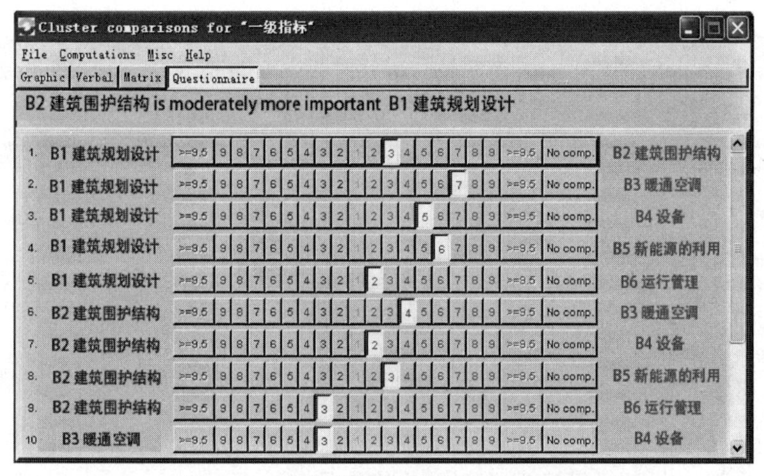

图 3-2 一级评价指标两两比较判断矩阵

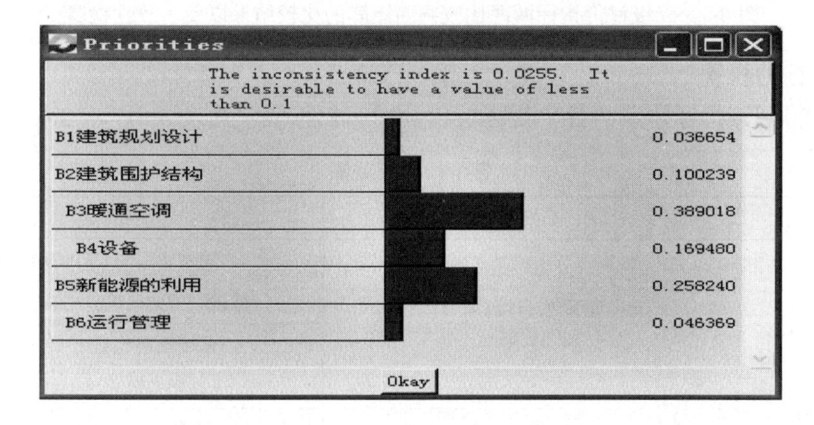

图 3-3 一级评价指标两两比较判断矩阵的比较结果以及一致性检验

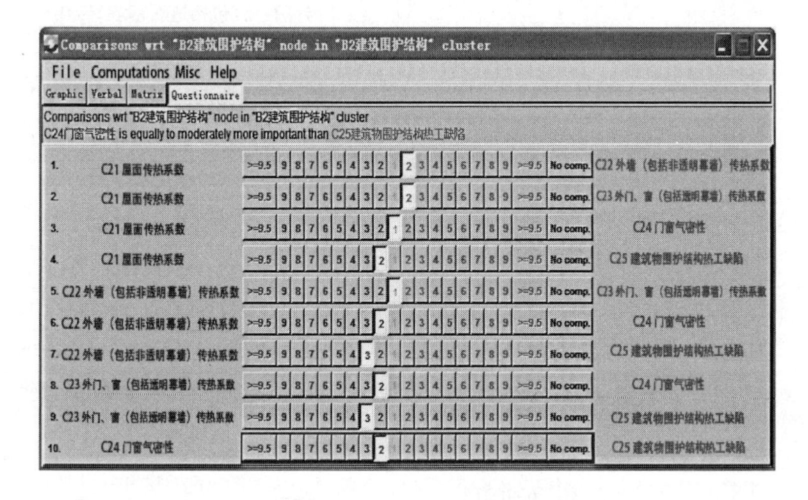

图 3-4 二级评价指标两两比较判断矩阵示例

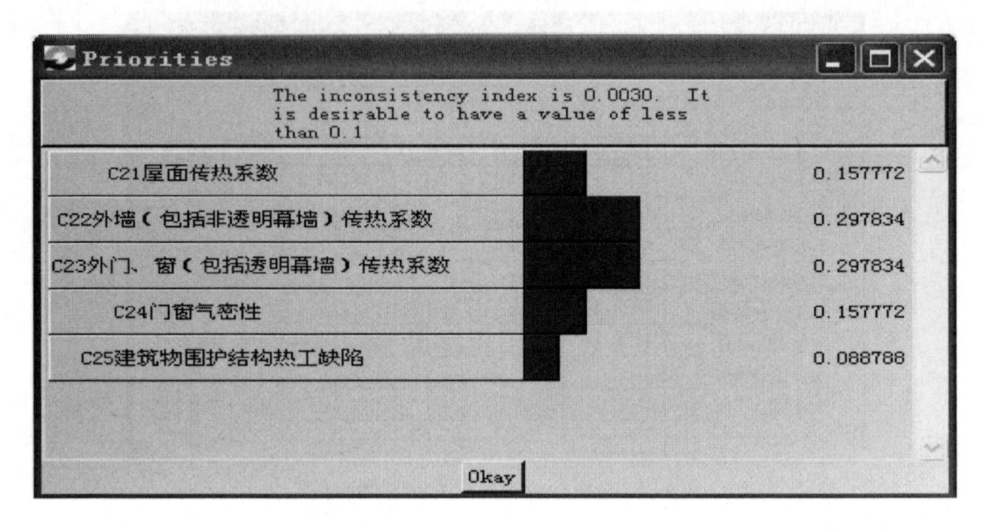

图 3-5 二级评价指标两两比较判断矩阵的比较结果以及一致性检验

(5) 指标的权重

综上，得到该指标体系的各个指标层以及指标权重值，见表 3-2。

各个指标权重值 **表 3-2**

目标层	准则层	指标层
大型公共建筑能耗 *A*	建筑规划设计因素 *B*1 (0.036654)	建筑物朝向 *C*11 (0.0314)
		建筑物的体形系数 *C*12 (0.0424)
		窗墙面积比 *C*13 (0.0322)
		遮阳系数 *C*14 (0.0251)
	建筑围护结构因素 *B*2 (0.100239)	屋面传热系数 *C*21 (0.0290)
		外墙(包括非透明幕墙)传热系数 *C*22 (0.0531)
		外门、窗(包括透明幕墙)传热系数 *C*23 (0.0401)
		门窗气密性 *C*24 (0.0269)
		建筑物围护结构热工缺陷 *C*25 (0.0248)
	暖通空调因素 *B*3 (0.389018)	空调冷、热源系统 *C*31 (0.0628)
		空调风系统 *C*32 (0.0528)
		空调水系统 *C*33 (0.0544)
		空调自控系统 *C*34 (0.0266)
		冷水机组评价指标 COP *C*35 (0.0344)
		水管路的输送能效比 *ER* *C*36 (0.0397)
		风机的单位风量耗功率 *C*37 (0.0420)
	设备因素 *B*4 (0.169480)	照明设备 *C*41 (0.0543)
		动力设备 *C*42 (0.0489)
		其他设备 *C*43 (0.0341)

续表

目标层	准则层	指标层
大型公共建筑能耗 A	新能源的利用因素 $B5$ (0.258240)	太阳能的转化利用率 $C51$ (0.0620)
		自然通风的利用 $C52$ (0.0517)
		其他可再生能源的相对利用比重 $C53$ (0.0439)
	运行管理因素 $B6$ (0.046369)	运行调节 $C61$ (0.0339)
		系统维护与检修 $C62$ (0.0294)
		员工水平 $C63$ (0.0241)

3.2 单栋及多栋既有建筑能耗评价方法

3.2.1 单栋既有建筑能耗评价方法

建筑物能耗水平的高低受到多种因素制约，严寒地区建筑能耗更具有其自身的特殊性，涉及诸多因素的相互作用、存在诸多的模糊现象和模糊概念。因此，进行建筑能耗评价时需要采用合适的评价方法，对严寒地区单栋既有大型公共建筑能耗水平做出正确判断。

（1）模糊综合评价方法

模糊综合评价方法最早是由我国学者汪培庄提出的，该方法是一种基于模糊数学的综合评价方法。总的来说，这一方法是以模糊数学为基础，运用模糊关系原理，把某些边界不清晰、不易定量处理的因素定量化，从多个因素的角度对被评价的事物隶属等级进行综合性评价的方法。模糊综合评价首先要对每一个因素进行单独评价，然后再对全部因素进行综合评价。它的优点在于建立的数学模型比较简单，易于掌握，对多层次、多因素的复杂问题评价效果比较良好，比起其他数学模型有着不可取代的地位。评价特点在于评价是逐级进行的，对被评价的对象有唯一评价值，不会受到被评价对象所处对象集合的影响。模糊综合评价的基本原理是先将评价对象的因素集即指标体系和评价集确定下来，然后确定指标体系中的各个因素的权重和隶属度向量，进而构造模糊评价矩阵，最后将评价矩阵与因素权重进行模糊运算，经过归一化处理，得到模糊评价的结果。

（2）运用模糊综合评价方法进行评价的步骤

本节遵循科学性、客观性、合理有效性以及可操作性的原则，运用多层次模糊数学评价方法对严寒地区单栋既有大型公共建筑能耗情况进行综合评价，具体步骤如下。

1）建立评价因素指标体系

本书建立的严寒地区既有大型公共建筑能耗评价指标体系的一级指标即准则层包含上述六方面内容，即建筑规划设计因素、建筑围护结构因素、暖通空调因素、设备因素、新能源的利用因素和运行管理因素。把其作为评价因素进行模糊评价，记作 $A=(B1, B2, \cdots, B6)$。每个因素 Bi $(i=1, 2, \cdots, 6)$ 又可再划分成 n 个子因素。其中，建筑规划设计因素包含四项子评价因素，记作 $B1=(C11, C12, C13, C14)$；建筑围护结构因素包含五项子评价因素，记作 $B2=(C21, C22, C23, C24, C25)$；暖通空调因素包含七项子评价因素，记作 $B3=(C31, C32, C33, C34, C35, C36, C37)$；设备因素包含三项子评价因素，记作 $B4=(C41, C42, C43)$；新能源的利用因素包含三项子评价因素，记作 $B5=(C51,$

$C52$，$C53$)；运行管理因素包含三项子评价因素，记作 $B6=$（$C61$，$C62$，$C63$）。

2）确定指标体系 A 中各指标权重值

由于不同指标对建筑节能的影响程度不同，对能耗状况而言其重要性也不同，因此，需要通过权重的设定来表现其中的区别。

利用 ANP 法已经计算出了各个层次因素的权重值：

一级评价指标 $A=$（$B1$，$B2$，…，$B6$）对应权重值记为 $A=$（a_1，a_2，a_3，a_4，a_5，a_6）；

二级评价指标 $B1=$（$C11$，$C12$，$C13$，$C14$）对应权重值记为 $a_1=$（a_{11}，a_{12}，a_{13}，a_{14}）；$B2=$（$C21$，$C22$，$C23$，$C24$，$C25$）对应权重值记为 $a_2=$（a_{21}，a_{22}，a_{23}，a_{24}，a_{25}）；$B3=$（$C31$，$C32$，$C33$，$C34$，$C35$，$C36$，$C37$）对应权重值记为 $a_3=$（a_{31}，a_{32}，a_{33}，a_{34}，a_{35}，a_{36}，a_{37}）；$B4=$（$C41$，$C42$，$C43$）对应权重值记为 $a_4=$（a_{41}，a_{42}，a_{43}）；$B5=$（$C51$，$C52$，$C53$）对应权重值记为 $a_5=$（a_{51}，a_{52}，a_{53}）；$B6=$（$C61$，$C62$，$C63$）对应权重值记为 $a_6=$（a_{61}，a_{62}，a_{63}）。

3）建立评判等级

对严寒地区大型公共建筑能耗水平的评价过程涉及大量的因素，是一个复杂、模糊的系统过程，不能用一个简单的、精确的数学量来表达，需要用模糊的语言进行描述和度量。建立评价集要根据评价对象的具体情况进行调整，也可以根据指标要求的不同而进行变化。通常为满足人们区分能力的要求，根据评价对象的性质用“优、良、中、合格、不合格”或“很好、较好、一般、较差”等来描述评价集。本书将选用 5 个等级评价集 $M=\{m_1, m_2, m_3, m_4, m_5\}$，对应于｛优秀，良好，一般，较差，很差｝。

4）一级模糊综合评价

构造模糊评价矩阵是利用模糊综合评价模型进行评价的关键之一。

将本书所建立的评价体系的二级指标作为单因素评判，根据指标层某一指标因素 Cij 确定这一因素对评价等级 M_k（$k=1$，2，…，5）的隶属度 r_{ij}，那么就得到第 ij 个元素 Cij 的单因素评判向量，它是评价集 M 上的模糊子集。从而，m 个影响因素的评价集就能构造出一个评价矩阵 R_i，此评价矩阵 R_i 所反映的即是集合 C 与集合 M 之间存在的相关关系。

用 e_{ijk} 表示赞成第 ij 项因素 Cij 为第 k 种评判 M_k 的票数，以二级评价指标 $B1=$（$C11$，$C12$，$C13$，$C14$）为例，假设共有 n 位专家组成一个评价小组，对 $B1$ 中的 4 个指标进行评价，得到的评价结果见表 3-3。

二级评价指标 ***B*1** 的单因素评价统计表　　　表 3-3

评价层 / 因素层	m_1	m_2	m_3	m_4	m_5
C11	e_{111}	e_{112}	e_{113}	e_{114}	e_{115}
C12	e_{121}	e_{122}	e_{123}	e_{124}	e_{125}
C13	e_{131}	e_{132}	e_{133}	e_{134}	e_{135}
C14	e_{141}	e_{142}	e_{143}	e_{144}	e_{145}

令：

$$r_{ijk}=\frac{e_{ijk}}{\sum_{k=1}^{n}e_{ijk}} \tag{3-1}$$

能够得到单因素评价矩阵 $R_1=\begin{bmatrix} r_{111} & r_{112} & r_{113} & r_{114} & r_{115} \\ r_{121} & r_{122} & r_{123} & r_{124} & r_{125} \\ r_{131} & r_{132} & r_{133} & r_{134} & r_{135} \\ r_{141} & r_{142} & r_{143} & r_{144} & r_{145} \end{bmatrix}$ (3-2)

其中：r_{ijk} 表示因素 Cij 对评价等级 M_k 的隶属程度，利用相同的方法，依次可以得到 R_2，R_3，R_4，R_5，R_6。

5）二级模糊综合评价

二级模糊综合评价就是采用模糊矩阵的合成算法，通过输入某一个二级评价指标对应的权重向量，计算得出这一二级评价指标的模糊综合评价向量。例如二级评价指标 $B1=(C11, C12, C13, C14)$，$B1$ 所对应权向量为 $a_1=(a_{11}, a_{12}, a_{13}, a_{14})$，设 W_1 为模糊综合评价向量，通过模糊矩阵的合成运算，即 $W_1=a_1\cdot R_1\in F(M)$ 得到：

$$W_1=a_1\cdot R_1=(a_{11},a_{12},a_{13},a_{14})\times\begin{bmatrix} r_{111} & r_{112} & r_{113} & r_{114} & r_{115} \\ r_{121} & r_{122} & r_{123} & r_{124} & r_{125} \\ r_{131} & r_{132} & r_{133} & r_{134} & r_{135} \\ r_{141} & r_{142} & r_{143} & r_{144} & r_{145} \end{bmatrix}=(\omega_{11},\omega_{12},\omega_{13},\omega_{14},\omega_{15}) \tag{3-3}$$

其中 $\omega_{11}+\omega_{12}+\omega_{13}+\omega_{14}+\omega_{15}=1$，利用同样的方法依次可以得到 W_2，W_3，W_4，W_5，W_6。

在得到了二级评价指标的模糊综合评价向量后，类似地，再次采用模糊矩阵的合成算法，通过输入一级评价指标所对应的权重向量，计算得到一级评价指标的模糊综合评价向量 W，即：

$$W=a\cdot R=(a_1,a_2,a_3,a_4,a_5,a_6)\times\begin{bmatrix} \omega_{11} & \omega_{12} & \omega_{13} & \omega_{14} & \omega_{15} \\ \omega_{21} & \omega_{22} & \omega_{23} & \omega_{24} & \omega_{25} \\ \omega_{31} & \omega_{32} & \omega_{33} & \omega_{34} & \omega_{35} \\ \omega_{41} & \omega_{42} & \omega_{43} & \omega_{44} & \omega_{45} \\ \omega_{51} & \omega_{52} & \omega_{53} & \omega_{54} & \omega_{55} \\ \omega_{61} & \omega_{62} & \omega_{63} & \omega_{64} & \omega_{65} \end{bmatrix}=(\omega_1,\omega_2,\omega_3,\omega_4,\omega_5) \tag{3-4}$$

其中 $\omega_1+\omega_2+\omega_3+\omega_4+\omega_5=1$。

（3）属性识别

属性识别是模糊综合评价方法中的一个重要环节，它是根据二级模糊综合评价得到的评判向量值以及识别标准，来评判建筑能耗综合评价所属的级别。三类常用的判别标准为：置信度识别标准、最小代价准则以及最大隶属度原则。这三种原则的应用范围不同，是源于评判对象的自身特征以及本身计算方式的限制。由于最小代价原则中可能会存在一些错误的判别，而且修正的代价不易确定，所以对严寒地区既有大型公共建筑能耗等级进行判断有一定困难。最大隶属度原则为常用的属性识别标准，最大隶属度原则容易掌握，并且实际操作性和科学性较强。但是由于该原则本身存在着一些缺陷，如信息易丢失、有效性不高、得出的结论有可能不合理，甚至如果出现评判结果的各个向量相等时，原则就会失效。因此，在运用最大隶属度原则时，就需要考虑最大隶属度原则的有效性问题。

因为最大隶属度原则的有效性与 $\max\limits_{1\leqslant t\leqslant m} y_t$ 占 $\sum\limits_{t=1}^{m} y_t$ 的比重有关，并且存在以下关系：

当 $\max\limits_{1\leqslant t\leqslant m} y_t = a(0<a<1)$，$\sum\limits_{t=1}^{m} y_t = na$ 时，最大隶属度原则完全失效；

当 $\max\limits_{1\leqslant t\leqslant m} y_t = 1$，$\sum\limits_{t=1}^{m} y_t = 1$ 时，最大隶属度原则最为有效；

且存在 $\max y_t$ 越大，最大隶属度原则越为有效。

如果设这个比重为 $\eta = \max\limits_{1\leqslant t\leqslant m} y_t \Big/ \sum\limits_{t=1}^{m} y_t$，则可以得到：

当 $\max\limits_{1\leqslant t\leqslant m} y_t = 1$，$\sum\limits_{t=1}^{m} y_t = 1$ 时，得到 η 的最大值：$\eta = 1$；

当 $\max\limits_{1\leqslant t\leqslant m} y_t = a(0<a<1)$，$\sum\limits_{t=1}^{m} y_t = na$ 时，得到 η 的最小值：$\eta = 1/n$；

从而得到 η 的范围：$1/n \leqslant \eta \leqslant 1$。

在最大隶属度原则完全失效的时候，$\eta = 1/n$ 不可能为零，所以不能用 η 直接来判断最大隶属度原则是否有效，在这种情况下，本书设定另外一个值 ϕ 来测定最大隶属度原则是否有效，其中：$\phi = \dfrac{m\eta - 1}{m-1}$。

最大隶属度原则的有效性还与准则层各个分量中的第二大分量 $\sec\limits_{1\leqslant t\leqslant m} b_t$ 存在着某种关联，设：$\varphi = \dfrac{\max\limits_{1\leqslant t\leqslant m} b_t - \sec\limits_{1\leqslant t\leqslant m} b_t}{\sum\limits_{t=1}^{m} b_t}$，

那么，有效性指标为：$\mu = \phi \cdot \varphi = \dfrac{m\eta - 1}{m-1} \cdot \dfrac{\max\limits_{1\leqslant t\leqslant m} b_t - \sec\limits_{1\leqslant t\leqslant m} b_t}{\sum\limits_{t=1}^{m} b_t}$

根据模糊综合评价方法的一般经验以及最大隶属度原则的属性识别标准，可知：

1）$\mu = 0$，最大隶属度原则完全失效；

2）$0 < \mu < 0.04$，最大隶属度原则低效；

3）$0.04 \leqslant \mu < 0.16$，最大隶属度原则比较有效；

4）$0.16 \leqslant \mu < 1$，最大隶属度原则很有效；

5）$\mu = 1$，最大隶属度原则完全有效。

因此，在判断严寒地区单个既有大型公共建筑能耗评价等级时，本书需要使最大隶属度原则有效而不是低效甚至无效，这样在判定时 μ 的取值范围只能为：$0.04 \leqslant \mu < 1$。

3.2.2 多栋既有建筑能耗评价方法

建筑能耗评价工作，不仅要对单一建筑能耗水平进行判断，更需要对多栋建筑能耗水平的高低进行细致的判断。因此，采用更为有效且更具有针对性的评价方法，对严寒地区多栋既有大型公共建筑能耗水平进行对比分析评价尤为重要。

1. TOPSIS 法比较方案理论

（1）TOPSIS 法的基本原理

TOPSIS（Technique for Order Preference by Similarity to Ideal Solution），可以译为离散型逼近理想解排序法，是一种有效的多指标决策法。这一方法是系统工程中有限方案多目标分析决策中的一种决策技术，曾经应用于工业经济效益的综合评价之中。其基本的思路为构造多指标问题的理想解以及负理想解，并且以靠近理想解和远离负理想解这两个基准作为判断依据，因此这一方法又称为双基准法。

TOPSIS 法的原理是基于归一化后的原始数据矩阵，并找到在有限方案中的最优方案以及最劣方案组成一个空间，再把待评价的方案看作是此空间中的一个点，可以得到这一点与最优方案以及最劣方案之间的距离（常用欧氏距离），这样就可以获得该方案与最优方案的相对接近程度，从而便可进行方案优劣的评价。

（2）TOPSIS 法解决问题的步骤

运用 TOPSIS 法进行方案评价的关键是要求出对“理想点的相对接近度”，即 l_i。具体求解 l_i 可以归纳为五个步骤：

第一步：构造决策矩阵 A，然后将其进行规范化处理，令

$$a_{ij}=f_{ij}/\sqrt{\sum_{j=1}^{m}F_{ij}^{2}} \tag{3-5}$$

第二步：确定出理想点以及最差点，即

$$F^{*}=[(\max_{i} a_{ij}\,|\,j\in J)\text{或}(\min_{i} a_{ij}\,|\,j\in j^{0})]^{\mathrm{T}} \tag{3-6}$$

$$F^{0}=[(\min_{i} a_{ij}\,|\,j\in J)\text{或}(\max_{i} a_{ij}\,|\,j\in j^{0})]^{\mathrm{T}} \tag{3-7}$$

其中，式中的 J 是求最大目标函数集，J^{0} 是求最小目标函数集。

第三步：计算各个点到理想点的距离：

$$L_{2}(i)=\sqrt{\sum_{j=1}^{m}(a_{ij}-f_{j}^{*})^{2}},1\leqslant i\leqslant n \tag{3-8}$$

计算各个点到最差点的距离：

$$L_{2}^{0}(i)=\sqrt{\sum_{j=1}^{m}(a_{ij}-f_{j}^{0})^{2}},1\leqslant i\leqslant n \tag{3-9}$$

第四步：计算各个方案对于理想点的相对接近度：

$$l_{i}=L_{2}^{0}(i)/L_{2}(i)+L_{2}^{0}(i),1\leqslant i\leqslant n \tag{3-10}$$

第五步：基于 l_i 的值，做出各个方案的优劣排序：l_i 是一个介于 0 与 1 之间的数值，并且相对接近度 l_i 的值越大方案越优，反之，相对接近度 l_i 的值越小方案也越劣。

2. 灰色关联度分析法决策方案理论

（1）灰色关联度分析法的基本原理

灰色关联度分析（Grey Relational Analysis，GRA），是一种基于备选方案与理想方案之间的各个因素随着发展过程中的时间、其他不同对象的变化而相应变化的情况。该方法的基本思想就是对方案数据序列的几何关系以及曲线几何形状的接近程度来进行分析比较，以曲线之间的接近度作为关联程度的衡量尺度。灰色关联度是用于衡量系统之间和不同因素之间随着时间变化的关联性大小的一种尺度。方案考察时，选择备选方案与理想方案中相同的因素，并且以相同的方法进行因素的变化，若两方案的因素变化具有一致性，即可认为这两方案的关联程度相对较大，备选的这一方案为优；反之，关联程度相对较小，备选的这一方案为劣。通过对于灰色关联度的把握，可以对系统有更为深刻的了解与认识，可以分辨出主导因素与制约因素，以及分辨出优势与劣势。

灰色理论揭示了在不同方案的相同因素之间运用灰色关联度分析，寻求在不同方案之间各个因素的数值关系。灰色关联度分析法为多个目标项目的决策提供了一种量化的度量，可以应用于多个建筑能耗对比评价分析。

（2）灰色关联度分析法解决问题的步骤

运用灰色关联度分析法进行方案决策模型的建立分为如下六个步骤：

第一步：构建初始的决策矩阵。

令 Y 为多目标决策域集合，X 为指标的要素集合，其中：

$$Y=\{Y_1,Y_2,\cdots,Y_{\mathrm{m}}\}=\{\text{项目 }1,\text{项目 }2,\cdots,\text{项目 }m\}$$

$$X=\{X_1,X_2,\cdots,X_{\mathrm{n}}\}=\{\text{指标 }1,\text{指标 }2,\cdots,\text{指标 }n\}$$

并且有指标要素的加权向量 $W=\{W_1,W_2,\cdots,W_{\mathrm{n}}\}$，其中 $W_i>0$，$1\leqslant i\leqslant n$，且 $\sum_{i=1}^{n}W_i=1$，W_i 为第 i 个指标的权重值。

第二步：明确理想方案与负理想方案。

由上一步建立起的初始决策矩阵，按照指标要素的相对优化原则，选择各个指标要素的相对最优值组成的序列作为最佳方案，也就是理想方案；相反地，按照指标要素的相对劣化原则，选择各个指标要素的相对最劣值组成的序列作为最差方案，也就是负理想方案。

第三步：求取第 i 个方案与理想方案关于第 j 个指标的灰色关联系数。

$$r_{ij}^{+}=\frac{m+\zeta M}{\Delta_i(k)+\zeta M},\zeta\in(0,1) \tag{3-11}$$

其中，$\Delta_i(k)=|u_0^{+}-u_i(k)|$，$m=\min\limits_{i}\min\limits_{k}\Delta_i(k)$，$M=\max\limits_{i}\max\limits_{k}\Delta_i(k)$，$\zeta$ 为分辨系数，一般其取值为 0.5。则各个方案与理想方案的灰色关联系数矩阵如下：

$$R^{+}=\begin{bmatrix} r_{11}^{+} & r_{12}^{+} & \cdots & r_{1n}^{+} \\ r_{21}^{+} & r_{22}^{+} & \cdots & r_{2n}^{+} \\ \cdots & \cdots & \cdots & \cdots \\ r_{m1}^{+} & r_{m2}^{+} & \cdots & r_{mn}^{+} \end{bmatrix} \tag{3-12}$$

这里运用权重向量计算第 i 个方案与理想方案的灰色关联度为：

$$R_i^+ = \sum_{j=1}^{n} W_j r_{ij}^+ ,(i=1,2,\cdots,m) \tag{3-13}$$

第四步：求取第 i 个方案与负理想方案关于第 j 个指标的灰色关联系数。

$$r_{ij}^- = \frac{m+\zeta M}{\Delta_i(k)+\zeta M}, \zeta \in (0,1) \tag{3-14}$$

其中，$\Delta_i(k)=|u_0^- - u_i(k)|$，$m=\min\limits_i \min\limits_k \Delta_i(k), M=\max\limits_i \max\limits_k \Delta_i(k)$。

那么，各个方案与负理想方案的灰色关联系数矩阵如下：

$$R^- = \begin{bmatrix} r_{11}^+ & r_{12}^+ & \cdots & r_{1n}^+ \\ r_{21}^+ & r_{22}^+ & \cdots & r_{2n}^+ \\ \cdots & \cdots & \cdots & \cdots \\ r_{m1}^+ & r_{m2}^+ & \cdots & r_{mn}^+ \end{bmatrix} \tag{3-15}$$

这里运用权重向量计算第 i 个方案与负理想方案的灰色关联度为：

$$R_i^- = \sum_{j=1}^{n} W_j r_{ij}^- , i=(1,2,\cdots,m) \tag{3-16}$$

第五步：计算各个方案与理想方案的灰色关联相对贴近度：

$$C_i = \frac{R_i^+}{R_i^- + R_i^+}, i=(1,2,\cdots,m) \tag{3-17}$$

该值反映了备选方案与理想方案的接近程度。

第六步：将各个备选方案按照相对贴近度的数值大小进行排序。

相对贴近度越大的方案为越优方案；相反地，相对贴近度越小的方案为越劣方案。

3. 基于灰色关联度的TOPSIS法的比较方案理论

TOPSIS法中运用距离尺度能够较好地反映备选方案数据曲线位置的关系，但是反映备选方案数据曲线间的变化态势或者是相似程度方面则存在着一定缺陷，其不能良好地反映备选方案内部各个因素变化的态势与理想方案的区别，而且这一方法进行分析时所采用的数据是基于原始数据样本，当信息采集有限时，就很难保证决策结果的准确性；灰色关联度分析法则可以反映出备选方案与理想方案数据曲线间的态势以及曲线几何形状相似性，并且适用于一部分信息已知、一部分信息采集有困难的信息缺少评价环境。虽然单独地运用TOPSIS法或者是灰色关联度分析法来解决多个建筑或建筑群中的各建筑的能耗情况的对比分析评价问题是能够实现的，但为了避免这两个方法各自的缺点，更有效地评价出各建筑物能耗水平的高低，得到更为准确的评价结果，现将这两个方法结合起来，构建一种新的方案逼近理想解的模型，并进行优化、改进，运用改进后的模型来解决多个建筑或建筑群中各建筑能耗水平的对比评价。

（1）由于TOPSIS法是一种常用的决策方法，它多用于系统工程中有限个方案、多个目标决策分析之中。而待评的建筑能耗一般是客观存在的，因此建筑能耗评价只是单一的系统。为此，本书基于所研究对象的特点，构造两个方案：最优方案，即影响建筑能耗的各项指标评完全符合相关的标准、规范，故其相对接近度为1；最差方案，即影响建筑能耗的各项指标几乎都不符合各项相关标准、规范，故其相对接近度为0。

（2）将完全符合相关规范、标准要求的指标记为10，不符合的记为1，其他情况以此类推。这样一来，决策矩阵都是由 1 至 10 之间的元素组成的。由于一般的原始数据基本上都是量纲不同或者数值大小差距较大的数据，使其无法得到直接的利用。但是通过这样的方法，就可直接利用这些原始数据。故将公式进行改进，计算各个建筑到正负“理想建筑”的距离。则：

各个建筑到正“理想建筑”的距离：

$$L_2(i)=\sqrt{\sum_{j=1}^{m}(a_{ij}-10)^2},1\leqslant i\leqslant n \tag{3-18}$$

各个建筑到负“理想建筑”的距离：

$$L_2^0(i)=\sqrt{\sum_{j=1}^{m}(a_{ij}-1)^2},1\leqslant i\leqslant n \tag{3-19}$$

对于本书所研究的对象来说，正“理想建筑”即为各项指标完全符合相关的标准、规范的建筑；正负“理想建筑”即为各项指标统统不符合各项相关标准、规范的建筑。

(3) 相对接近度 l_i 是一个介于 0 与 1 之间的数值，即 $0\leqslant l_i\leqslant 1$，通过相对接近度 l_i 的数值大小，直观地判别出多个建筑物能耗水平的高低。但由于百分制的数更为方便，所以也可以用 100 乘 l_i，这样就将一个 0～1 之间的小数转化成为一个百分制的数，就可以通过所得百分制的数的大小排序，对多个建筑能耗水平进行排序，评价出待评建筑能耗的高低，此种方法更具有直观性。

(4) 基于改进的 TOPSIS 和灰色关联度分析结合法解决问题的步骤

运用基于改进的灰色关联度的 TOPSIS 法进行评价的模型建立步骤如下：

第一步：指标权重的确定。采用网络层次分析法（ANP 法）来确定各指标的权重。

第二步：决策矩阵标准化处理。采用向量归一化的方法对决策矩阵进行标准化处理。

第三步：确定加权标准化判断矩阵。

第四步：利用式(3-6)、式(3-7)，确定建筑能耗的理想解 F^* 与负理想解 F^0。

第五步：利用式(3-18)、式(3-19)，计算各待评建筑能耗到正“理想建筑”和负“理想建筑”能耗之间的距离 $L_2(i)$ 与 $L_2^0(i)$。

第六步：利用式(3-11)～式(3-16)，计算各待评建筑能耗到正“理想建筑”和负“理想建筑”能耗之间的灰色关联度 R_i^+ 与 R_i^-。

第七步：对欧氏距离值与灰色关联度值进行无量纲化处理。

$$M_{\text{new}}=\frac{M_i}{\max\limits_{1\leqslant i\leqslant n}(M_i)},\ i=(1,2,\cdots,m) \tag{3-20}$$

其中 M_i 分别表示 $L_2(i)$、$L_2^0(i)$、R_i^+、R_i^-。

第八步：将无量纲化后的欧氏距离值和灰色关联度值合并，计算相似贴近度。$L_2^0(i)$ 与 R_i^+ 的值越大，表明待评建筑能耗越接近正“理想建筑”能耗；$L_2(i)$ 与 R_i^- 的值越大，表明待评建筑能耗越偏离正“理想建筑”能耗。因此，合并公式为：

$$S_i^+=\alpha_1 L_2^0(i)+\alpha_2 R_i^+,\ i=(1,2,\cdots,m) \tag{3-21}$$

$$S_i^-=\alpha_1 L_2(i)+\alpha_2 R_i^-,\ i=(1,2,\cdots,m) \tag{3-22}$$

其中系数 α_1 与 α_2，满足关系式 $\alpha_1+\alpha_2=1$。

S_i^+ 的数值大小反映了待评建筑能耗与正“理想建筑”能耗的接近度，S_i^+ 的数值越大，表示该建筑的能耗水平越优；S_i^- 的数值大小反映了待评建筑能耗与正“理想建筑”能耗的远离度，S_i^- 的数值越大，表示该建筑的能耗水平越差。

第九步：确定各待评建筑能耗与正“理想建筑”能耗的相对贴近度。基于欧氏距离与灰色关联度，可以得到公式：

$$C_i^* = \frac{S_i^+}{S_i^+ + S_i^-},\ i=(1,2,\cdots,m) \tag{3-23}$$

第十步：排序各待评建筑的能耗水平高低。运用式(3-23) 计算出的贴近度，其值越大表明相应建筑的能耗水平越优；其值越小表明相应建筑的能耗水平越劣。

3.3 建筑能耗评价方法的应用

本书以严寒地区典型城市——沈阳市为对象，选取沈阳市两栋大型公共建筑，对其进行能耗评价，进而进行两栋建筑物能耗水平的对比分析评价。

3.3.1 建筑物简介

(1) 建筑物 A 简介

建筑物 A 位于沈阳市和平区青年大街 288 号，建筑总面积为 257270m^2，空调和供暖面积 224430m^2，总高度为 37m，工作人员约 600 人。建筑的朝向为东西向，建筑物共分地上 6 层和地下 3 层。1～6 层是商铺，5 层设有休闲娱乐区和大型滑冰场，6 层设有餐饮区，1 层层高为 7.8m，2～5 层为标准层，其层高为 6m。地下 3 层主要是地下车库和设备机房，其中 B1～B3 为停车场和中水水库房，B2～B3 为车库、消防水池、简易消洗间和设备机房。该建筑每天 9：30～22：00 运行，全部用于商业用途，其使用率为 100%。

(2) 建筑物 B 简介

建筑物 B 位于沈阳市最繁华的商业街——中街的中心，其历史有 10 年之久，是沈阳消费者心中具有良好口碑的商场。建筑总面积达 9.8 万 m^2，该建筑共分 8 层，即地上 7 层和地下 1 层。1～6 层是商铺，7 层设有宠物世界、电影城和美食广场。地下主要是超市和停车场，共有 150 个停车位。周一至周五的客流量约为 15000 人次/日；周六、周日为 20000～25000 人次/日，每日高峰时段在 11：00～15：00 和 16：00～19：00。

3.3.2 对单个建筑物能耗的评价

(1) 对 A 建筑物能耗的评价

本书现假定有 20 名专家组成专家小组，参与 A、B 两栋建筑物能耗水平的评价，根据辽宁省《公共建筑节能（65%）设计标准》DB21/T 1899—2011 以及各个专家的经验，对评价体系中的各个指标进行投票，投票规定：对指标层中的各项指标进行等级投票，共分为优秀、良好、一般、较差和很差五个等级。显然，此项规定符合了“可加性”与“可归一性”的原则，是比较合理有据、简单易行的，因为，要得到各个指标在各个等级上的隶属度，只需统计该指标在相应等级的得票率就可获得。借助这 20 位假定的专家意见对建筑能耗进行评价，模拟专家对 A 建筑物能耗评价体系中指标层的各指标投票结果见表 3-4。

1）一级模糊综合评价

利用公式 $r_{ijk}=\dfrac{e_{ijk}}{\sum\limits_{k=1}^{n}e_{ijk}}$ ，对表 3-4 得到的投票结果进行计算，从而得到每个指标在每个等级的得票百分比，即为该指标在相应等级的隶属度，从而可得到评价体系中指标层中各指标的单因素评判矩阵 $R_1 \sim R_6$。

A 建筑物能耗评价指标的模拟专家投票统计表 **表 3-4**

评价指标 \ 评价等级	优秀	良好	一般	较差	很差
建筑物朝向 C11（0.0314）	0.25	0.50	0.25		
建筑物的体形系数 C12（0.0424）	0.25	0.4	0.35		
窗墙面积比 C13（0.0322）	0.20	0.35	0.25	0.2	
遮阳系数 C14（0.0251）	0.15	0.20	0.35	0.30	
屋面传热系数 C21（0.0290）	0.20	0.45	0.30	0.05	
外墙(包括非透明幕墙)传热系数 C22（0.0531）	0.15	0.50	0.25	0.05	0.05
外门、窗(包括透明幕墙)传热系数 C23（0.0401）	0.20	0.45	0.20	0.15	
门窗气密性 C24（0.0269）	0.15	0.6	0.25		
建筑物围护结构热工缺陷 C25（0.0248）	0.10	0.40	0.35	0.10	0.05
空调冷、热源系统 C31（0.0628）	0.25	0.45	0.30		
空调风系统 C32（0.0528）	0.20	0.55	0.15	0.05	0.05
空调水系统 C33（0.0544）	0.10	0.50	0.20	0.10	0.10
空调自控系统 C34（0.0266）	0.25	0.45	0.10	0.10	0.10
冷水机组评价指标 COP C35（0.0344）	0.25	0.65	0.10		
水管路的输送能效比 ER C36（0.0397）	0.30	0.55	0.05	0.10	
风机的单位风量耗功率 C37（0.0420）	0.35	0.45	0.15	0.05	
照明设备 C41（0.0543）	0.50	0.40	0.10		
动力设备 C42（0.0489）	0.35	0.35	0.30		
其他设备 C43（0.0341）	0.30	0.50	0.15	0.05	
太阳能的转化利用率 C51（0.0620）	0.50	0.40	0.05	0.05	
自然通风的利用 C52（0.0517）	0.30	0.60		0.10	
其他可再生能源的相对利用比重 C53（0.0439）	0.15	0.55	0.25	0.05	
运行调节 C61（0.0339）	0.30	0.45	0.05	0.20	
系统维护与检修 C62（0.0294）	0.30	0.30	0.10	0.15	0.15
员工水平 C63（0.0241）	0.20	0.40	0.20	0.15	0.05

故：

$$R_1=\begin{bmatrix}0.2500, & 0.5000, & 0.2500, & 0, & 0\\ 0.2500, & 0.4000, & 0.3500, & 0, & 0\\ 0.2000, & 0.3500, & 0.2500, & 0.2000, & 0\\ 0.1500, & 0.2000, & 0.3500 & 0.3000, & 0\end{bmatrix}$$

$$R_2=\begin{bmatrix}0.2000, & 0.4500, & 0.3000, & 0.0500, & 0\\ 0.1500, & 0.5000, & 0.3500, & 0.0500, & 0.0500\\ 0.2000, & 0.4500, & 0.2000, & 0.1500, & 0\\ 0.1500, & 0.6000, & 0.2500, & 0, & 0\\ 0.1000, & 0.4000, & 0.3500, & 0.1000, & 0.0500\end{bmatrix}$$

$$R_3=\begin{bmatrix}0.2500, & 0.4500, & 0.3000, & 0, & 0\\ 0.2000, & 0.5500, & 0.1500, & 0.0500, & 0.0500\\ 0.1000, & 0.5000, & 0.2000, & 0.1000, & 0.1000\\ 0.2500, & 0.4500, & 0.1000, & 0.1000, & 0.1000\\ 0.2500, & 0.6500, & 0.1000, & 0, & 0\\ 0.3000, & 0.5500, & 0.0500, & 0.1000, & 0\\ 0.3500, & 0.4500, & 0.1500, & 0.0500, & 0\end{bmatrix}$$

$$R_4=\begin{bmatrix}0.5000, & 0.4000, & 0.1000, & 0, & 0\\ 0.3500, & 0.3500, & 0.3000, & 0, & 0\\ 0.3000, & 0.5000, & 0.1500, & 0.0500, & 0\end{bmatrix}$$

$$R_5=\begin{bmatrix}0.5000, & 0.4000, & 0.0500, & 0.0500, & 0\\ 0.3000, & 0.6000, & 0, & 0.1000, & 0\\ 0.1500, & 0.5500, & 0.2500, & 0.0500, & 0\end{bmatrix}$$

$$R_6=\begin{bmatrix}0.3000, & 0.4500, & 0.0500, & 0.2000, & 0\\ 0.3000, & 0.3000, & 0.1000, & 0.1500, & 0.1500\\ 0.2000, & 0.4000, & 0.2000, & 0.1500, & 0.0500\end{bmatrix}$$

根据 ANP 法求得的各指标权重值和单因素评判矩阵，利用公式 $W_i=a_i \cdot R_i$ 相继计算出各一级模糊评价矩阵。

由于在运算过程中，涉及的矩阵阶数较大，计算较为困难。而 MathWorks 公司开发的可视化软件 MATLAB，具有矩阵运算等多种功能，功能强大，可解决矩阵运算困难的问题，因此矩阵的运算借助 MATLAB 软件完成。以一级模糊综合评价矩阵 W_1 的计算为例，通过 MATLAB 输出的结果如图 3-6 所示。

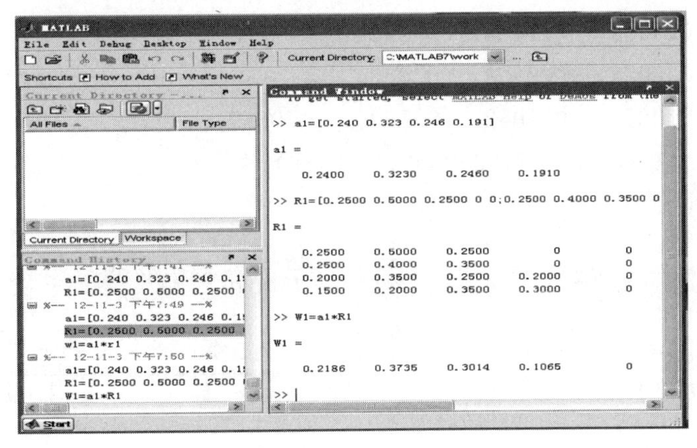

图 3-6 通过 MATLAB 输出的一级模糊综合评价矩阵的结果

可得：

$$W_1=(0.2186,\ 0.3735,\ 0.3014,\ 0.1065,\ 0)$$
$$W_2=(0.1629,\ 0.4818,\ 0.2919,\ 0.0726,\ 0.0224)$$
$$W_3=(0.2352,\ 0.5103,\ 0.1664,\ 0.0538,\ 0.0343)$$
$$W_4=(0.3965,\ 0.4066,\ 0.1835,\ 0.0124,\ 0)$$
$$W_5=(0.3367,\ 0.5074,\ 0.0894,\ 0.0664,\ 0)$$
$$W_6=(0.2724,\ 0.3858,\ 0.1082,\ 0.1694,\ 0.0642)$$

从而，得到二级模糊综合评判矩阵 R 为：

$$R=\begin{bmatrix} 0.2186, & 0.3735, & 0.3014, & 0.1065, & 0 \\ 0.1629, & 0.4818, & 0.2919, & 0.0726, & 0.0224 \\ 0.2352, & 0.5103, & 0.1664, & 0.0538, & 0.0343 \\ 0.3965, & 0.4066, & 0.1835, & 0.0124, & 0 \\ 0.3367, & 0.5074, & 0.0894, & 0.0664, & 0 \\ 0.2724, & 0.3858, & 0.1082, & 0.1694, & 0.0642 \end{bmatrix}$$

2）二级模糊综合评价

通过一级指标的权重值和一级模糊综合评判矩阵，计算二级模糊综合评价矩阵：

$$W=a\cdot R=(a_1,a_2,a_3,a_4,a_5,a_6)\times\begin{bmatrix} \omega_{11} & \omega_{12} & \omega_{13} & \omega_{14} & \omega_{15} \\ \omega_{21} & \omega_{22} & \omega_{23} & \omega_{24} & \omega_{25} \\ \omega_{31} & \omega_{32} & \omega_{33} & \omega_{34} & \omega_{35} \\ \omega_{41} & \omega_{42} & \omega_{43} & \omega_{44} & \omega_{45} \\ \omega_{51} & \omega_{52} & \omega_{53} & \omega_{54} & \omega_{55} \\ \omega_{61} & \omega_{62} & \omega_{63} & \omega_{64} & \omega_{65} \end{bmatrix}=(\omega_1,\omega_2,\omega_3,\omega_4,\omega_5)$$

$$=(0.036654,\ 0.100239,\ 0.389018,\ 0.169480,\ 0.258240,\ 0.046369)\times$$
$$\begin{bmatrix} 0.2186, & 0.3735, & 0.3014, & 0.1065, & 0 \\ 0.1629, & 0.4818, & 0.2919, & 0.0726, & 0.0224 \\ 0.2352, & 0.5103, & 0.1664, & 0.0538, & 0.0343 \\ 0.3965, & 0.4066, & 0.1835, & 0.0124, & 0 \\ 0.3367, & 0.5074, & 0.0894, & 0.0664, & 0 \\ 0.2724, & 0.3858, & 0.1082, & 0.1694, & 0.0642 \end{bmatrix}$$
$$=(0.2826,\ 0.4783,\ 0.1642,\ 0.0592,\ 0.0186)$$

3）属性识别

$$\eta_A=\max_{1\leqslant t\leqslant m} y_t \Big/ \sum_{t=1}^{m} y_t=\frac{0.4783}{1.0029}=0.4769$$

$$\mu_A=\phi\cdot\varphi=\frac{m\eta-1}{m-1}\cdot\frac{\max\limits_{1\leqslant t\leqslant m} b_t-\sec\limits_{1\leqslant t\leqslant m} b_t}{\sum\limits_{t=1}^{m} b_t}=\frac{5\times 0.4769-1}{5-1}\times\frac{0.4783-0.2826}{1.0029}=0.068$$

隶属度为 0.068，属于 $0.04\leqslant\mu<0.16$，满足要求，其评价结果为良好。

(2) 对B建筑物能耗的评价

模拟专家对B建筑物能耗评价体系中指标层的各指标投票结果见表3-5。

B建筑物能耗评价指标的模拟专家投票统计表 **表3-5**

评价指标 \ 评价等级	优秀	良好	一般	较差	很差
建筑物朝向 $C11$ (0.0314)	6	12	1	1	
建筑物的体形系数 $C12$ (0.0424)	5	9	5	1	
窗墙面积比 $C13$ (0.0322)	5	10	5		
遮阳系数 $C14$ (0.0251)	5	9	3	2	1
屋面传热系数 $C21$ (0.0290)	4	10	5	1	
外墙(包括非透明幕墙)传热系数 $C22$ (0.0531)	4	11	2	3	
外门、窗(包括透明幕墙)传热系数 $C23$ (0.0401)	4	9	4	3	
门窗气密性 $C24$ (0.0269)	5	12	2	1	
建筑物围护结构热工缺陷 $C25$ (0.0248)	4	7	7	2	
空调冷、热源系统 $C31$ (0.0628)	4	11	3	2	
空调风系统 $C32$ (0.0528)	4	11	3	1	1
空调水系统 $C33$ (0.0544)	2	8	4	5	1
空调自控系统 $C34$ (0.0266)	5	9	2	2	2
冷水机组评价指标 COP $C35$ (0.0344)	6	13	1		
水管路的输送能效比 ER $C36$ (0.0397)	6	11	1	2	
风机的单位风量耗功率 $C37$ (0.0420)	7	9	3	1	
照明设备 $C41$ (0.0543)	8	10	2		
动力设备 $C42$ (0.0489)	6	7	5	2	
其他设备 $C43$ (0.0341)	7	10	3		
太阳能的转化利用率 $C51$ (0.0620)	10	9	1		
自然通风的利用 $C52$ (0.0517)	4	12	4		
其他可再生能源的相对利用比重 $C53$ (0.0439)	5	11	3	1	
运行调节 $C61$ (0.0339)	6	10	1	3	
系统维护与检修 $C62$ (0.0294)	7	8	2	2	1
员工水平 $C63$ (0.0241)	6	8	4	2	

1) 一级模糊综合评价

利用公式 $r_{ijk}=\dfrac{e_{ijk}}{\sum\limits_{k=1}^{n}e_{ijk}}$，得到评价体系中指标层中各指标的单因素评判矩阵 $R_1\sim R_6$。

$$R_1=\begin{bmatrix}0.3000, & 0.6000, & 0.0500, & 0.0500, & 0\\ 0.2500, & 0.4500, & 0.2500, & 0.0500, & 0\\ 0.2500, & 0.5000, & 0.2500, & 0, & 0\\ 0.2500, & 0.4500, & 0.1500, & 0.1000, & 0.0500\end{bmatrix}$$

$$R_2=\begin{bmatrix}0.2000, & 0.5000, & 0.2500, & 0.0500, & 0\\ 0.2000, & 0.5500, & 0.1000, & 0.1500, & 0\\ 0.2000, & 0.4500, & 0.2000, & 0.1500, & 0\\ 0.2500, & 0.6000, & 0.1000, & 0.0500, & 0\\ 0.2000, & 0.3500, & 0.3500, & 0.1000, & 0\end{bmatrix}$$

$$R_3=\begin{bmatrix}0.2000, & 0.5500, & 0.1500, & 0.1000, & 0\\ 0.2000, & 0.5500, & 0.1500, & 0.0500, & 0.0500\\ 0.1000, & 0.4000, & 0.2000, & 0.2500, & 0.0500\\ 0.2500, & 0.4500, & 0.1000, & 0.1000, & 0.1000\\ 0.3000, & 0.6500, & 0.0500, & 0, & 0\\ 0.3000, & 0.5500, & 0.0500, & 0.1000, & 0\\ 0.3500, & 0.4500, & 0.1500, & 0.0500, & 0\end{bmatrix}$$

$$R_4=\begin{bmatrix}0.4000, & 0.5000, & 0.1000, & 0, & 0\\ 0.3000, & 0.3500, & 0.2500, & 0.1000, & 0\\ 0.3500, & 0.5000, & 0.1500, & 0, & 0\end{bmatrix}$$

$$R_5=\begin{bmatrix}0.5000, & 0.4500, & 0.0500, & 0, & 0\\ 0.2000, & 0.6000, & 0.2000, & 0, & 0\\ 0.2500, & 0.5500, & 0.1500, & 0.0500, & 0\end{bmatrix}$$

$$R_6=\begin{bmatrix}0.3000, & 0.5000, & 0.0500, & 0.1500, & 0\\ 0.3500, & 0.4000 & 0.1000, & 0.1000, & 0.0500\\ 0.3000, & 0.4000, & 0.2000, & 0.1000, & 0\end{bmatrix}$$

从而，一级模糊综合评判矩阵 R 为：

$$R=\begin{bmatrix}0.2620, & 0.4983, & 0.1829, & 0.0473, & 0.0096\\ 0.2080, & 0.4983, & 0.1840, & 0.1108, & 0\\ 0.2306, & 0.5130, & 0.1308, & 0.1000, & 0.0256\\ 0.3516, & 0.4461, & 0.1657, & 0.0356, & 0\\ 0.3318, & 0.5271, & 0.1271, & 0.0140, & 0\\ 0.3168, & 0.4388, & 0.1082, & 0.1194, & 0.0168\end{bmatrix}$$

2）二级模糊综合评价

计算二级模糊综合评价矩阵：

$$W=a\cdot R=(0.2785,\ 0.4953,\ 0.1463,\ 0.0691,\ 0.0107)$$

3）属性识别

$$\eta_B=\max_{1\leqslant t\leqslant m} y_t \Big/ \sum_{t=1}^{m} y_t=\frac{0.4953}{0.9990}=0.4953$$

$$\mu_B=\phi\cdot\varphi=\frac{m\eta-1}{m-1}\cdot\frac{\max\limits_{1\leqslant t\leqslant m} b_t-\sec\limits_{1\leqslant t\leqslant m} b_t}{\sum\limits_{t=1}^{m} b_t}=\frac{5\times0.4953-1}{5-1}\times\frac{0.4953-0.2785}{0.9999}=0.080$$

隶属度为 0.080，属于 $0.04\leqslant\mu<0.16$，满足要求，其评价结果为良好。

3.3.3 对 A、B 两建筑能耗水平的评价

选取准则层的六个指标：建筑规划设计因素 $B1$、建筑围护结构因素 $B2$、暖通空调因素 $B3$、设备因素 $B4$、新能源的利用因素 $B5$ 和运行管理因素 $B6$ 作为评价指标。模拟专家对各项指标进行打分，打分范围为 1～10 分，各专家对两栋建筑的打分结果见表 3-6。

A、B 两建筑的能耗评价指标的模拟专家打分表　　表 3-6

建筑物 \ 指标	$B1$ (0.036654)	$B2$ (0.100239)	$B3$ (0.389018)	$B4$ (0.169480)	$B5$ (0.258240)	$B6$ (0.046369)
A	7	8	7	6	9	5
B	6	6	8	8	8	7

根据所确定的各指标的权重值，运用改进的 TOPSIS 和灰色关联度分析结合法，对 A、B 两建筑物的能耗水平高低进行对比评价分析。

计算规范处理后的规范化决策矩阵：

$$Y=\begin{pmatrix}0.5385, & 0.5714, & 0.4667, & 0.4286, & 0.5294, & 0.4167\\ 0.4615, & 0.4286, & 0.5333, & 0.5714, & 0.4706, & 0.5833\end{pmatrix}$$

计算加权规范化矩阵：

$$Z=\begin{pmatrix}0.0897, & 0.0952, & 0.0778, & 0.0714, & 0.0882, & 0.0694\\ 0.0769, & 0.0714, & 0.0889, & 0.0952, & 0.0784, & 0.0972\end{pmatrix}$$

利用式(3-6)、式(3-7)，确定加权规范矩阵的正理想解与负理想解：

$$F^{*}=(0.0897,\quad 0.0952,\quad 0.0889,\quad 0.0952,\quad 0.0882,\quad 0.0972)$$
$$F^{0}=(0.0498,\quad 0.0399,\quad 0.0562,\quad 0.0399,\quad 0.0636,\quad 0.0233)$$

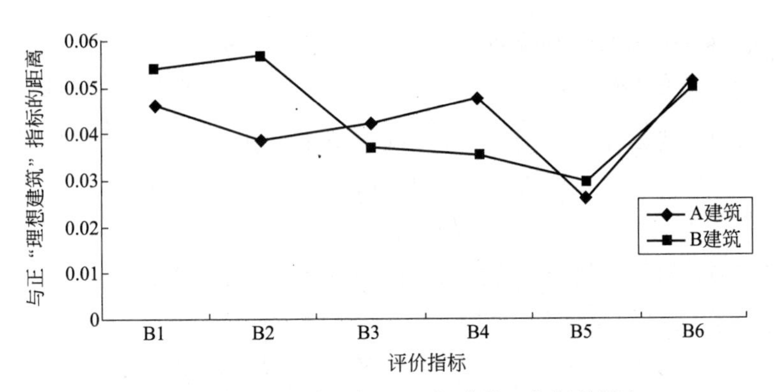

图 3-7　各评价指标到正“理想建筑”指标的距离

利用式(3-18)、式(3-19)，计算两个建筑物各项评价指标到正负“理想建筑”指标的距离，如图 3-7、图 3-8 所示。进而，得到两个建筑物到正负“理想建筑”的距离：

$$L_2(i)=(0.0382,\quad 0.0287)$$
$$L_2^0(i)=(0.2026,\quad 0.2087)$$

利用式(3-11)、式(3-14)，计算两个建筑物各项评价指标到正负“理想建筑”指标的灰色关联系数，如图 3-9、图 3-10 所示。

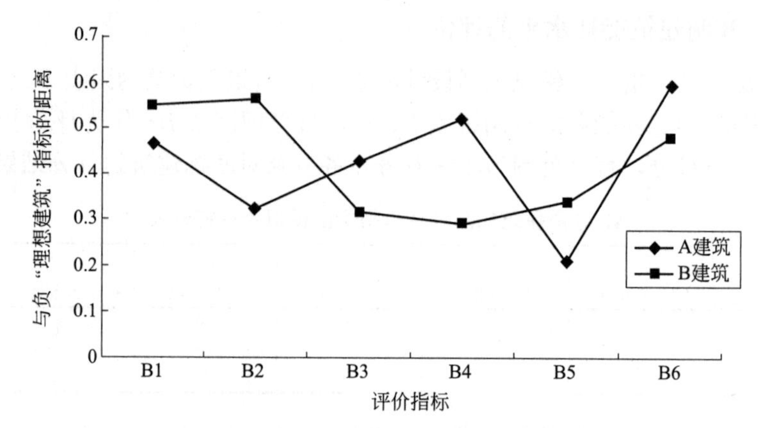

图 3-8 各评价指标到负“理想建筑”指标的距离

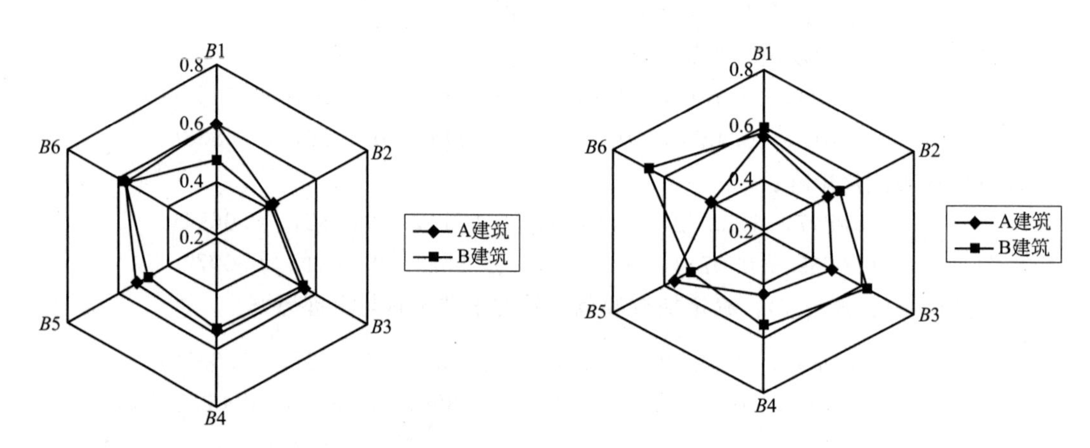

图 3-9 各评价指标到正“理想建筑”指标的灰色关联系数

图 3-10 各评价指标到负“理想建筑”指标的灰色关联系数

利用式(3-13)、式(3-16) 计算两个建筑物到正负“理想建筑”的灰色关联度：

$$R_i^+=(0.4537,\ 0.4888)$$

$$R_i^-=(0.5317,\ 0.4012)$$

利用式(3-20)，对距离值与灰色关联度值进行无量纲化处理：

$$L_2(i)_{\mathrm{new}}=(0.7513,\ 1)\quad L_2^0(i)_{\mathrm{new}}=(0.9708,\ 1)$$

$$R_{i\mathrm{new}}^+=(0.9282,\ 1)\quad R_{i\mathrm{new}}^-=(1,\ 0.7298)$$

利用式(3-21)、式(3-22)，将无量纲化后的距离和灰色关联度值合并，计算相似贴进度，取 $\alpha_1=\alpha_2=0.5$ 得：

$$S_i^+=(0.9495,\ 0.9998)$$

$$S_i^-=(0.8757,\ 0.8649)$$

利用式(3-23)，确定两个建筑物 A、B 的能耗与“理想建筑”能耗的相对贴近度，其结果如图 3-11 所示。

由图 3-11 可知，两个建筑物 A、B 的能耗与“理想建筑”能耗的相对贴近度为：

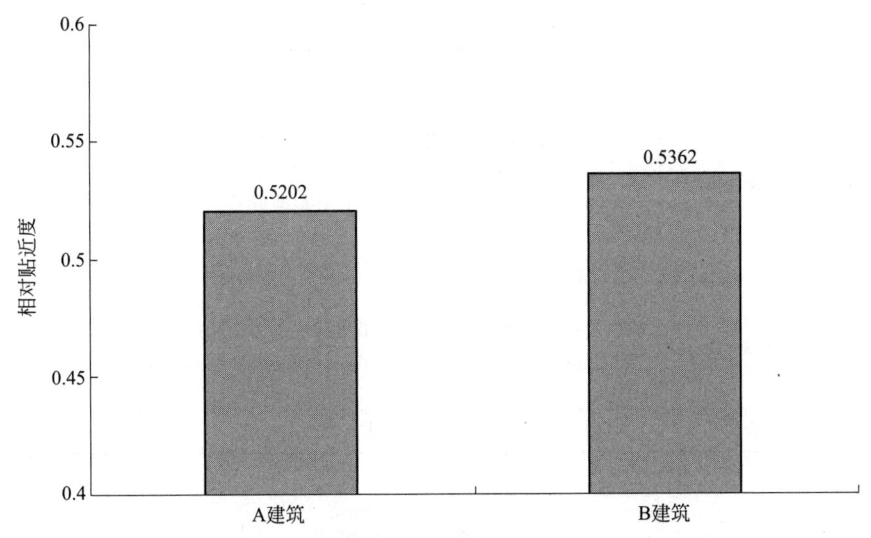

图 3-11 建筑物 A、B 的能耗与“理想建筑”能耗的相对贴近度

$$C_i^* = (0.5202, 0.5362)$$

可见，$C_A^* < C_B^*$，因此，建筑物 B 的能耗水平更优。

3.4 绿色建筑环境性能后评估体系研究

3.4.1 评估指标及权重的确定

1. 评估指标的确定

在分析严寒地区气候及能耗特征之后，根据指标的构建原则及选取依据，将目标项分为 8 项一级指标，分别为：室内环境、室外环境、材料与资源、能源、污染、健康与舒适性、管理与服务及经济性分析，共 149 项定性化和定量化可参评指标，等级跨度分布为 4 级。其中健康与舒适性及经济性分析 2 项为本指标体系的特色指标。

抛开能源形势的限制，一栋居住建筑无论节能与否，都是以满足人的健康与舒适性为依托，若无法满足人的基本舒适性，那么这栋建筑就需要改善。这里将使用者的主观感觉及满意度考虑到环境性能后评估指标之列，充分体现了“以人为本”的原则；绿色建筑后评估的定义中包含绿色建筑运行过程的技术经济性、建筑室内外环境质量、资源能源节约效益及人员满意度四方面内容，除技术经济性外，其余三点在本指标体系中均有体现。而技术经济性在当前各类评估体系中或是以经济性评估体系的形式存在，或是在绿色建筑评估体系中并未提及，这里将经济性分析考虑进来，充分体现了评估指标的完整性原则。选取依据见表 3-7，二级指标漩涡图如图 3-12 所示。

选取依据 表 3-7

依据	内容
国外绿色建筑评估体系	日本建筑物综合环境性能评价体系(CASBEE)；英国绿色建筑评估体系(BREEAM)；美国绿色建筑评估体系(LEED)
我国绿色建筑评估体系	绿色奥运建筑评估体系

续表

依据	内容
我国绿建及建筑节能标准	《绿色建筑评价标准》GB/T 50378； 《住宅性能评定技术标准》GB/T 50362； 《节能建筑评价标准》GB/T 50668； 《严寒和寒冷地区居住建筑节能设计标准》JGJ 26； 《居住建筑节能检测标准》JGJ/T 132； 《城市居住区规划设计标准》GB 50180
我国绿建及建筑节能规范	《民用建筑绿色设计规范》JGJ/T 229； 《民用建筑供暖通风与空气调节设计规范》GB 50736； 《工业建筑供暖通风与空气调节设计规范》GB 50019； 《住宅设计规范》GB 50096 等
其他参考书籍与论文	《中国寒冷地区住宅节能评价指标与方法》等

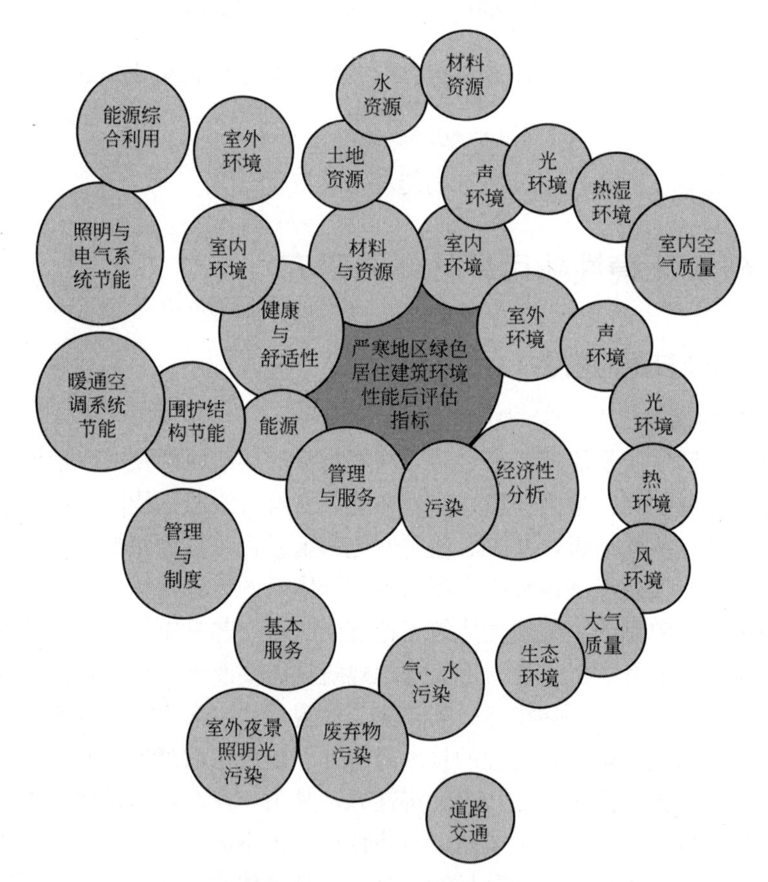

图 3-12　二级指标漩涡图

2. 赋权方法的确定

目前，国内外关于确定指标权重的方法有数十种之多，这些方法按照原始数据来源及计算过程的不同大致可以分为三类：主观赋权法、客观赋权法及主客观综合集成赋权法。

（1）主观赋权法

主观赋权法由参评专家根据专业知识及学识经验进行主观判断，从而得到权数，再对指标进行综合评估。主观赋权法主要有：层次分析法或网络层次分析法（ANP法）、专家调查法（Delphi法）、模糊综合分析法、二项系数法、环比评分法、最小平方法、序关系分析法等。

主观赋权法的优点：专家根据实际问题合理地确定指标间的排序，即主观赋权法尽管不能准确地确定各指标权重，但可以在一定程度上有效地确定各指标重要性排序。缺点：主观随意性大，对于选取的专家不同得出的权重也不同，且这点不会因为增加专家数量或仔细挑选专家等措施而得到根本改善。因此，在大多数情况下主观赋权法并不能够得到准确的权重结果，其结果可能与实际情况存在差异。

（2）客观赋权法

客观赋权法是根据相关历史数据的综合规律，通过研究指标之间的关系或指标与结果之间的关系进行综合评估。客观赋权法主要有：最大熵技术法、主成分分析法、均方差法、拉开档次法、多目标规划法、最大离差法、变异系数法等。

客观赋权法的优点：无主观随意性，不增加决策者的负担，结果有较强的理论依据。缺点：不依赖实际的问题的变化，不参与决策人的主观意向，导致某些结果可能与实际偏离，而且计算方法普遍比较繁琐。

（3）主客观综合集成赋权法

根据主客观赋权法和客观赋权法，学者提出了主客观综合集成赋权法，这类方法主要是将主观和客观赋权法结合在一起使用，从而充分利用各自优点，扬长避短，目前已经有较多的主客观综合集成赋权法，但应用实例较少，其结果仍然有待科学验证及更广阔范围的运用。

（4）选择赋权方法

本研究利用层次赋权法（AHP法）赋予指标权重，提出结合数学概率公式贝叶斯（Bayes）修正主观权数。此方法将有效专家意见考虑到评价体系中，并结合数学方法对专家的决策进行验证分析，这种给予主观赋权法一定客观性的方法可有效打破主观赋权法随意性大、赋权专家水平局限性等缺点，也可避免客观赋权法脱离实际问题、通用性差等缺点。

1）层次赋权法（AHP法）

第一步，构造判断矩阵。以U表示目标，u_i、u_j（$i,j=1,2,\cdots,n$）表示元素。u_{ij}表示u_i对u_j的相对重要性数值。u_{ij}的取值选择九级标度法，见表3-8。

判断矩阵标度及其定义 **表3-8**

标度(u_{ij}取值)	定义(重要性等级)
1	相似元u_i和u_j相比较，同等重要
3	相似元u_i和u_j相比较，u_i比u_j稍微重要
5	相似元u_i和u_j相比较，u_i比u_j明显重要
7	相似元u_i和u_j相比较，u_i比u_j强烈重要
9	相似元u_i和u_j相比较，u_i比u_j极端重要
2,4,6,8	介于相邻判断的两个标度之间时，取中值
倒数$1/\nu(\nu=1\sim9)$	相似元u_i和u_j相比较后判断u_{ij}，则相似元u_j与相似元u_i比较得判断$u_{ji}=u_{ij}^{-1}$

根据表 3-8，通过对目标 U 中元素进行两两比较，构造判断矩阵 P 如下：

$$P=\begin{pmatrix} u_{11} & u_{12} & \cdots & u_{1j} & \cdots & u_{1n} \\ u_{21} & u_{22} & \cdots & u_{2j} & \cdots & u_{2n} \\ \vdots & \vdots & & \vdots & & \vdots \\ u_{i1} & u_{i2} & \cdots & u_{ij} & \cdots & u_{in} \\ \vdots & \vdots & & \vdots & & \vdots \\ u_{n1} & u_{n2} & \cdots & u_{nj} & \cdots & u_{nn} \end{pmatrix}$$

在矩阵 P 中，显然有：$u_{ij}>0$，$u_{ii}=1$，$u_{ij}=1/u_{ji}$，其中 $i,j=1,2,\cdots,n$。另外，对判断矩阵 P，若对任意 i、j、k 均有 $u_{ij}=u_{ik}\times u_{kj}$，则称该矩阵为一致性矩阵。

第二步，计算重要性排序。根据判断矩阵求出其最大特征根 λ_{max} 所对应的特征向量 w。方程如下：

$$Pw=\lambda_{max}w \tag{3-24}$$

所求特征向量 w 经归一化，即评价元素的重要性排序，也就是权重分配。

第三步，一致性检验。对于得到的权重分配的合理性，需要对判断矩阵 P 进行一致性检验。

检验公式：

$$CR=\frac{CI}{RI} \tag{3-25}$$

式中 CR——判断矩阵的随机一致性比率；

CI——判断矩阵的一般一致性指标。

CI 由式(3-26) 给出：

$$CI=\frac{\lambda_{max}-n}{n-1} \tag{3-26}$$

RI 为判断矩阵的平均随机一致性指标，1～9 阶的判断矩阵的 RI 值参见表 3-9。

平均随机一致性指标 *RI* 的值 **表 3-9**

n	1	2	3	4	5	6	7	8	9
RI	0	0	0.58	0.90	1.12	1.24	1.32	1.41	1.45

当判断矩阵的 $CR<0.10$ 时或 $\lambda_{max}=n$，$CI=0$ 时，认为 P 具有满意的一致性，否则需要调整矩阵 P 中的元素，使其具有满意的一致性。

2）超级决策（SD）软件

由于本研究涉及共 149 项定性化及定量化可参评指标，在利用层次赋权法（AHP 法）确定指标权重的过程中计算量非常庞大，为了解决这一问题，需要借助超级决策 Super Decision 软件完成这项工作。

第一步，分析决策问题，将复杂的问题分解成集群（Cluster）和节点（Node）。创建按键，逐个输入集群（C）和节点（N）。

第二步，按从属关系聚类各个集群（C）和节点（N），形成网络结构，确定它们之间的关系，主要判断元素层次内部是否独立或有依存和反馈关系。参评者按照九级标度进行判断，对集群（C）和节点（N）逐一比较，构成两两对比矩阵，本研究中同一层元素之间相互独立，则转化为 AHP 模型。

第三步，计算分析。根据上述输入，SD 软件可构造超矩阵、加权超矩阵及极限超矩阵，最终得到综合优势度以及灵敏度。超矩阵、加权超矩阵及极限超矩阵的数据可在 EXCEL 中打开，综合优势度以及灵敏度的数据可用图表表示。

3）贝叶斯（Bayes）公式

①全概率公式与贝叶斯公式

全概率公式：如果事件 A_1，A_2，…，A_n 构成一个完备事件组，即 A_1，A_2，…，A_n 互不相容，而且 $\bigcup_{i=1}^{n} A_i=\Omega$，$P(A_i)>0$，$i=1,2,\cdots,n$。则对于任何一个事件 B，有

$$P(B)=\sum_{i=1}^{n} P(A_i)P(B/A_i) \tag{3-27}$$

使用全概率公式的关键在于找出与事件发生相关联的完备事件组 A_1，A_2，…，A_n，$P(B/A_i)$ 是事件 A_i 发生的条件下 B 发生的概率。A_1，A_2，…，A_n 构成一个完备事件组并非全概率公式的必要条件，只要 A_i 的和包含 B，并且 A_1B，A_2B，…，A_nB 互不相容或更弱的条件即可使用全概率公式，但实际上，A_1，A_2，…，A_n 常常是一个完备事件组。

贝叶斯方法的核心是贝叶斯公式。设事件 A_1，A_2，…，A_n 构成一个完备事件组，概率 $P(A_i)>0$，$i=1,2,\cdots,n$。对于任何事件 B，若 $P(B)>0$，有

$$P(A_i/B)=\frac{P(A_i)P(B/A_i)}{P(B)}=\frac{P(A_i)P(B/A_i)}{\sum_{i=1}^{n} P(A_i)P(B/A_i)} \tag{3-28}$$

事件 A_1，A_2，…，A_n 看作是导致事件 B 发生的“因素”，$P(A_i)$ 是在获得事件 B 未发生时 A_i 的概率，通常称其为先验概率。在试验中事件 B 的出现，有助于对导致事件 B 发生的各种“因素”的概率做进一步探讨，公式给出的 $P(A_i/B)$ 是在事件 B 经发生条件下事件 A_i 发生的概率，称为后验概率。后验概率依赖于事件 B 的概率对先验概率进行修正，因此贝叶斯公式也称为逆概率公式或后验概率公式。

②利用贝叶斯公式修正专家权重

设 n 个专家 $l_1,l_2,\cdots,l_n$ 对 m 个方案 $a_1,a_2,\cdots,a_m$ 做决策，根据他们给出的判断矩阵计算出特征向量并通过一致性检验，专家 $l_i(i=1,2,\cdots,n)$ 的特征向量记为：$l_i[P(a_1/l_i)$，$P(a_2/l_i)$，…，$P(a_m/l_i)]$。其中元素 $P(a_m/l_i)$ 代表专家 l_i 对方案 a_m 的评价值，特征向量反映了专家 l_i 对 m 个方案优劣程度的量化评价结果，且满足性质 $P(a_j/l_i)>0$，$j=1,2,\cdots,m$ 和 $\sum_{j=1}^{n} P(a_j/l_i)=1$。如果专家赋予的先验权重分别为 $P(l_1)$，$P(l_2)$，…，$P(l_n)$，则初步得到的群决策结果可计算为：

$$P(a_j)=\sum_{i=1}^{n} P(l_i)P(a_j/l_i),j=1,2,\cdots,m \tag{3-29}$$

$P(a_j)$ 是利用专家先验权重初步计算出的方案 a_j 的群组评价值，同样满足性质

$P(a_j)>0$，$j=1,2,\cdots,m$ 和 $\sum_{j=1}^{n}P(a_j)-1$。

将群决策中的问题与全概率公式建立对应关系：n 个专家 l_1，l_2，…，l_n 对应于事件 A_1，A_2，…，A_n，每位专家的先验权重 $P(l_i)>0$，$i=1,2,\cdots,n$，显然这 n 个专家可以看成一个完备事件组。令方案 a_j 对应于事件 B_j，则专家 l_i 的特征向量中每个元素 $P(a_j/l_i)$，$j=1,2,\cdots,m$ 就对应于条件概率 $P(B_j/A_i)$。于是上面群决策结果的计算公式 $P(a_j)=\sum_{i=1}^{n}P(l_i)P(a_j/l_i)$ 即为全概率公式 $P(B)=\sum_{i=1}^{n}P(A_i)P(B/A_i)$。

利用贝叶斯公式对专家权重和初步群决策结果进行修正：

由以上相关问题之间建立起的对应，根据贝叶斯公式 $P(A_i/B)=\dfrac{P(A_i)P(B/A_i)}{P(B)}$，分别对专家权重进行如下修正：

$$P(l_i/a_j)=\frac{P(l_i)P(a_j/l_i)}{P(a_j)},i=1,2,\cdots,n,j=1,2,\cdots,m \tag{3-30}$$

$P(l_i/a_j)$ 是在集结方案 a_j 的评价值时，专家 l_i 的后验权重，它是获得方案 a_j 的初步群组评价值为 $P(a_j)$ 的信息后，对先验权重 $P(l_i)$ 进行的修正。由计算公式可知：每一个专家 l_i 都有 m 个不同的后验权重 $P(l_i/a_j)$，$j=1,2,\cdots,m$ 分别对应于 m 个不同的方案 a_j。

最后，利用后验权重重新计算群决策结果：

$$P'(a_j)=\sum_{i=1}^{n}P(l_i/a_j)P(a_j/l_i),i=1,2,\cdots,n,j=1,2,\cdots,m \tag{3-31}$$

3.4.2 评分方法及评估结果的确定

1. 评分方法的确定

指标评分方法规则如下：

（1）定量化及部分定性化指标采用 5 级（1 分，2 分，3 分，4 分，5 分）评分制，其中，1 分为绿色居住建筑最低限度标准，5 分为最高限度标准，其余为中间等级分数，对于无法详细划分 5 级的指标，也可以划分为 3 级（1 分，3 分，5 分）进行评价；

（2）定性化及部分定量化指标采用合格（不合格）评分制；

（3）在 5 级（3 级）评分标准中，若检测结果甚至不满足 1 分的得分标准，则此项指标得分记为 0 分；在合格（不合格）评分标准中，合格记为 5 分，不合格记为 0 分。

2. 综合评估结果的确定

（1）计算综合评估结果

本书采用简单而行之有效的加权数学模型，对 149 项定性化及定量化可参评指标按照各自的权重值进行加权计算，并按照 4 个跨度向各自所属的上一级累加，从而得到各项的综合评估结果。建立的数学模型如下：

$$Y_j=\sum_{i=1}^{n}\omega_{ij}x_{ij}i,j=1,2,\cdots,n,\text{其中}\sum_{i=1}^{n}\omega_{ij}=1$$

式中 Y_j——第 j 项指标的评分值；

ω_{ij}——第 j 项指标下属第 i 项指标的权重；

x_{ij}——第 j 项指标下属第 i 项指标的评分值。

（2）建立评价等级

为响应国家号召，鼓励绿色建筑工作的推进，在满足《绿色建筑评价标准》GB/T 50378 等现行的国家标准、规范等前提下，适当放宽对参评绿色居住建筑的要求，建立评价等级，见表 3-10。

需要注意的是，1 分为绿色居住建筑的最低限度标准，为了保证建筑的绿色性及整体品质，必须确保 8 项一级评估指标的分项结果值均大于等于 1，方可进行最终的环境性能评估结果参评。每一项指标严格按照指标评分标准打分，同时，需要参照规划和设计阶段的图纸、说明书等，部分指标还需要进行实地考察、核实及派发调查问卷等。

绿色居住建筑环境性能后评估体系评价等级 **表 3-10**

评估结果得分范围	评价等级	等级含义
[4,5]	A	达到高标准要求的绿色住宅
[3,4)	B^{+}	符合绿色住宅的要求，适当地进行维护和管理
[2,3)	B^{-}	符合绿色住宅的要求，对分值低的指标项，提出解决方案和措施，必要时改进
[1,2)	C	刚达到绿色住宅的要求，薄弱环节有待提升和改进
[0,1)	D	不符合绿色住宅的要求

（3）评估方法及输出表达形式

本书创建了 POE-SGREP（The POE System of Green Residential Environmental Performance，译为绿色居住建筑环境性能后评估体系）及以三维图的形式实现以“理想型”绿色住宅为基准，多视角对比结果的后评估方法。

POE-SGREP 值代表了该参评建筑的环境性能，以其作为衡量最终评估结果的标准，参照得分范围，确定评价等级（图 3-13～图 3-15）。

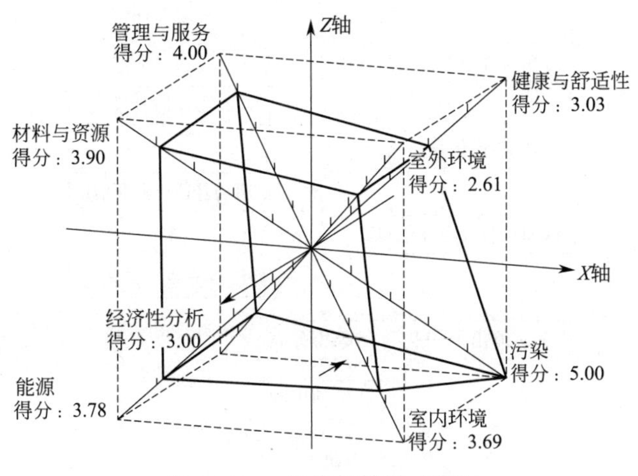

图 3-13 一级指标结果三维图

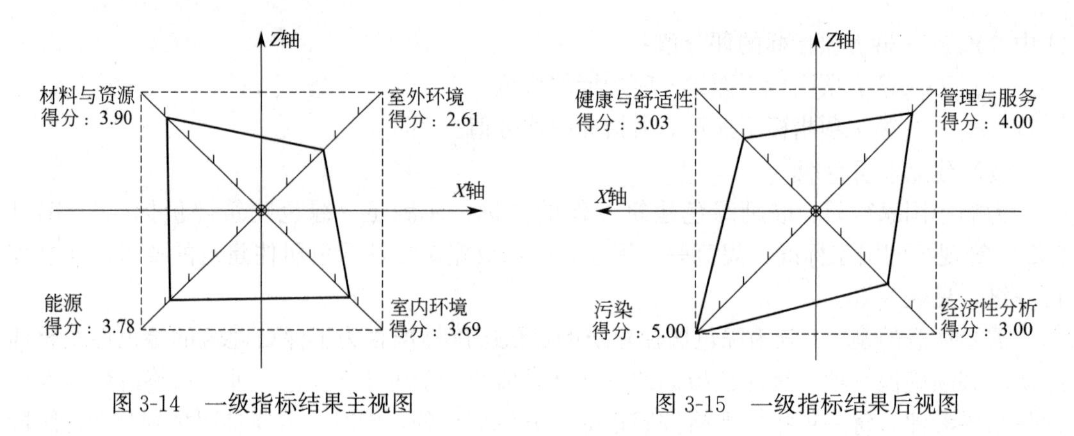

图 3-14 一级指标结果主视图　　图 3-15 一级指标结果后视图

3.5 绿色建筑环境性能后评估工具的开发及应用

3.5.1 后评估工具的开发

严寒地区绿色居住建筑环境性能后评估体系的评估工作繁重，需开发可视化评价工具协助评估工作，以保证综合评估结果的便捷、精准及结果的多样化展示。本书利用美国 Microsoft 公司推出的、专门用于开发运行于 Windows 操作系统上的应用程序的编程语言和集成开发环境的 Visual Basic 6.0（Enterprise Edition）完成此项工作。

1. Visual Basic 程序设计流程

本程序以简便、全面、易操作为设计原则，以面向对象的设计方法将严寒、寒冷地区绿色居住建筑环境性能后评估体系完全融入主程序中，Visual Basic 程序设计流程如图 3-16 所示。

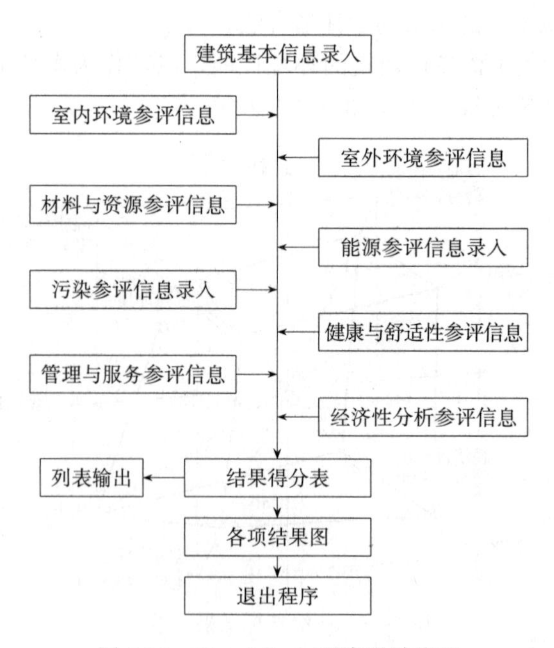

图 3-16 Visual Basic 程序设计流程

2. Visual Basic 程序窗体设计

此评价工具完成了窗体界面、建筑基本信息窗体、建筑参评信息录入窗体及评估图表输出窗体的设计，并实现了数值计算及图表输出功能。

（1）窗体设计界面

窗体的设计界面由评估工具的名称以及评估开始选项两个部分组成。

（2）建筑基本信息窗体设计

本程序中建筑基本信息包括建筑物名称、建筑物地址、竣工年月、改造年月、建筑面积、供暖面积、建筑朝向、建筑高度、建筑层数、标准层层高、地上层数、地下层数，如图 3-18 所示。完成填写后，系统将建筑基本信息形成表格，该表格可以导出。

（3）建筑参评信息录入窗体设计

建筑参评基本信息编写严格按照文中所述，共 8 项一级指标，包括室内环境、室外环境、材料与资源、能源、污染、健康与舒适性、管理与服务及经济性分析，其中 8 项指标中涉及的 149 项可参评指标均在本程序中体现，且录入信息均是可以直接获得的基础信息，极大地保证了操作者的简便性（图 3-17、图 3-18）。

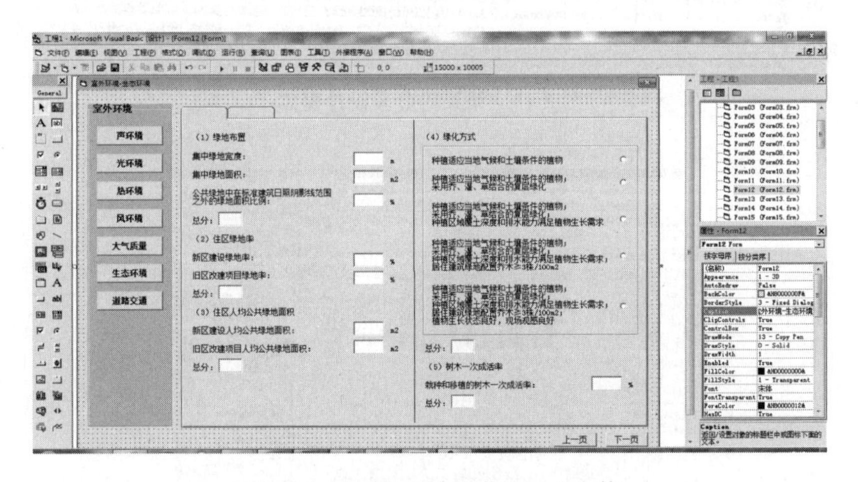

图 3-17　室外环境参评信息录入窗体

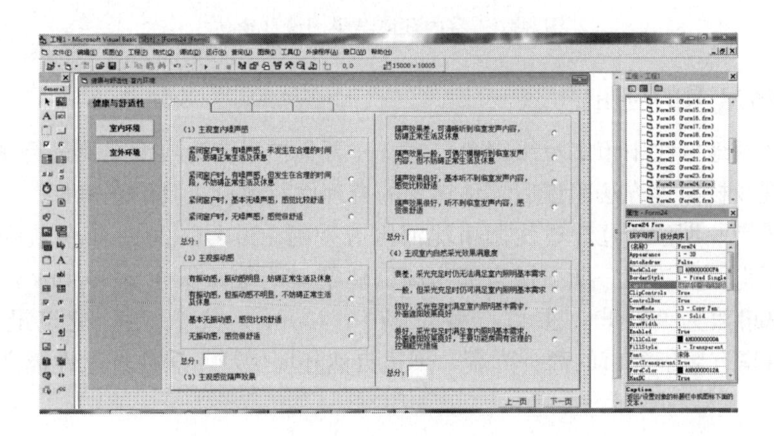

图 3-18　健康与舒适性参评信息录入窗体

（4）评估图表输出窗体设计

在综合评估149项可参评指标后，系统已将各项得分输入结果得分表中，在这个窗体中，已编制好按照既定的权重系统计算得分的相应程序，只需点击窗体中显示的“计算得分”按钮即可得到目标项得分；点击“图表显示”按钮即可得到8项一级指标及目标项的结果图显示，设计窗体分别如图3-19、图3-20所示，该窗体中还会附上部分程序代码。

图3-19 结果得分表设计窗体

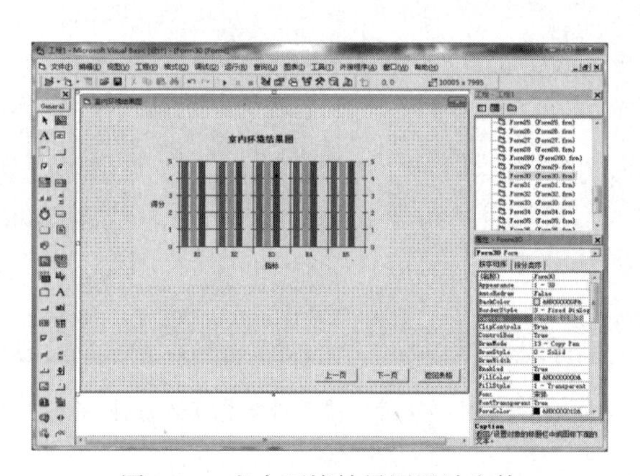

图3-20 室内环境结果图设计窗体

3.5.2 后评估工具的应用

本书以严寒地区沈阳市二星级绿色住宅——万科柏翠园为典型案例进行试评，根据其自评报告及现场核实等方法验证后评估体系的合理性及评价工具的正确性。

万科柏翠园一期位于辽宁省沈阳市沈河区五爱街125号，2011年荣获绿色建筑住宅二星级设计标识。柏翠园一期项目全部为高层住宅，建筑面积为203560m^2，用地面积为55901m^2，总户数为900户，主力户型为170～400m^2，共28层，建筑最高点高度为90m。该项目享有繁华都市的商务配套，周边自然环境优越，居住舒适性极高（图3-21～图3-23）。

图 3-21 项目周边图

图 3-22 项目实景图

图 3-23 楼体外观图

1. 案例试评

严格按照绿色建筑自评估报告中的数据并结合评分标准给各评估指标评分，将每项得分如实填写到评分表中，见表 3-11～表 3-17。

室内环境评分 **表 3-11**

一级指标	二级指标	三级指标	得分	四级指标	得分
室内环境	声环境	噪声	—	室内允许噪声级	1
		隔声	—	房间之间空气声隔声性能	0
				外窗(包括未封闭阳台的门)的空气声隔声性能	5

续表

一级指标	二级指标	三级指标	得分	四级指标	得分
室内环境	声环境	隔声	—	外墙、户(套)门和户内分室墙的空气声隔声性能	5
				分户楼板撞击声隔声性能	2
		减噪	—	采用排水减噪措施	5
	光环境	自然采光	—	主要功能房间户外视野	5
				主要功能房间采光系数	5
				卧室、起居室窗地面积比	5
				室内天然光照度	5
				窗的不舒适眩光指数	5
				室内各表面反射比	5
		人工照明	—	主要功能房间平均照度	5
				照度均匀度	5
				眩光限制	5
				照明光源显色指数	5
				工作房间各表面反射比	5
	热湿环境	室内空气温度	2		—
		室内风速	1		—
		相对湿度	3		—
		PMV-PPD 指标	2		—
	室内空气质量	室内空气污染物浓度	—	化学性污染物浓度	5
				放射性污染物浓度	5
				生物性污染物浓度	5
		自然通风与空调系统	—	换气次数	5
				通风开口面积与房间地板面积比例	5
				外窗可开启面积比例	5
				地下车库 CO 浓度监测	5

室外环境评分　　表 3-12

一级指标	二级指标	得分	三级指标	得分	四级指标	得分
室外环境	声环境	—	噪声等效　声级	0		—
		—	夜间突发　噪声级	5		—
	光环境	—	夜间人行道路照明	—	夜间路面平均照度标准值	5
					夜间路面最小照度标准值	5
					夜间最小垂直照度标准值	5
			日照标准	5		—
	热环境	—	热岛强度	0		—

续表

一级指标	二级指标	得分	三级指标	得分	四级指标	得分
室外环境	风环境	—	风速及风速放大系数	5		—
			风压差	5		—
			场地内涡旋或无风区	5		—
	大气质量	0		—		—
	生态环境	—	绿地布置	5		—
			住区绿地率	5		—
			住区人均公共绿地面积	5		—
			绿化方式	5		—
			树木一次成活率	5		—
			绿化灌溉	1		—
			景观效果	5		—
	道路交通	—	场地与公共交通设施的便捷联系	5		—
			场地内人行通道无障碍设置	5		—
			停车场设置	—	自行车停车位设置及措施	5
					机动车停车位设置	5

材料与资源评分 **表 3-13**

一级指标	二级指标	三级指标	得分
材料与资源	土地资源	场地选址	5
		人均居住用地指标	5
		地下建筑面积与地上建筑面积比率	4
		硬质铺装地面中透水铺装面积比例	5
	水资源	平均日用水量	5
		非传统水源利用率	1
		给水系统用水点供水压力	5
	材料资源	建筑形体规则性	5
		地基基础、结构体系、结构构件的优化设计	0
		土建与装修一体化户数占总户数比例	5
		本地建筑材料重量占建筑材料总重量比例	2
		可再利用材料和可再循环材料用量比例	4
		以废弃物为原料生产的建筑材料用量比例	1

能源评分　表 3-14

一级指标	二级指标	三级指标	得分	四级指标	得分
能源	围护结构节能	建筑朝向	5		—
		体形系数	5		—
		窗墙面积比	5		—
		围护结构的热工参数	—	屋面传热系数	5
				外墙传热系数	5
				外窗传热系数	1
				建筑外围护结构热桥部位内表面温度	5
				外窗及敞开阳台门的气密性	5
				外围护结构隔热性能	5
		外窗遮阳面积	0		—
	暖通空调系统节能	室外管网水力平衡度	5		—
		系统补水率	5		—
		室外管网热输送效率	5		—
		室外管网供水温降	0		—
		供暖锅炉运行效率	5		—
		供暖系统实际耗电输热比	0		—
		供暖耗热量	5		—
		空调机组运行能效	5		—
		空调系统能效	0		—
		单位面积年空调耗能量	0		—
	照明与电气系统节能	光源能效值	5		—
		照明系统的分区、定时、感应措施	5		—
		照明功率密度值	1		—
		电梯节能控制措施	5		—
	能源综合利用	余热废热的利用	0		—
		可再生能源利用	0		—

污染评分　表 3-15

一级指标	二级指标	三级指标	得分	四级指标	得分
污染	室外夜景照明光污染	夜景照明设施在建筑窗户外表面产生的垂直面照度	5		—
		夜景照明灯具朝居室方向的发光强度	5		—
		夜景照明灯具的眩光限制值	5		—
		灯具的上射光通比	5		—
		夜景照明在建筑立面和标识面产生的平均亮度	5		—

续表

一级指标	二级指标	三级指标	得分	四级指标	得分
污染	气、水污染	生活饮用水水质	5		—
		非传统水源水质	5		—
		天然水体与人造景观水体水质	5		—
		废气、污水等污染物达标排放	5		—
	废弃物污染	垃圾收集站(点)及垃圾间处理	—	垃圾站(间)定期冲洗	5
				垃圾及时清运、处置	5
		垃圾分类收集和处理	—	垃圾分类收集率	5
				可回收垃圾的回收比例	5
				对可生物降解垃圾进行单独收集和合理处置	5
				对有害垃圾进行单独收集和合理处置	5

注：本次调研共发放150份调查问卷，回收127份，有效问卷127份，问卷结果按照多数人的主观感觉及满意度定论。

健康与舒适性评分 **表3-16**

一级指标	二级指标	三级指标	得分
健康与舒适性	室内环境	主观室内噪声感	3
		主观振动感	3
		主观感觉隔声效果	3
		主观室内自然采光效果满意度	3
		主观室内窗的不舒适眩光感	3
		主观室内人工照明效果满意度	3
		主观室内灯具的不舒适眩光感	3
		主观感觉室内空气温度舒适性	3
		主观感觉室内相对湿度舒适性	3
		主观吹风感	3
		主观感觉室内空气质量	3
		主观私密性满意度	3
		主观楼内卫生满意度	5
		主观电梯运行与维护满意度	5
	室外环境	主观室外噪声感	3
		主观室外夜间照明效果满意度	5
		主观感觉室外风环境	3
		主观感觉室外大气质量	1
		主观感觉居住区周围是否有臭味	5
		主观感觉楼体颜色与周围环境是否协调	5
		主观感觉居住区停车位是否合理方便	5

续表

一级指标	二级指标	三级指标	得分
健康与舒适性	室外环境	主观感觉居住区周边公共交通是否便利	5
		主观感觉居住区周围市场、商圈是否便利	5
		主观住区绿化、景观满意度	5
		主观住区环境卫生满意度	5
		主观住区公共设施、设备管理与维修满意度	5
		主观住区公共秩序满意度	5
		主观住区安防服务满意度	5
		主观住区客服服务满意度	5

管理与服务评分 **表 3-17**

一级指标	二级指标	三级指标	得分	四级指标	得分
管理与服务	基本服务	水、电、燃气分类分户计量	5		—
		节能、节水、节材、绿化管理制度	3		—
		垃圾管理制度	5		—
		节能、节水设施	5		—
		设备自动监控系统	5		—
	管理与制度	物业管理部门认证	3		—
		节能、节水、节材、绿化的操作规程、应急预案实施	3		—
		能源资源管理激励机制	3		—
		绿色教育宣传机制	3		—
		公共设施设备检查与调试	3		—
		智能化系统运行效果	—	安全防范系统	5
				管理与监控系统	5
				信息网络系统	5
		信息化物业管理	5		—
		病虫害防治技术采用	3		—

经济性分析得分需依照既有的建筑经济性分析方法对该参评建筑进行经济计算及分析，综合评定结果为 3.5 分。

2. 确定综合评估结果

按照公式，对 149 项可参评指标的得分进行加权计算，最终得到：室内环境得分为 3.85，室外环境得分为 3.97，材料与资源得分为 3.76，能源得分为 2.78，污染得分为 5.00，健康与舒适性得分为 3.85，管理与服务得分为 4.11，经济性分析得分为 3.50，该参评建筑环境性能 POE-SGREP=3.70，得到评价等级为 B^{+}。

以三维图表示上述计算结果，并分别从主视图及后视图进行对比，如图 3-24～图 3-26 所示。

由图 3-27、图 3-28 可以直接看到：污染项得分为满分，能源项得分最少需要加强这两项所涉及的具体内容；室内环境项、材料与资源项、健康与舒适性项、管理与服务项及经济性分析项得分虽然不低，但还有提升的空间，若要改善健康与舒适性项的得分，则需要加强上述指标综合得分，尤其是室内环境及室外环境两项，经济性分析项的得分根据以上指标的改进相应改变。

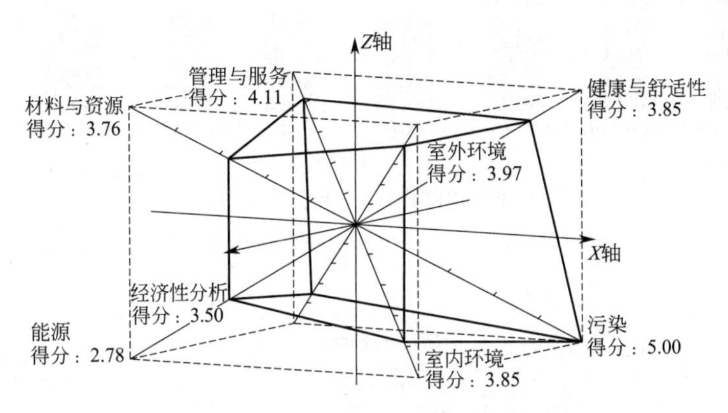

图 3-24　一级指标结果三维图

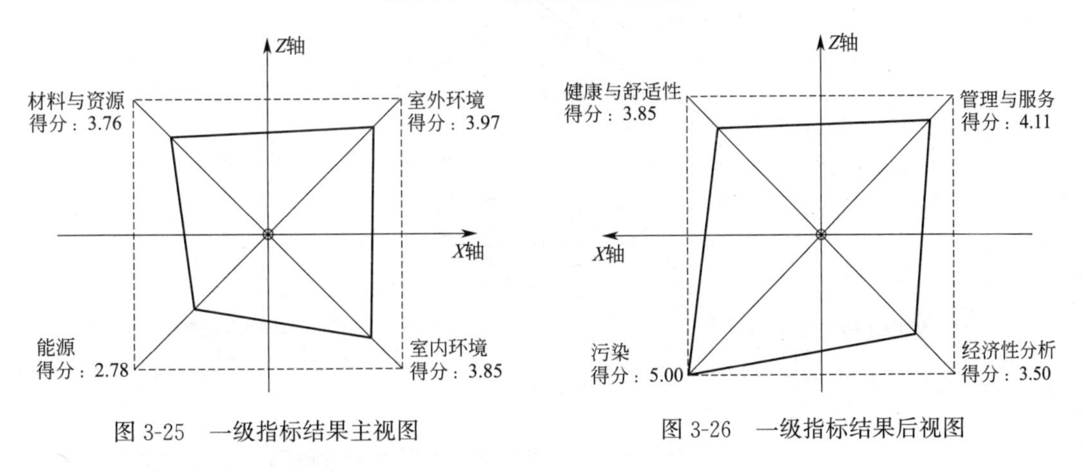

图 3-25　一级指标结果主视图

图 3-26　一级指标结果后视图

3. 利用评估工具试评案例

将 149 项可参评指标的结果录入评价工具，得到结果得分表、结果柱状图及结果八角图等，如图 3-27～图 3-31 所示。

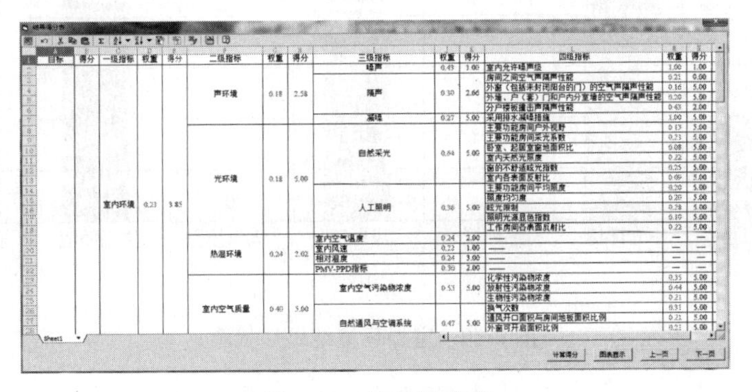

目标	得分	一级指标	权重	得分	二级指标	权重	得分	三级指标	权重	得分	四级指标	权重	得分
		室内环境	0.23	3.85	声环境	0.18	2.58	噪声	0.43	1.00	室内允许噪声级	1.00	1.00
								隔声	0.30	2.66	房间之间空气声隔声性能	0.21	0.00
											外窗（包括未封闭阳台的门）的空气声隔声性能	0.16	5.00
											外墙、户（套）门和户内分室墙的空气声隔声性能	0.20	5.00
											分户楼板撞击声隔声性能	0.43	2.00
								减噪	0.27	5.00	采用排水减噪措施	1.00	5.00
					光环境	0.18	5.00	自然采光	0.64	5.00	主要功能房间户外视野	0.13	5.00
											主要功能房间采光系数	0.23	5.00
											卧室、起居室窗地面积比	0.08	5.00
											室内天然光照度	0.22	5.00
											窗的不舒适眩光指数	0.25	5.00
											室内各表面反射比	0.09	5.00
								人工照明	0.36	5.00	主要功能房间平均照度	0.20	5.00
											照度均匀度	0.20	5.00
											眩光限制	0.28	5.00
											照明光源显色指数	0.10	5.00
											工作房间各表面反射比	0.22	5.00
					热湿环境	0.24	2.02	室内空气温度	0.24	2.00	——	—	—
								室内风速	0.23	1.00	——	—	—
								相对湿度	0.24	3.00	——	—	—
								PMV-PPD指标	0.30	2.00	——	—	—
					室内空气质量	0.40	5.00	室内空气污染物浓度	0.53	5.00	化学性污染物浓度	0.35	5.00
											放射性污染物浓度	0.44	5.00
											生物性污染物浓度	0.21	5.00
								自然通风与空调系统	0.47	5.00	换气次数	0.31	5.00
											通风开口面积与房间地板面积比例	0.21	5.00
											外窗可开启面积比例	0.21	5.00

图 3-27　结果得分表

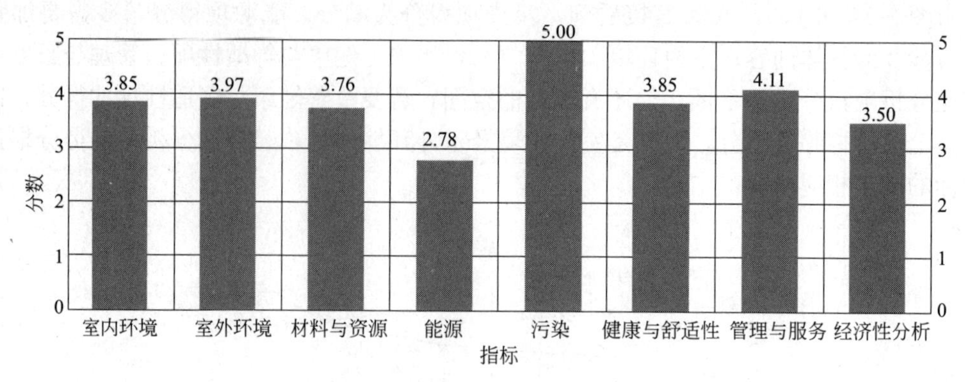

POE-SGREP：3.70 评分等级：B+

图 3-28 一级指标结果柱状图

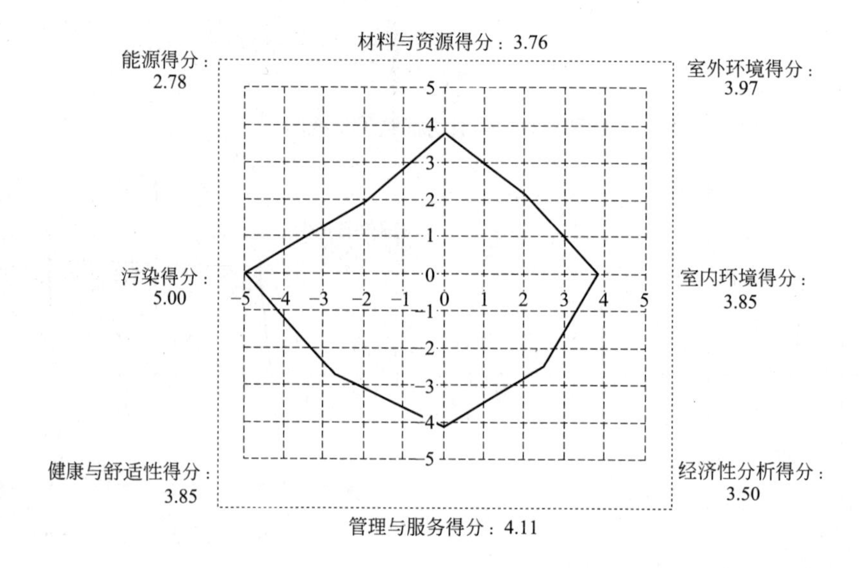

图 3-29 一级指标结果八角图

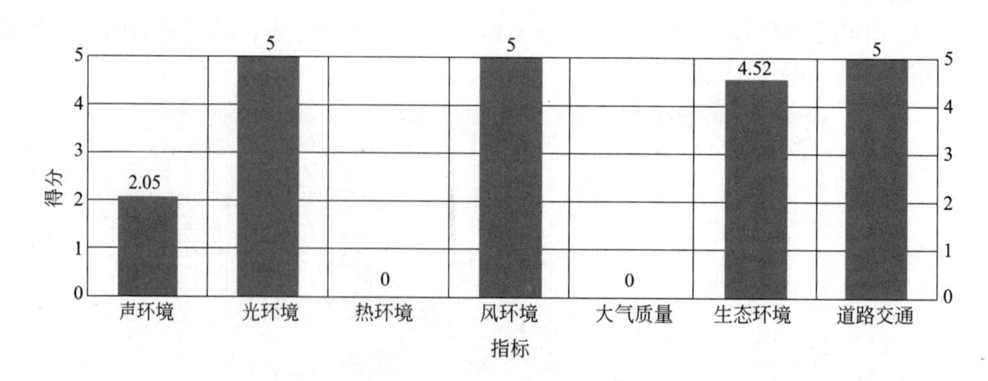

图 3-30 室外环境结果柱状图

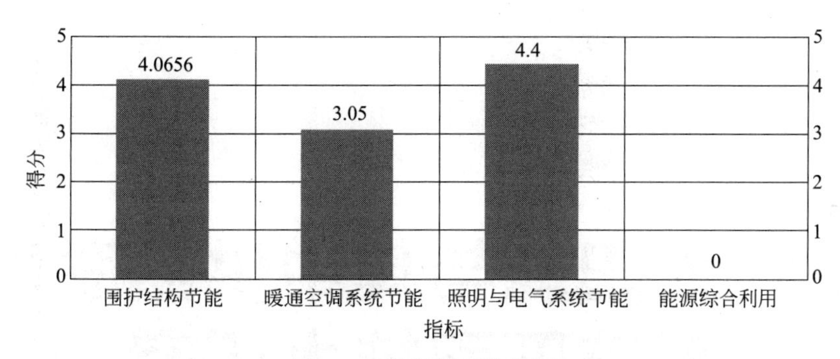

图 3-31　能源结果柱状图

太阳能与集中供热联供系统匹配技术研究

4.1 联合供暖系统模型及设备匹配

4.1.1 建立联合供暖系统的物理模型

联合供暖系统模型的具体连接形式如图 4-1 所示。

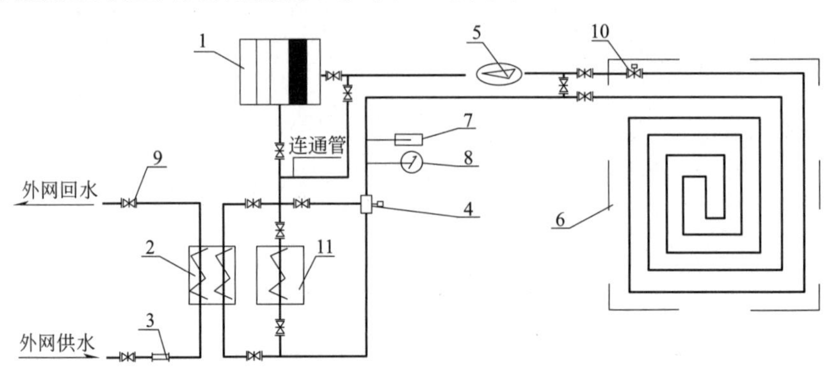

图 4-1 系统原理图

1—集热器；2—换热器；3—热量表；4—恒温混水阀；5—循环泵；6—盘管；7—温度计；8—压力表；9—阀门；10—地暖回水温控阀；11—蓄热水箱

联合供暖通过具体的管件与设备组合构建供暖系统，每个管件用途如下：集热器用来吸收太阳能热量；换热器用来进行外网与室内系统换热；热量表用来计量外网输出热量的多少；恒温混水阀用来控制室内供水温度；循环泵驱动水循环；盘管用来散发热量，当集热器发生故障时，连通管可以使水不经过集热器直接与外网进行换热，对热用户进行供暖；地暖回水温控阀能够使回水温度恒定，利于系统运行。

4.1.2 联合供暖系统设备的匹配

1. 系统负荷的计算及太阳能集热器面积的选择

（1）系统负荷的计算

当缺乏建筑物设计热负荷或集中供热设计的可行性研究时，在初步设计阶段，热负荷可按下列方法计算。

本书供热末端采用地热盘管，其建筑物热负荷为：

$$Q_H = qA \times 10^{-3} \tag{4-1}$$

式中　Q_H——供暖设计热负荷（kW）；

q——供暖热指标（W/m^2），见表 4-1；

A——供暖建筑物的建筑面积（m^2）。

供暖热指标推荐值（W/m^2）　　**表 4-1**

建筑物类型	住宅	居住区综合	学校办公	医院	旅馆	商店	食堂	展览馆	体育馆
未节能	58～64	60～67	60～80	60～70	65～70	65～80	115～140	95～115	115～165
节能	40～45	45～55	50～70	55～75	50～60	55～70	100～130	80～105	100～150

（2）太阳能集热器选型

太阳能集热器可按表 4-2 选型。

太阳能集热器选型　　**表 4-2**

相关要素		太阳能集热器类型			
		平板集热器	全玻璃真空管	热管真空管	U 形管真空管
建筑气候分区	严寒地区	○	—	●	●
	寒冷地区	○	●	●	●
	夏热冬冷	○	●	●	●
	温和地区	●	●	●	●
承压能力	开式系统	●	●	●	●
	闭式系统	●	—	●	●
换热方式	直接系统	●	●	●	●
	间接系统	●	—	●	●
系统可靠性		高	低	高	中
系统投资		低	中	高	高

注：表中“●”表示宜选用；“○”表示可选用；“—”表示不宜选用。

按以上程序得出的选择只是一个大概范围，会有几种选择。但是，工程技术人员所关心的是如何就具体地区一项工程选择一种适合的集热器。为了便于正确地选择适宜全国各地区的太阳能集热器，应对目前流行的各种类型太阳能集热器的效率进行对比，选出适宜全国各地区的太阳能集热器。

（3）太阳能集热器的需求面积和安装面积

太阳能热水系统主要提供供暖用热水和洗浴用热水两部分，其中供暖用热水可采用直接式热水系统，而洗浴用热水由于对水质有要求，因此采用间接式热水系统。

直接式热水系统的太阳能集热器的面积 A_x 为：

$$A_x = \frac{86400 Q_H}{J_T \eta (1-\eta_L)} \tag{4-2}$$

式中　A_x——直接式热水系统的太阳能集热器的面积（m^2）；

Q_H——日平均供暖负荷（W）；

J_T——当地供暖期在太阳能集热器安装倾斜面上的平均日太阳能辐射量（J/m^2）；

η——系统使用期的平均即热效率；

η_L——管道及蓄热水箱热损失率，一般取值 0.2～0.3。

在实际的工程中，考虑到建筑物类型、使用要求、安装条件和系统经济性，太阳能集热器不能百分之百地承担供暖和洗浴的热负荷。因此就应该确定和需求面积相对应的实际安装面积。太阳能集热器的实际安装面积就是对于不同的建筑物，太阳能集热器实际能够安装的最大面积。在实际工程中，由于受到建筑物的设计功能、美观等的限制，太阳能集热器不一定能够按照最佳的安装位置安装，这时的太阳能集热器实际安装面积并不能应用在通用的太阳能集热器运算公式中，要把太阳能集热器的实际安装面积乘以一个系数才能运用到公式中，把太阳能集热器的实际安装面积乘以系数后的面积称为太阳能集热器的标准安装面积。

太阳能集热器标准安装面积 A，由式(4-3) 计算：

$$A=R_S A_S \tag{4-3}$$

式中 A——太阳能集热器标准安装面积（m^2）；

R_S——太阳能集热器安装方位角和倾角所对应的面积比，查《民用建筑太阳能热水系统工程技术手册》(郑瑞澄，2011）附录 2；

A_S——太阳能集热器实际安装面积（m^2）。

A_S 由式(4-4) 计算：

$$A_S=\frac{S}{\sin\gamma} \tag{4-4}$$

式中 S——能够安装太阳能集热器的墙的面积（m^2）。

S 可由式(4-5) 计算：

$$S=(H-H_1)\times B-A_C \tag{4-5}$$

式中 H——建筑层高（m）；

B——建筑宽度（m）；

A_C——窗面积（m^2）；

H_1——窗户以上墙的高度（m）。

2. 热网加热器的匹配

（1）匹配原则

热网加热器的容量和台数应根据供暖的热负荷选择，一般不设备用，但当一台停止运行时，其余设备要满足 65%～75%热负荷需要；所匹配的加热器，应能满足管网系统的工作压力及温度的要求，以保证系统安全运行；为了减少用地，热网加热器应选用立式，但应考虑安装、检修的起吊问题。

（2）热网加热器的面积

热网加热器选择计算的主要任务是确定传热系数，并计算传热面积；热网加热器的所需传热面积可按式(4-6) 计算：

$$A=-Q/3.6\eta\beta K\Delta T \tag{4-6}$$

式中 A——热网加热器所需传热面积（m^2）；

Q——热网加热器的热负荷（kJ/h）；

η——热网加热器效率，取 η=0.96～0.99；

β——热网加热器内壁污垢修正系数；

K——热网加热器的传热系数，厂家提供或参考设计手册计算；

ΔT——加热介质和被加热介质的对数平均温差（℃）。

3. 系统循环泵、补水泵的匹配

（1）系统循环泵的选择

热网循环泵按供热系统的调节方式选择。

1）供热系统采用中央质调节

热网循环泵总流量按向热用户提供的热水总流量的 110%选取，数量不少于 2 台。

热网循环泵扬程按式(4-7) 计算，即：

$$H=1.2(H_1+H_2+H_3+H_4+H_5) \tag{4-7}$$

式中 H——热网循环水泵扬程（mH_2O）；

H_1——热水通过换热器的流动阻力（mH_2O）；

H_2，H_3——热水通过供回水管的流动阻力（mH_2O）；

H_4——热水在热用户的压力损失（mH_2O）；

H_5——热源系统内部其他损失（过滤器、阀门，mH_2O）。

2）热网循环泵流量按式(4-8) 计算，即：

$$G=0.86Q/(T_g-T_h) \tag{4-8}$$

式中 G——热网循环水泵流量（kg/h）；

Q——总热负荷（W）；

T_g、T_h——管网的供、回水温度（℃）。

（2）系统补水泵的选择

1）流量的匹配：闭式管网补水装置的流量，不小于系统循环流量的 2%，事故补水不小于循环流量的 4%。

2）扬程的匹配：补水装置的压力不小于补水点管道压力加 30～50kPa，当补水装置同时用于维持管网静态压力时，其压力应满足静态压力的要求。

3）台数的匹配：闭式管网补水泵不应少于 2 台，可不设备用泵。

4）电源的匹配：补水泵电源宜来自 2 个不同的供电电源，如有可能，补水泵采用双电源供电。

4. 太阳能集热面积与蓄热水箱容积的匹配

（1）建立计算蓄热水箱的物理及数学模型

1）建立物理模型

系统原理如图 4-2 所示。

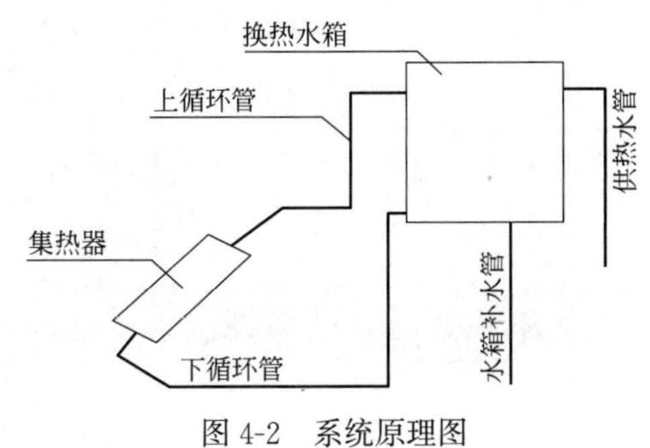

图 4-2 系统原理图

2）建立数学模型

供暖用户供、回水温度分别定为 60℃ 和 50℃，为方便供暖系统的运行调节，水箱的供水、补水温度分别定为 50℃和 10℃，水箱的热负荷是稳定的，水箱的容积即是系统单位时间内的失水量所占的容积；太阳能的日辐射照度比较稳定，各项能源消耗比较理想。

第一步建立求解蓄热水箱容积的数学模型。

第二步是建立求解太阳能集热面积的数学模型。

建立求解蓄热水箱容积的数学模型：

$$V=0.86\times0.02\times S\times Q\times H/\rho\Delta T \tag{4-9}$$

式中 V——水箱的容积（m^3）；

S——建筑物的面积（m^2）；

Q——当地的热指标（W/m^2）；

H——系统补水时间（1h）；

ΔT——供暖供、回水温差（10℃）；

ρ——水的密度（$1000kg/m^3$）。

建立求解太阳能集热面积的数学模型：

$$A=86400\times Q\times f/J_T\eta_{cd}(1-\eta_L) \tag{4-10}$$

式中 A——集热器的面积（m^2）；

Q——水箱的热负荷（W）；

f——太阳能保证率，0.3～0.8；

J_T——集热器表面接收的日均辐射量（W/m^2）；

η_{cd}——集热器表面的热效率，取 0.25～0.5；

η_L——管路及水箱的热损失率，无量纲，0.15～0.25。

（2）VB 软件计算水箱体积与匹配的集热器面积

本书模拟的条件：以沈阳地区，供暖期间的 11 月～次年 3 月的各月任意一天的太阳辐射强度为计算参数；太阳能保证率 0.3；集热器热效率 0.4；热损失率 0.15；房间的建筑面积是 $100m^2$；热指标是 $50W/m^2$；热用户的供、回水温度分别为 60℃、50℃；水箱供、补水温度分别是 50℃、10℃。

1）进入 VB 程序界面，如图 4-3 所示，计算水箱的容积为 $0.0086m^3$，水箱的热负荷为 400W。

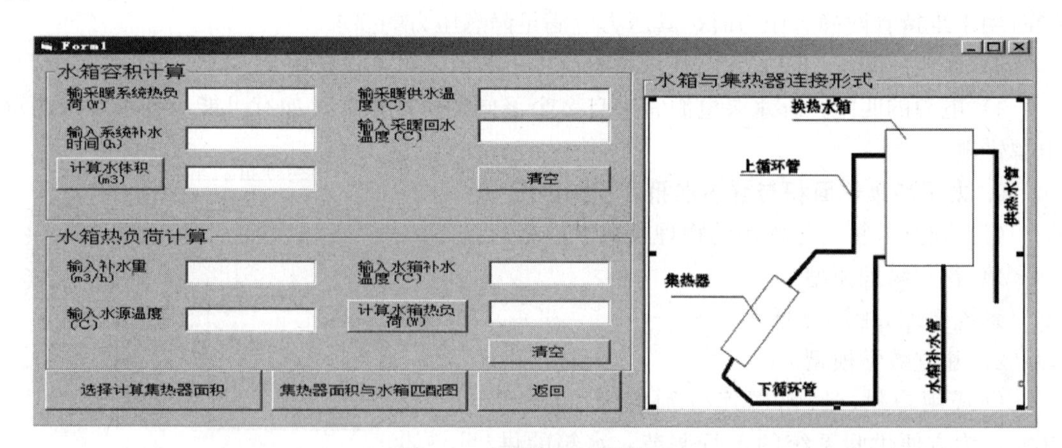

图 4-3 水箱体积计算界面

2）进入 VB 程序界面，如图 4-4 所示，计算 11 月、12 月、1 月、2 月、3 月与水箱匹配的集热面积分别为 $2.58m^2$、$2.84m^2$、$2.59m^2$、$2.29m^2$、$2.27m^2$。

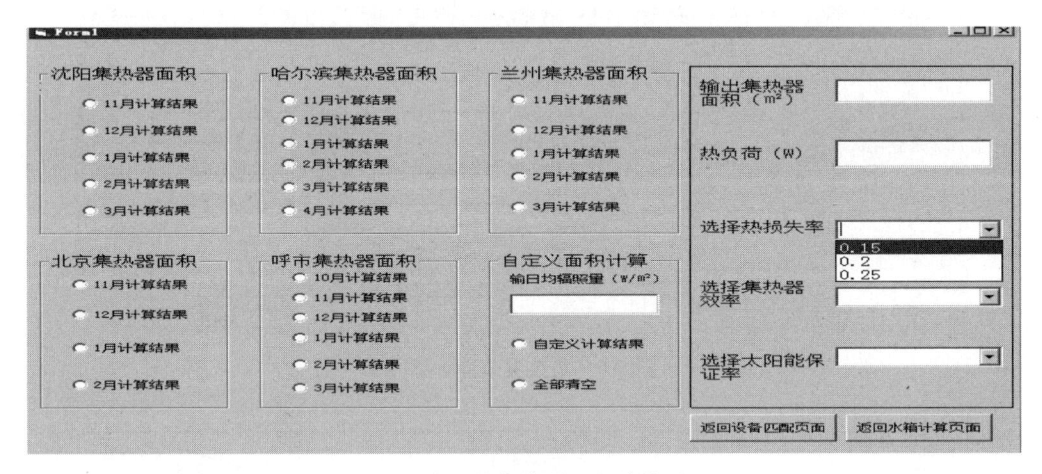

图 4-4　太阳能集热器面积计算界面

（3）建立集热器面积与水箱容积配比的函数图形

根据水箱容积和匹配的集热器面积以 VB 软件建立图 4-5 的匹配曲线图。

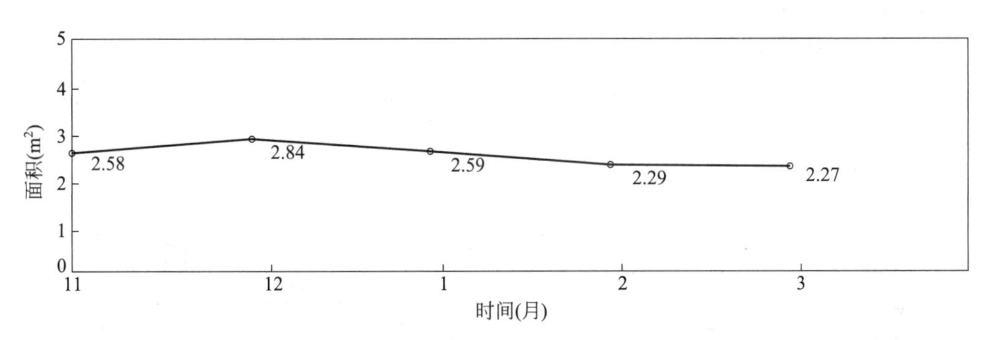

图 4-5　水箱容积为 0.0086m^3 条件下不同月份的集热器面积曲线

由图 4-5 观察到，在蓄热水箱由数学模型计算为 0.0086m^3 条件下，不同的太阳辐照条件下，11 月、12 月、1 月、2 月、3 月所需的集热面积分别为 2.58m^2、2.84m^2、2.59m^2、2.29m^2、2.27m^2，面积大小各不相同，其中 12 月所需集热面积最大，3 月所需集热面积最小。在实际工程中，如果要求安装所占空间最小以及有美观要求，则 3 月对应的配比方案最佳；如果初投资成本有严格的控制并且想吸收更多的太阳能热量，则可以根据以上 5 个月对应的集热面积计算对应的不同成本，尽可能选择成本最接近的集热面积；如空间条件允许，投资成本不做严格要求，且尽可能吸收热量，则可以选择 12 月对应的集热面积；当选用不同的集热面积时，由于不同时刻太阳的照度不同，导致水箱的供水温度不恒定是可以的，因水箱的供水量远比系统的循环水量小，对系统运行影响不大。

（4）建立太阳能集热器使用寿命年限内，逐年累加吸收的热量曲线图

1）通过如图 4-6 所示的 VB 程序界面，计算 2.58m^2、2.84m^2、2.59m^2、2.29m^2、2.27m^2 的集热器面积在一个供暖期积累吸收的热量。

2）太阳能集热器设计使用年限为 15 年，据此建立不同的集热器的面积在使用年限内，逐年累加吸收的热量曲线图，如图 4-7～图 4-11 所示。

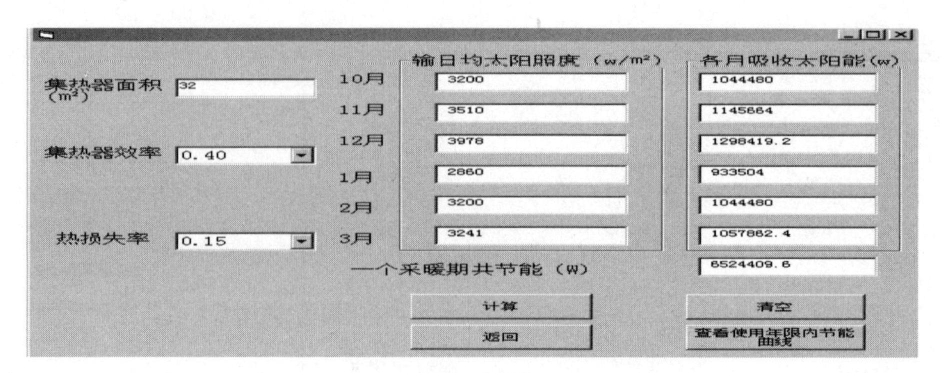

图 4-6 集热器节能计算图

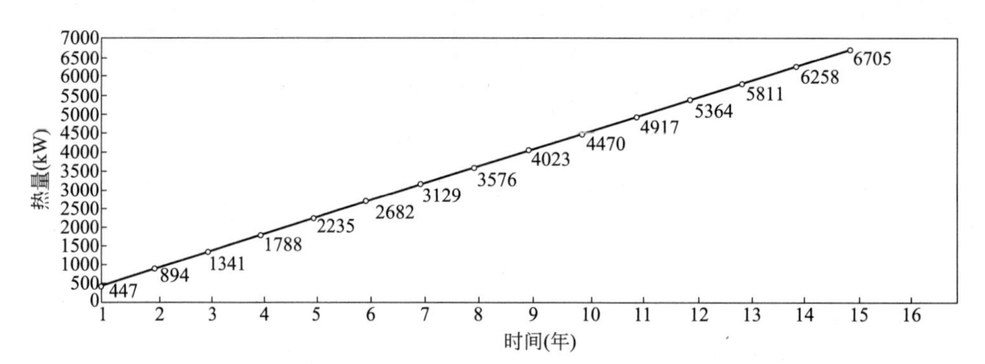

图 4-7 2.58m² 集热器逐年累加吸热量的曲线

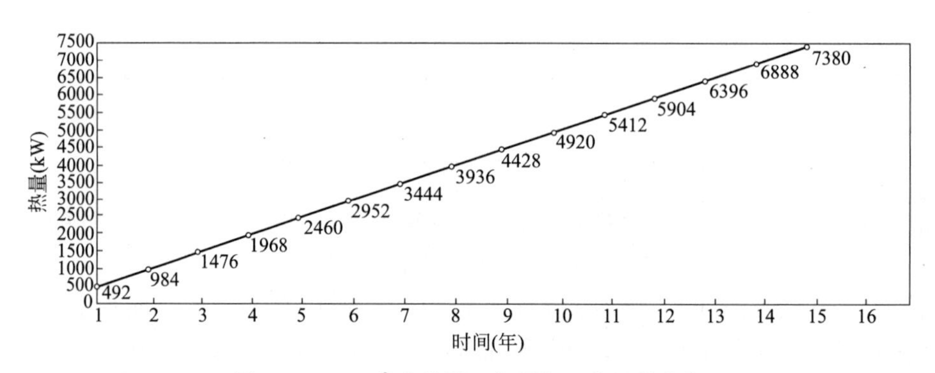

图 4-8 2.84m² 集热器逐年累加吸热量的曲线

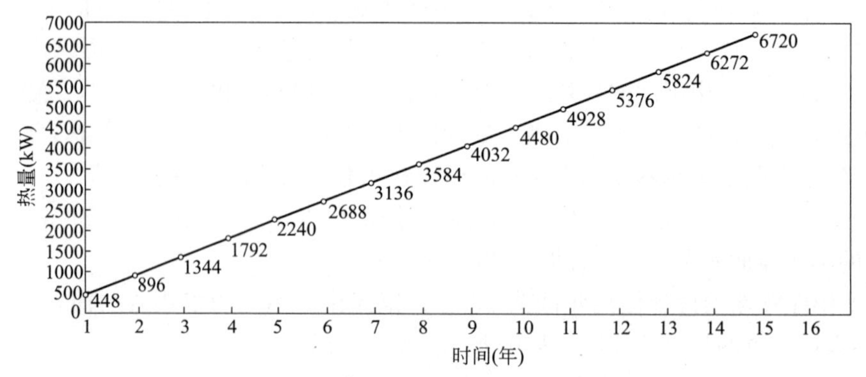

图 4-9 2.59m² 集热器逐年累加吸热量的曲线

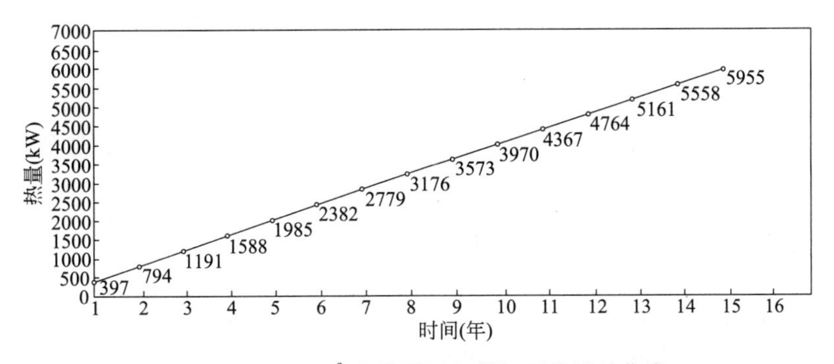

图 4-10 2.29m² 集热器逐年累加吸热量的曲线

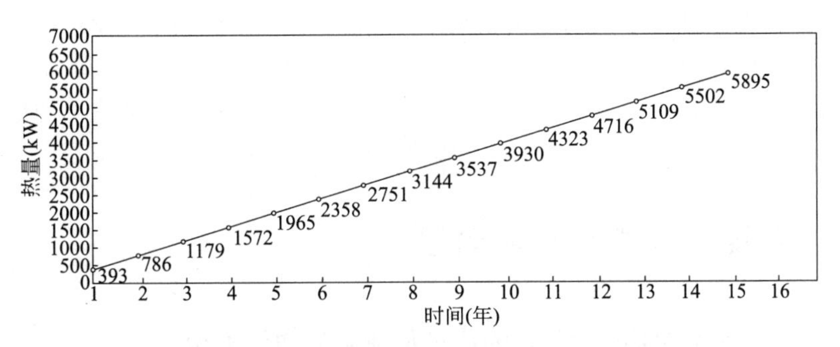

图 4-11 2.27m² 集热器逐年累加吸热量的曲线

由以上 5 个图形我们观察到，在蓄热水箱容积一定的条件下，蓄热器累加吸热量逐年增大且不同面积的集热器第一年吸收的热量差别并不大，随着使用年限的递增差距逐渐增大，在第 15 年即达到使用年限后，集热器逐年累加吸收的热量差距达到最大值。如 2.58m²、2.84m²、2.59m²、2.29m²、2.27m² 的集热器第一年吸收的热量分别为 447kW、492kW、448kW、397kW、393kW，最大值与最小值差 99kW；第 7 年累加吸收的热量分别为 3129kW、3444kW、3136kW、2779kW、2751kW，最大值与最小值的差为 693kW；达到使用年限后累加吸收的热量分别为 6705kW、7380kW、6720kW、5955kW、5895kW，最大值与最小值差 1485kW。虽然面积最大的集热器到使用年限后累加吸收的热量最大，面积小的集热器累加吸收的热量较小，但选择集热器时，不能单纯选择面积大的集热器，面积增大初投资相应会提高，所以选择集热器的面积时，要从初投资以及达到使用年限后累加节能的效益综合考虑，取效益最大值作为最后选择的参考依据。从收回成本年限最短的角度选择集热器，需要将逐年累加节省的能量与对应月份的集热面积所投的成本对比分析，从而进行最优选择。如单从节能减排的角度选择集热器，则可以选择 12 月对应的集热面积，以此满足工程的要求。

(5) 集热器面积与蓄热水箱节能效益的分析

水箱只在冬季供暖期进行系统补水时使用，其余时间不用，在容积为 0.0086m³ 条件下，从集热器的初投资及达到使用年限后累加节省的总能量进行效益最大化分析：只考虑集热器本身的投资不考虑相应的管件费用、运行费用（自然循环），目前从沈阳地区市场调研分析看，屋面大面积集热器包工、包料安装费用约为 900 元/m²，则 2.58m²、

$2.84m^2$、$2.59m^2$、$2.29m^2$、$2.27m^2$ 的集热器相应的初投资成本：2.58×900=2322 元、2.84×900=2556 元、2.59×900=2331 元、2.29×900=2061 元、2.27×900=2043 元；相应的集热面积到使用年限后逐年累加节能的能量分别为 6705kW、7380kW、6720kW、5955kW、5895kW，如电费以 0.53 元/(kW·h) 计算，则节省的费用分别为 6705×0.53=3554 元、7380×0.53=3911 元、6720×0.53=3562 元、5955×0.53=3156 元、5895×0.53=3124 元；集热器成本与对应节省费用差值分别为 3554−2322=1232 元、3911−2556=1355 元、3562−2331=1231 元、3156−2061=1095 元、3124−2043=1081 元，则到使用年限 15 年后收益最大的是面积为 $2.84m^2$ 的集热器，节省费用为 1355 元，即 12 月计算的集热面积与水箱的容积配比经济效益为最佳。

以 12 月匹配的集热器面积寿命年限内节能总量为计算依据，相当于耗掉的褐煤总量（低位发热量为 12907kJ/kg）分别为 7380/(12.907×0.278×0.88)=2337kg=2.34t；以 240 元/t 计算（目前通辽的褐煤运到沈阳的价格），则节省的费用分别为 2.34×240=562 元，则节能的成本 562−2556=−1994 元，即不能产生经济效益。结论：使用太阳能集热器供暖相比电供暖成本低，相比煤供暖成本高，但能产生环境效益。

4.2 联合供暖系统能量匹配确定

4.2.1 建立联合供暖系统能量匹配的热量和流量的数学模型

以供、回水温度分别是 50℃和 40℃为标准来建立数学模型。假定太阳能的辐射照度是以小时为单位变化的，外网能够提供足够稳定的热量，房间的热负荷是稳定的。第一步是建立太阳能与外网联合运行的热量平衡数学模型；第二步是建立市政外网需要输出的流量的数学模型；第三步是建立太阳能与外网联合运行的热量平衡数学模型。

$$AJ_T\eta_{cd}(1-\eta_L)+Q_w=QS \tag{4-11}$$

建立市政外网需要运行的流量的数学模型：

$$|0.86\{QS-AJ_T\eta_{cd}(1-\eta_L)\}/10|=G \tag{4-12}$$

式中 Q——当地的热指标（W/m^2）；

S——房间的面积（m^2）；

A——集热器的面积（m^2）；

J_T——集热器表面接收的日均辐射量（W/m^2）；

η_{cd}——集热器表面的热效率，0.40；

η_L——管路及水箱的热损失率，无量纲，0.15；

Q_W——管网输出的热量（W/m^2）；

G——管网运行的流量（kg）。

4.2.2 计算热负荷、集热器面积和联合供暖时各个时刻能量匹配值

1. 计算热负荷

模拟条件：房屋的建筑面积是 $100m^2$；根据各个地区的设计院提供的经验值，北京和兰

州的热指标是 40W/m^2、沈阳和呼和浩特的热指标是 50W/m^2、哈尔滨的热指标是 60W/m^2，通过 VB 程序计算得北京和兰州的热负荷为 4000W、沈阳和呼和浩特的热负荷为 5000W，哈尔滨的热负荷是 6000W。VB 程序计算负荷界面如图 4-12 所示。

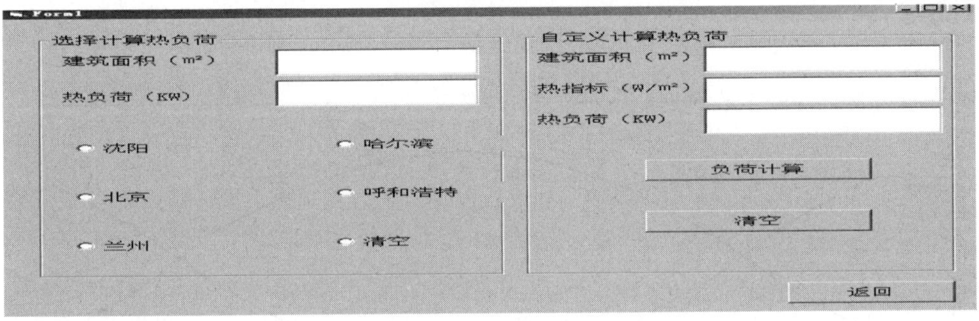

图 4-12　计算负荷界面

2. 计算集热器面积

根据图 4-12 计算得到的热负荷，并取太阳能保证率为 0.3、集热器效率为 0.4，管网损失率为 0.15，通过程序界面图 4-14 计算得到集热器的面积：北京 20.88m^2、兰州 32.35m^2、沈阳 32.35m^2、呼和浩特 25m^2、哈尔滨 41.18m^2。

3. 计算各个时刻太阳能的热量和外网的热量

根据图 4-4 计算得到的集热器面积和选择的相关参数条件及现行国家标准《民用建筑热工设计规范》GB 50176 提供的太阳能照度数值，以呼和浩特、沈阳、哈尔滨、兰州、北京供暖期间 1 月的任意一天的太阳辐射强度为标准，并认为 1 月每天太阳的照度都是一样的，依这些条件和上面建立的热量平衡公式，通过程序界面图 4-13 计算各个时刻太阳能、外网的热量和流量的数值。

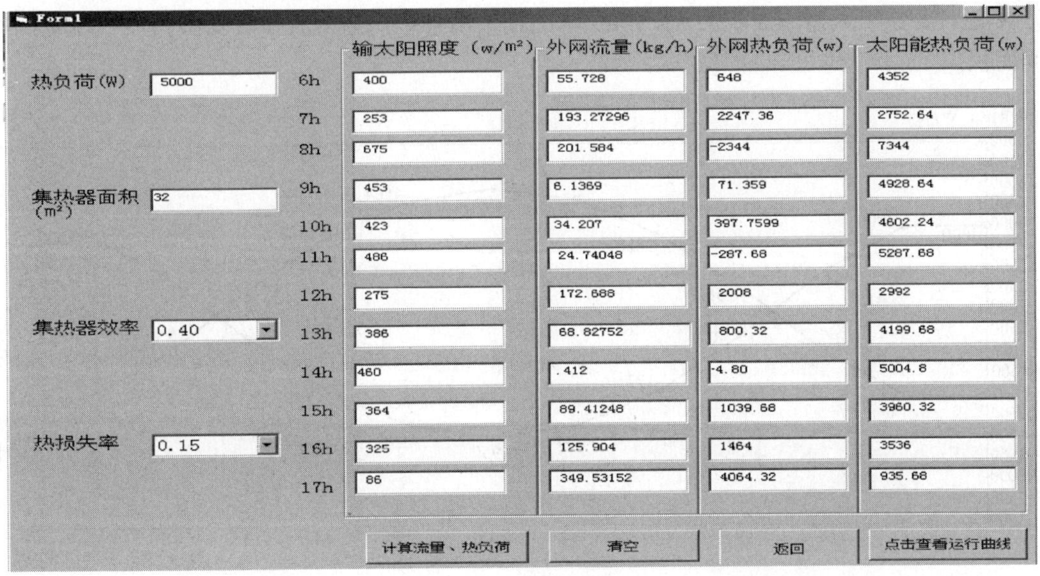

图 4-13　能量匹配界面

4.2.3 建立联合供暖系统运行的函数图形

根据程序图计算得到的各个时刻的能量匹配值建立运行曲线，该曲线分为两部分：一个是太阳能运行曲线；另一个是管网运行曲线。典型地区供热运行曲线如图 4-14～图 4-18 所示。

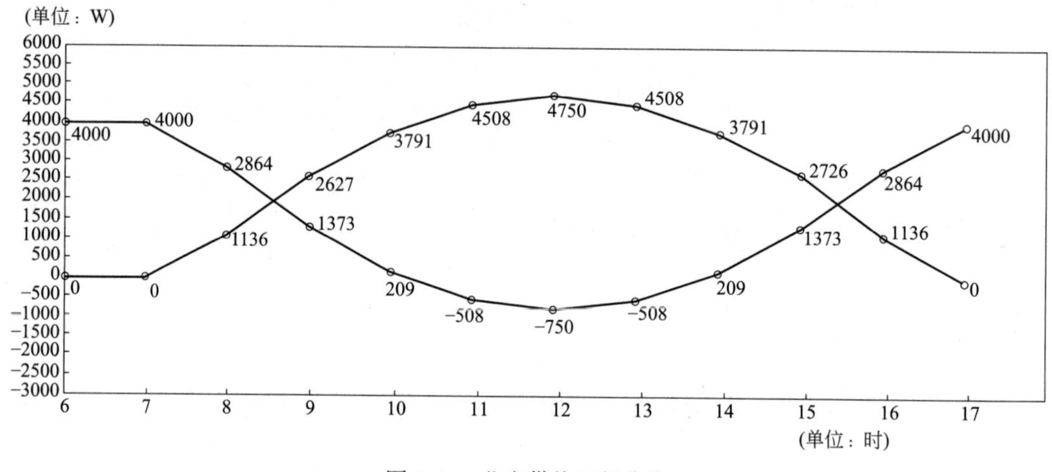

图 4-14　北京供热运行曲线

由图 4-14～图 4-18 观察到太阳能的辐射强度在一天之中波动很大。太阳能在一天中只能提供 9 个小时的光照时间，照射强度最大的时刻是 12 时，最小的时刻是 8 时和 16 时。以沈阳的典型房间为例，12 时太阳能供热量最多，达 6127W，8 时供热量最少，为 1265W。太阳能可以承担房间的少部分热负荷。正常情况下这套组合系统能够节省能量，减少煤的用量，相应地二氧化碳、二氧化硫及粉尘的排放都会减少，所以这套系统能够带来环境效益。但是从安装角度来看，不同地区典型房间的需要集热器的面积并不相同，经计算沈阳需要集热器的面积为 32.35m^2，比只采用集中供热系统供暖要多占用一定量的空间面积。

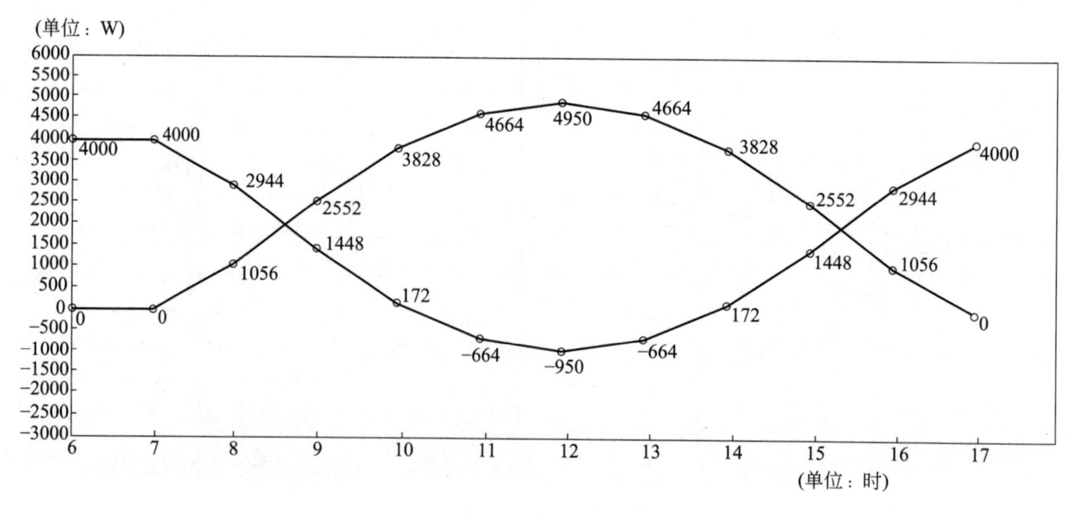

图 4-15　兰州供热运行曲线

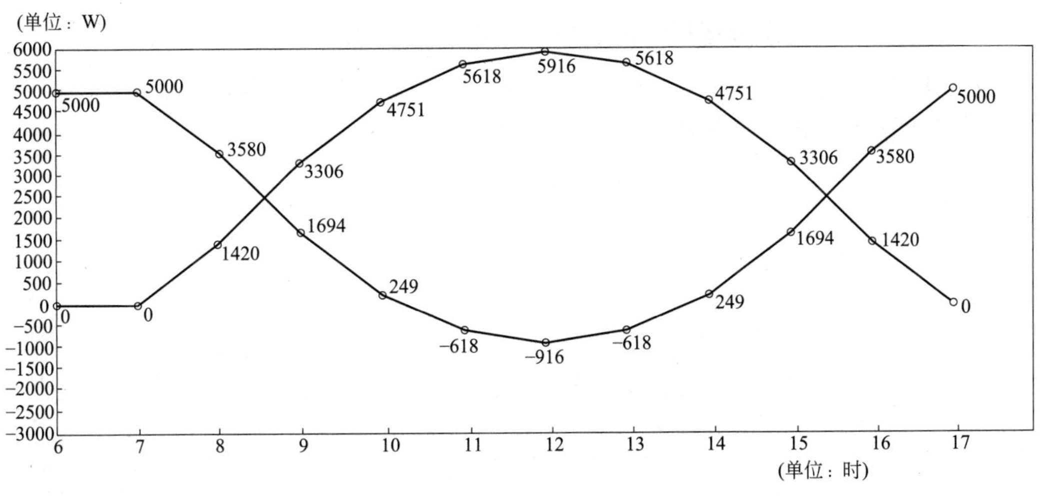

图 4-16 呼和浩特供热运行曲线

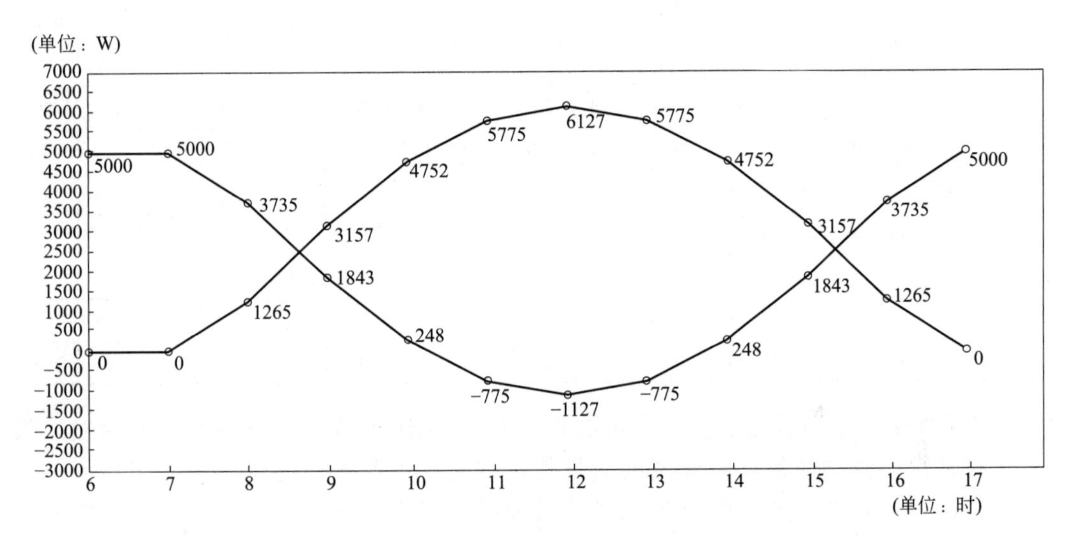

图 4-17 沈阳供热运行曲线

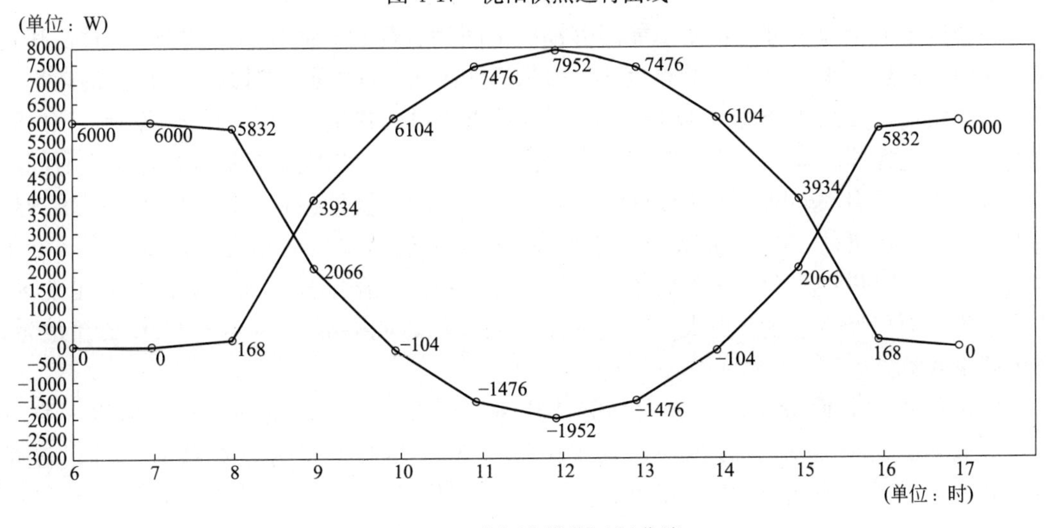

图 4-18 哈尔滨供热运行曲线

4.2.4 建立联合供暖系统运行工况表并确定外网运行起止时间

按上面的供热运行曲线以及提供的相关技术参数和建立的数学模型，来分别建立五个城市典型房间供暖期的1月供热运行工况表，见表4-3。

太阳能外网联合运行工况表 表4-3

运行数据名称 \ 时间		6时	7时	8时	9时	10时	11时	12时	13时	14时	15时	16时	17时	合计
哈尔滨	太阳能承担(W)	0	0	168	3934	6104	7476	7952	7476	6104	3934	168	0	43316
	外网承担(W)	6000	6000	5832	2066	−104	−1476	−1952	−1476	−104	2066	5832	6000	28684
	外网流量(kg)	516	516	502	178	9	127	168	127	9	178	502	516	3348
呼和浩特	太阳能承担(W)	0	0	1420	3306	4751	5618	5916	5618	4751	3306	1420	0	36106
	外网承担(W)	5000	5000	3580	1694	249	−618	−916	−618	249	1694	3580	5000	23894
	外网流量(kg)	430	430	308	145	21	53	78	53	21	145	308	430	2422
沈阳	太阳能承担(W)	0	0	1265	3157	4752	5775	6127	5775	4751	3157	1265	0	36024
	外网承担(W)	5000	5000	3735	1843	248	−775	−1127	−775	248	1843	3735	5000	23975
	外网流量(kg)	430	430	321	158	21	67	97	67	21	158	321	430	2521
兰州	太阳能承担(W)	0	0	1056	2552	3828	4664	4950	4664	3828	2552	1056	0	29150
	外网承担(W)	4000	4000	2944	1448	172	−664	−950	−664	172	1448	2944	4000	18850
	外网流量(kg)	344	344	253	125	15	57	82	57	15	125	253	344	2014
北京	太阳能承担(W)	0	0	1136	2627	3791	4508	4750	4508	3791	2627	1136	0	28874
	外网承担(W)	4000	4000	2864	1373	209	−508	−750	−508	209	1373	2864	4000	19126
	外网流量(kg)	344	344	246	118	18	44	64	44	18	118	246	334	1938

从表4-3中可知当管网的热量是正数时，表明太阳能供热量小于房间的热负荷，管网在运行并且正释放热量；当管网的热量是负数时，表明太阳能供热量大于房间的热负荷，管网运行且吸收多余的热量或者该时间段可以选择停运外网，用水箱吸收多余的供热量。

综合以上五个地区可知：太阳能能够提供房间热负荷的时间段在8时到16时，其余时间段由外网运行来承担房间的热负荷；哈尔滨地区从10时到14时太阳能提供的热量大于房间热负荷，其余四个地区11时到13时太阳能提供的热量大于房间的热负荷，该段时间外网可以选择停止运行，由太阳能独自提供房间热负荷；当太阳能提供热量小于房间热负荷时，则必须启动外网和太阳能联合运行；当太阳能热量足够时，太阳能每天提供的热量大约占房间热负荷30%；北京和呼和浩特地区，集热器单位面积内吸热量较多，哈尔滨和兰州地区吸热量较少，沈阳居于两个地区之间，从太阳能照度来看，阳光充足地区，集热器单位面积吸热量效益更大一些；使用太阳能供热能够减少SO_2与CO_2的排放量，产生环境效益。

从运行管理方便考虑，无论太阳能供热量大于或小于房间的热负荷，可以一直运行市政管网。如果需要生活热水，当太阳能供热量大于房间的热负荷时，可以停止运行外网，多余的热量通过水箱储存；当太阳能供热量小于房间的热负荷，外网必须运行。

从运行的能量匹配比例看，太阳能与外网联合运行方案的技术难度比较高，并且对自动控制系统的功能和员工技术水平的要求同样很高，因为系统中的流量只有在匹配合理的条件下，才能满足室内的舒适性和稳定性要求。

4.2.5 太阳能供暖系统与辅助加热系统的能源配比

1. 计算集热器月吸收热量

模拟条件：房屋的建筑面积是 100m²；根据图 4-4 界面计算得到集热器的面积，北京 20.88m²、兰州 32.35m²、沈阳 32.35m²、呼和浩特 25m²、哈尔滨 41.18m²；并取太阳能保证率为 0.3、集热器效率为 0.4，管网损失率为 0.15，通过图 4-20 界面计算得到 1 月各个地区集热器吸收的热量分别为北京 866kW、兰州 875kW、沈阳 1081kW、呼和浩特 1083kW、哈尔滨 1299kW。

根据调研，实际上大多数建筑只有阳台可供安装集热器，且以上几个典型城市纬度相差不大，在安装倾角为 45°，即倾角都是合理的范围值内，100m² 房屋基本上只能安装 20m²集热器，所以取 20m²集热器面积为算例，通过图 4-19 界面计算得到 1 月各个城市的集热器吸收的热量分别为：北京 830kW、兰州 541kW、沈阳 668kW、呼和浩特 867kW、哈尔滨 631kW。目前市面上户型多样，在此不一一介绍。

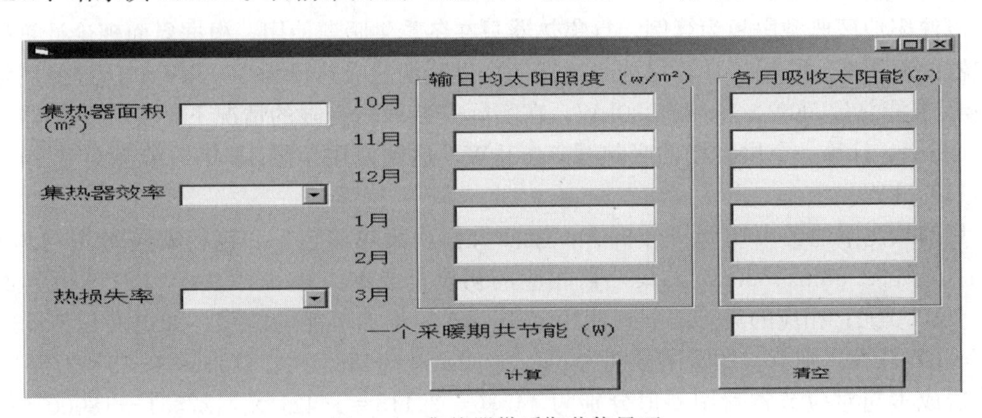

图 4-19 集热器供暖期节能界面

2. 计算最冷月热负荷和室外平均温度下的热负荷

最冷月热负荷计算：根据调研及气象资料，北方地区最冷月基本在 1 月，由 VB 程序界面图 4-12 计算得北京和兰州的热负荷为 4000W、沈阳和呼和浩特的热负荷为 5000W，哈尔滨的热负荷为 6000W。则以上城市最冷月整月分别需要热负荷：北京和兰州的热负荷 4000×24×30＝2880kW、沈阳和呼和浩特的热负荷 5000×24×30＝3600kW，哈尔滨的热负荷是 6000×24×30＝4320kW。

冬季室外平均温度下热负荷计算：

平均热负荷系数为：

$$K=QP/QW=(T_n-T_p)/(T_n-T_w) \tag{4-13}$$

式中 K——平均热负荷系数；

QP——供暖期平均热负荷（kW）；

QW——供暖期最大热负荷（kW）；

T_n——供暖期室内计算温度（℃）；

T_w——供暖期室外计算温度（℃）；

T_p——供暖期室外平均温度（℃）。

由公式及地区气象资料得各个地区的平均热负荷如下：

沈阳：$K=18-(-5.6)/18-(-19)=0.64$，平均热负荷 $Q=0.64\times3600=2304$kW；

兰州：$K=18-(-2.8)/18-(-11)=0.72$，平均热负荷 $Q=0.72\times2880=2074$kW；

北京：$K=18-(-1.6)/18-(-9)=0.73$，平均热负荷 $Q=0.73\times2880=2102$kW；

哈尔滨：$K=18-(-9.9)/18-(-26)=0.63$，平均热负荷 $Q=0.63\times4320=2722$kW；

呼和浩特：$K=18-(-6.2)/18-(-19)=0.65$，平均热负荷 $Q=0.65\times3600=2340$kW。

3. 集热器用在换热站作为辅助热源的经济效益分析

在东北地区的换热站安装集热器，并不影响泵的流量及扬程的性能，同样不影响换热器的面积大小；在夜间集热器不发生作用时，站内所有的设施都得按照没有集热器的条件进行设计选型，所以安装集热器并不影响系统正常的设计。基于以上两点，既不影响运行费用，又不影响换热站的设备选型，且北方冬天无论是否安装集热器，换热站都必须建设，那么分析效益时，实际上只需考虑集热器的初投资和到寿命年限后总节能量即可，后期维修费用暂不考虑。

以沈阳地区典型房间为算例，且集热器只在冬季供暖期使用，根据界面理论计算得到集热器的面积 32.35m^2，计算得到集热器一个供暖期的吸热量为 5602kW，达到使用年限 15 年后节能总量 5602×15=84030kW；在实际安装面积受限的情况下，安装集热器的面积为 20m^2，计算一个供暖期的吸热量 3463kW，达到使用年限 15 年后节能总量 3463×15=51945kW。

目前从沈阳地区市场调研分析看，屋面大面积集热器包工、包料安装费用约为 900 元/m^2，则 32.35m^2、20m^2 的集热器相应的初投资成本：32.35×900=29115 元、20×900=18000 元；相应的集热面积到使用年限后逐年累加节能的能量，如电费以 0.53 元/(kW·h) 计算，则节省的费用分别为 84030×0.53=44536 元、51945×0.53=27531 元；集热器成本与对应节省费用差值分别为 44536－29115=15421 元、27531－18000=9531 元；即安装集热器能够产生经济效益，32.35m^2 集热器产生的效益更大些。如以流化床锅炉（热效率为 0.88）为热源计算耗煤量，则集热器到寿命年限后，相当于耗掉的褐煤总量（低位发热量为 12907kJ/kg）分别为 84030/(12.907×0.278×0.88)=26612kg≈27t；51945/(12.907×0.278×0.88)=16451kg≈16t；以 240 元/t 计算（目前通辽的褐煤运到沈阳的价格），则节省的费用分别为 27×240=6480 元、16×240=3840 元；集热器成本与对应节省费用差值分别为 6480－29115=－22635 元、3840－18000=－14160 元；即安装集热器不能产生经济效益，20m^2 集热器成本损失小些，但是可以减少污染物的排量，产生环境效益。即使用太阳能集热器供暖相比电供暖成本低，相比煤供暖成本高。

4.3 太阳供暖系统经济性计算软件的开发

4.3.1 软件数据库的建立

（1）太阳能集热器的数据库

集热器数据库界面如图 4-20 所示。

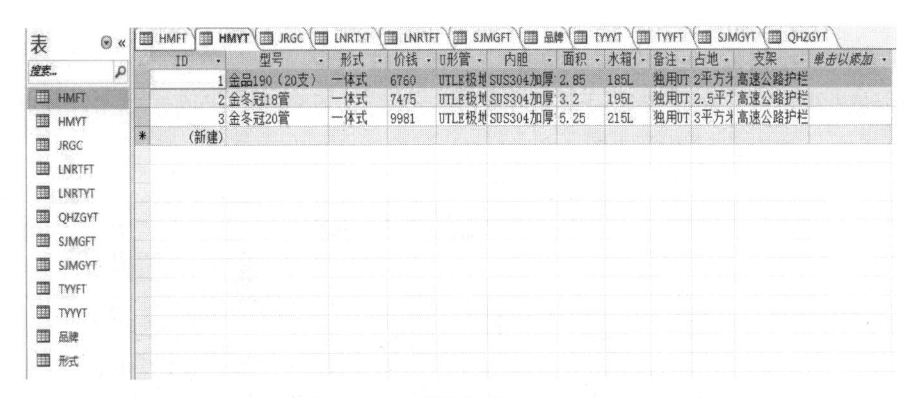

ID	型号	形式	价钱	U形管	内胆	面积	水箱	备注	占地	支架	单击以添加
1	金品190（20支）	一体式	6760	UTLE极地	SUS304加厚	2.85	185L	独用UT	2平方米	高速公路护栏	
2	金冬冠18管	一体式	7475	UTLE极地	SUS304加厚	3.2	195L	独用UT	2.5平方	高速公路护栏	
3	金冬冠20管	一体式	9981	UTLE极地	SUS304加厚	5.25	215L	独用UT	3平方米	高速公路护栏	
（新建）											

图 4-20 集热器数据库界面

（2）地暖管材的数据库

地暖管材数据库界面如图 4-21 所示。

ID	品牌	管材样式	单价(元/米)	规格	材质	使用寿命
1	金德	PE-RT	4.68	DN20*2.0	增强型聚乙烯	50年以上
2	伟星	PB-R地暖管	6.8	DN20*2.0	增强型聚乙烯	50年以上
3	伟星	阻极氧化地暖管	4.8	DN20*2.0	增强型聚乙烯	50年以上
4	金牛	RPAP5对接焊铝塑复合管	8.0	DN20*2.0	增强型聚乙烯	50年以上
5	联塑	PB（阻氧）	9.8	DN20*2.0	耐热增强型聚乙烯	50年以上
6	日丰	阻氧管	6.2	DN20*2.0	耐热增强型聚乙烯	50年以上
（新建）						

图 4-21 地暖管材数据库界面

（3）其他设备的数据库

软件所调用的数据库，除了太阳能集热器以及地暖管材的数据库之外，还包括循环水泵的数据库、集（分）水器的数据库、城市资料数据库等。

4.3.2 计算软件的介绍

利用 Visual Basic 语言进行软件的编辑，通过市场调查建立供暖系统各设备与部件的报价与参数数据库。图 4-22 为软件启动主界面。

图 4-22 软件启动主界面

整个计算软件主要分四大部分，分别为系统初投资、节能性计算、经济性计算以及配套选型。

（1）系统初投资

在系统选择界面点击系统初投资按钮就进入系统初投资选择界面，单击相应按钮进入对应计算界面，功能选择界面如图 4-23 所示。

图 4-23　功能选择界面

1）系统设备选型

在功能选择界面选择系统设备选型即进入系统设备选型界面，如图 4-24 所示。

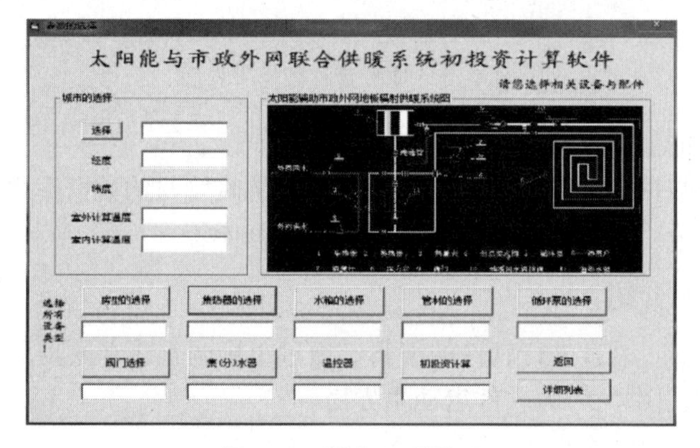

图 4-24　设备选型界面

软件预制四个典型城市，为银川、北京、沈阳、长春，分别对应我国太阳能分布的第一、第二、第三、第四区域，具有很好的代表性。点击选择按钮进入城市的选择，如图 4-25 所示。

选择城市之后即可以选择想要计算的房间，本软件预制典型房间三个，对应三种典型的房型与居住面积。房间选择界面如图 4-26 所示。

房间热负荷的计算软件提供两种计算方式供用户进行选择，可以根据面积热指标法进行房间热负荷的计算，只需点击热指标法计算即可进入相应计算界面，如图 4-27 所示，也可直接在房间选择界面用得失热量法计算房间热负荷。

对于集热器的选择，软件界面如图 4-28 所示。

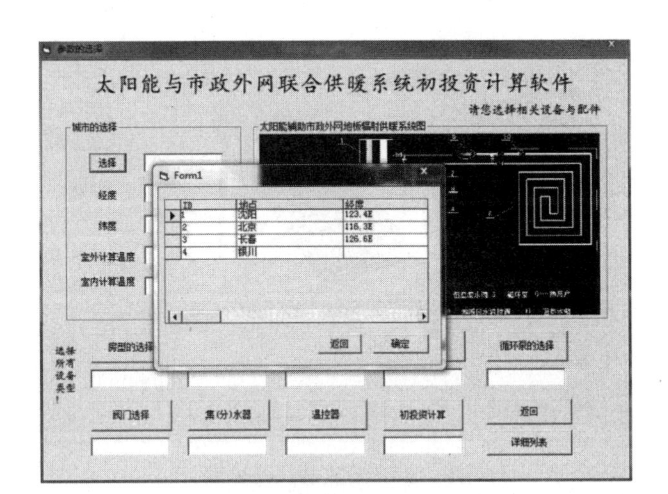

图 4-25　城市选择界面

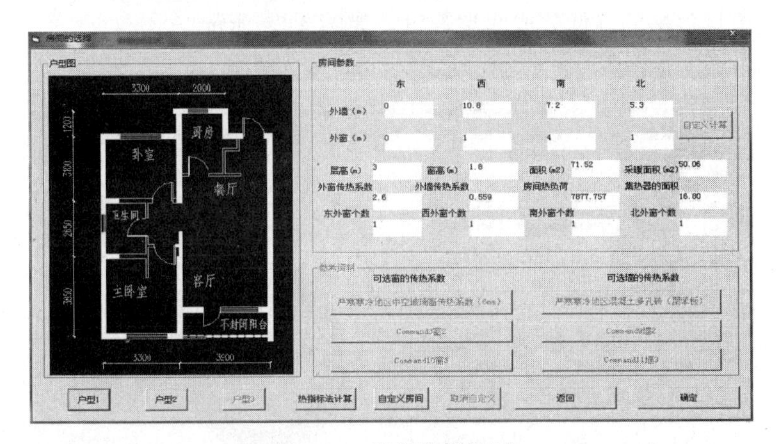

图 4-26　房间选择界面

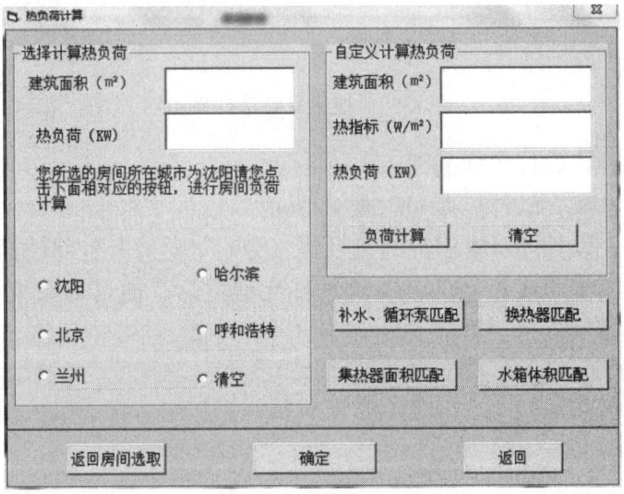

图 4-27　热负荷计算界面

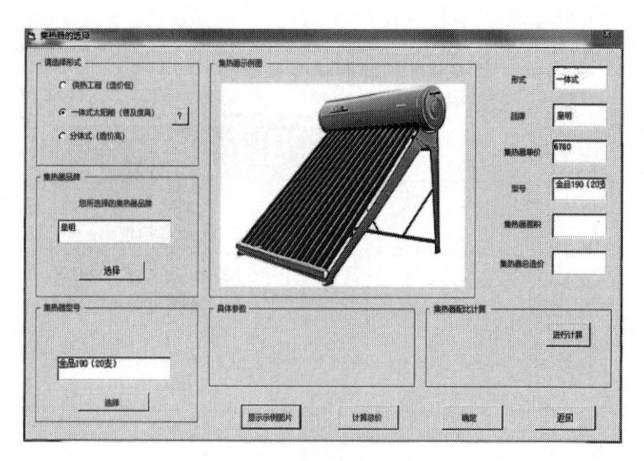

图 4-28　集热器选择界面

太阳能与地板辐射供暖系统中地板辐射系统的主要部件是地热盘管，对于管材的选择，软件根据市场价格的高低分成两类管材，如图 4-29 所示。

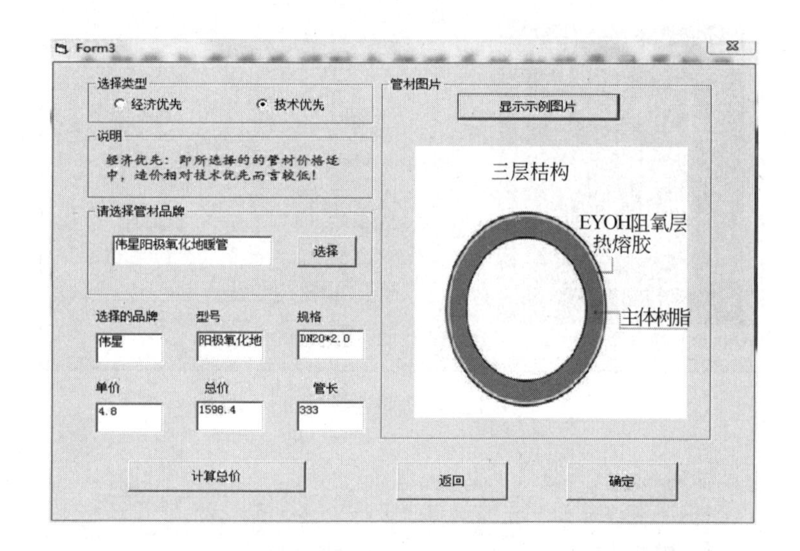

图 4-29　地热盘管选择界面

对于阀门的选择，软件界面如图 4-30 所示。

对于循环泵的选择，软件界面如图 4-31 所示。

除以上功能外，软件还针对温控阀以及集（分）水器等其他部件提供选择功能。

当用户将供暖系统中所涉及的设备均选择完成之后，便可对系统设备初投资进行计算，如图 4-32 所示。

2）安装费与其他费用

其他费用计算界面如图 4-33 所示。

（2）节能性计算

节能性计算界面如图 4-34 所示。

（3）经济性计算

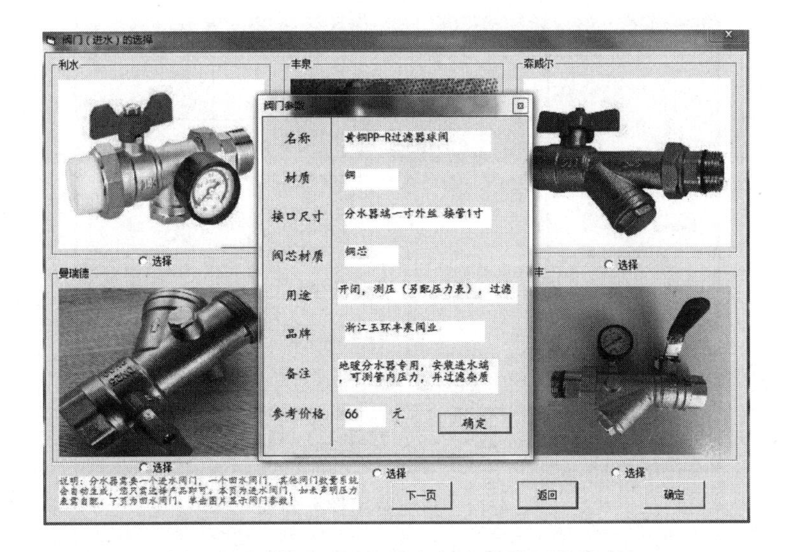

图 4-30 阀门选择界面

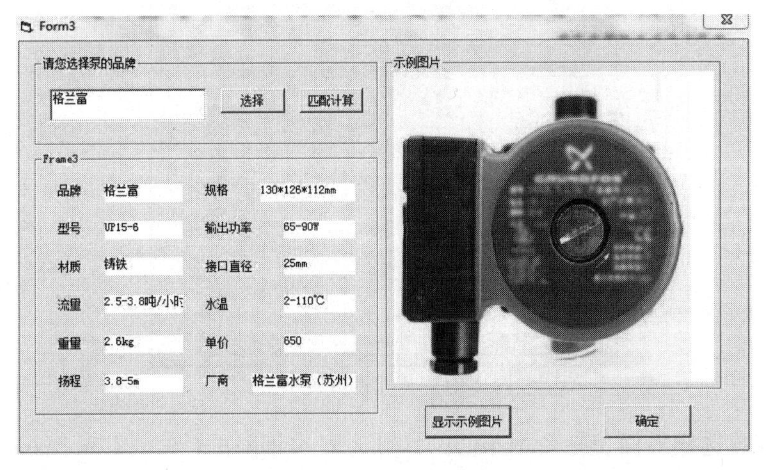

图 4-31 循环泵选择界面

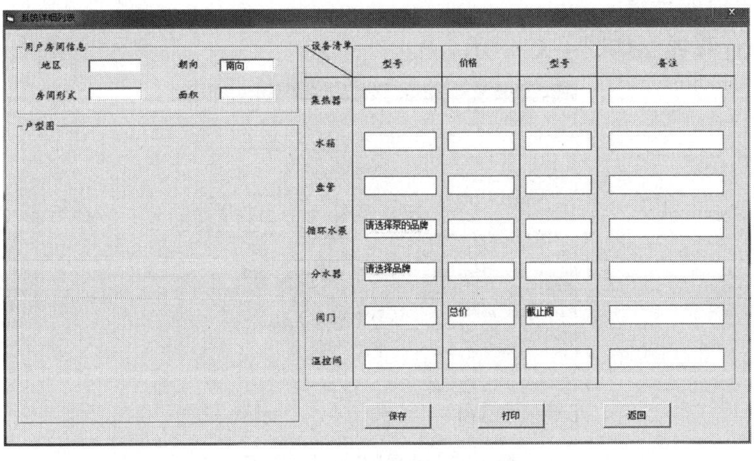

系统详细列表

用户房间信息

地区 朝向 南向

房间形式 面积

户型图

设备清单	型号	价格	型号	备注
集热器				
水箱				
盘管				
循环水泵	请选择泵的品牌			
分水器	请选择品牌			
阀门		总价	截止阀	
温控阀				

保存 打印 返回

图 4-32 系统设备列表界面

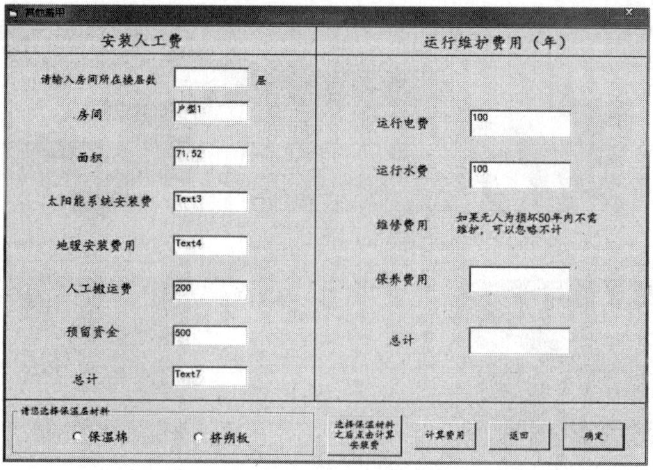

图 4-33　其他费用计算界面

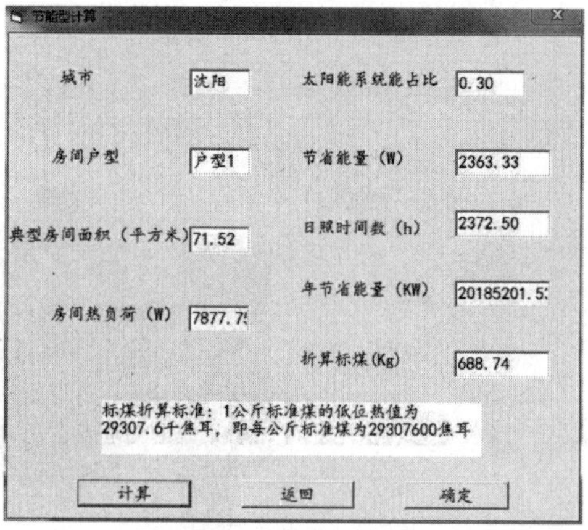

图 4-34　节能性计算界面

经济性参数选择界面包括费用年值的计算、回收年限的计算、Command3、返回四个选项。

1）费用年值的计算

费用年值计算界面如图 4-35 所示。

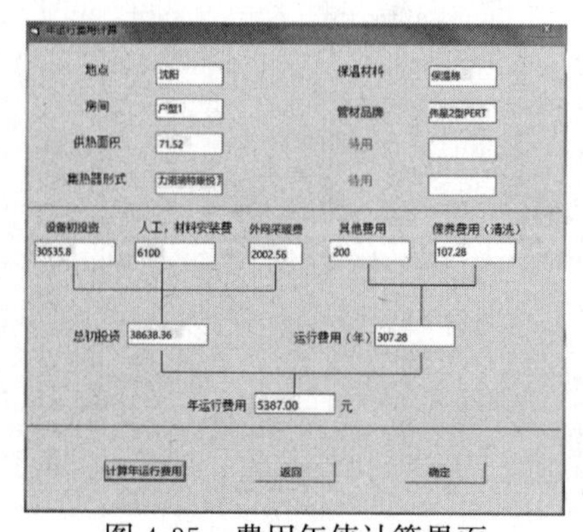

图 4-35　费用年值计算界面

2）系统回收年限计算

系统回收年限计算界面如图 4-36 所示。

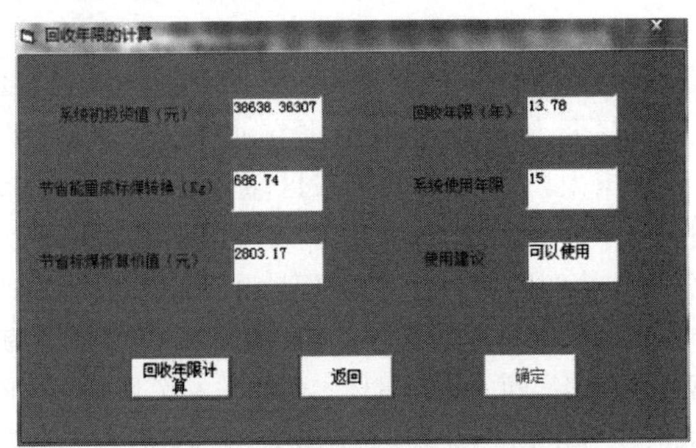

图 4-36　系统回收年限计算界面

（4）配套选型

系统配套选型部分，软件能够实现对不同配套的同一经济性参数的对比。软件界面如图 4-37 所示。当软件根据用户的需要，选择出相应的配套之后，点击相应的配套编号按钮，即可查看该套系统所有设备的详细列表。列表界面如图 4-38 所示。

请自行选择配套系统

配套1选择　配套2选择　配套3选择　配套4选择

配套1计算　配套2计算　配套3计算　配套4计算

配套选型对比与结论

编号	集热器品牌	系统设备初投资	安装费用	运行维护	总初投资	费用年值	回收年限	节能性	查看
1		Text6	Text10	Text14		Text22	Text26	Text30	配套1　配套2
2		Text7	Text11	Text15		Text23	Text27	Text31	
3		Text8	Text12	Text16		Text24	Text28	Text32	配套3　配套4
4		Text9	Text13	Text17		Text25	Text29	Text33	

表中回收年限单位为年，节能性以标煤为标准，单位为kg，其余各项单位均为元。

请选择匹配准则

经济性优先　费用年值优先　回收年限优先　人均收入匹配

Text1　打印　确定

图 4-37　系统配套选型界面

配套4　详细情况一览表

房间	面积	71.52	平方米	经济性参数				
	朝向	南向		集热器总造价	21910	元	回收周期	12.03 年
	品牌	型号	参考单价（元）	水箱总造价	Text2	元		
集热器	力诺瑞特	热力奔腾系列18管	3130	地热盘管总造价	1558.44	元		
水箱	Text1	Text4	Text2	分水器造价	270	元		
地热盘管	金德	PE-RT	4.68	阀门及其他总造价	1068	元		
循环泵	威乐	RS15-6	550	设备总造价	24536.44	元		
阀门（入）	丰泉	铜	66	安装以及人工费	7172.8	元		
阀门（出）	丰泉	铜	120	年运行维护费用	307.28	元		
恒温控制器	鑫源旋钮式	A801/16SD	62	费用年值	4739.00	元	用户须知：系统安装过程涉及的小部件如螺丝，地暖管材固定部件，水管弯头等可能需要一定资金，但所占比重不大，因此软件未涉及，用户应了解，并按安装人员所需进行购买。	
集/分水器	地暖分水器	纯铜镀镍	270	节省标煤量	688.74	kg		

保存　打印　返回　确定

图 4-38　配套详情一览界面

4.4 太阳能供暖系统经济性计算软件的应用

根据我国太阳能分布的特点，一般有银川、北京、沈阳、长春四个典型城市。银川位于我国太阳能分布的第一区域，其地域范围在北纬 37°29′～38°53′，东经 105°49′～106°53′之间；北京位于我国太阳能分布的第二区域，处于东经 115.7°～117.4°E，北纬 39.4°～41.6°N；沈阳位于我国太阳能分布的第三区域，地理位置为 41.8°N、123.4°E；长春位于我国太阳能分布的第四区域，地理位置为北纬 43°05′～45°15′N；东经 124°18′～127°05′E。四个城市分别代表四个典型区域。本节以沈阳市典型房间为实例进行说明，计算房间选择软件中提供的第一个典型房间，房间具体参数如图 4-26 所示。房间面积为 71.52m^2，房间所在楼层数为 4，房间所采用的窗户为中空玻璃窗，传热系数为 2.6W/(m^2·K)，外墙传热系数为 0.559W/(m^2·K)，供暖面积 50.06m^2。沈阳为冬季集中供暖，供暖价格定为 28 元/m^2。

4.4.1 沈阳市典型房间的计算

(1) 系统初投资的计算

在软件的选择界面选取指定城市，对系统所涉及的所有设备进行品牌与型号的选择，从而进行系统初投资的计算。

以沈阳市一典型房间为例，针对此典型房间（户型 1，面积为 71.52m^2），所需要的集热器面积为 16.8m^2，所需地热盘管约为 333m，笔者选择力诺瑞特康悦系列集热器，水箱为与太阳能结合的一体式水箱，管材选择金牛 3.15 元/m 的 PERT 地热管，循环泵选择格兰富厂家的 UP15-6 型号循环泵，阀门与分（集）水器以及温控阀均采用曼瑞德厂家的产品。经过软件的计算，该套设备所需的设备初投资值大约为 30232 元，如图 4-39 所示。

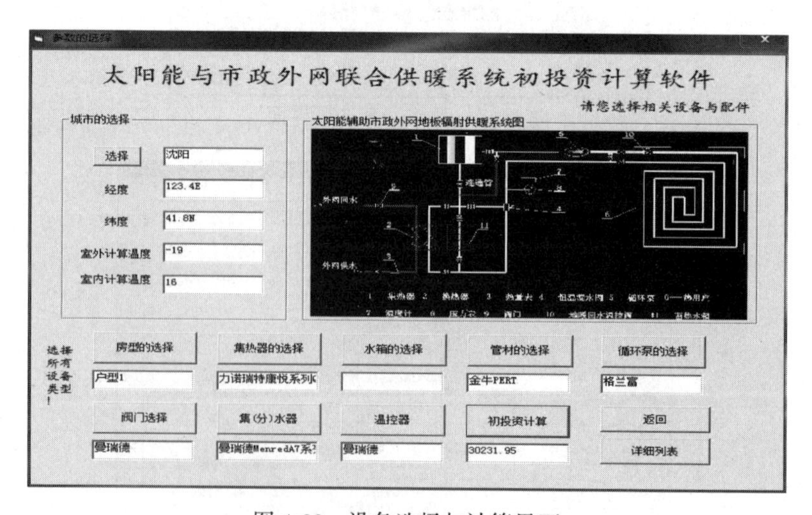

图 4-39 设备选择与计算界面

系统设备总造价中不同设备的造价是：力诺瑞特康悦系列 QBJ-180（20 只）的太阳能集热器单体造价为 4650 元，集热器总面积为 16.8m^2，总造价为 27360 元；管材选择以经济优先为标准，金牛 3.15 元/m 的 PE-RT 地热管，总管长为 333m，总造价为 1049 元；水泵型号为格兰富 IP15-6，单价为 650 元；曼瑞德三回路的集（分）水器造价为 690 元；曼瑞德温控阀为 188 元。详细列表如图 4-40 所示。

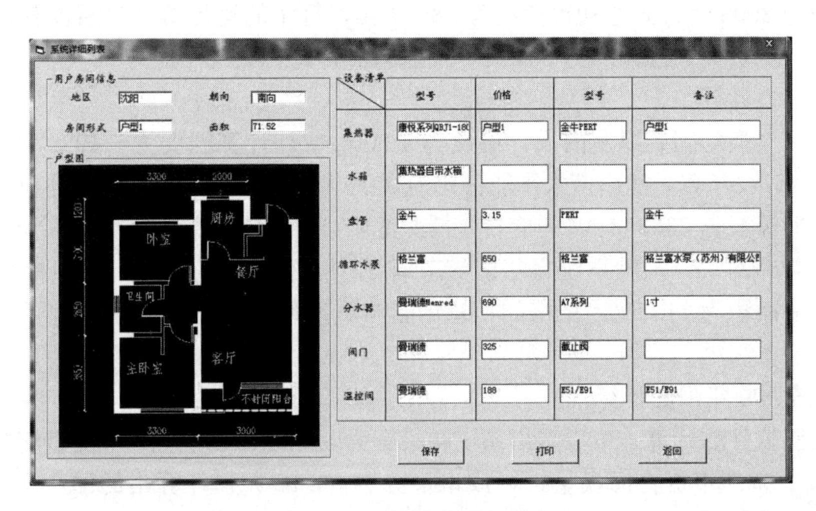

图 4-40　系统设备详细列表

（2）安装与运行维护费用的计算

若计算房间所在层数为 4 层，选择保温棉作为地暖的保温材料，软件自动预留 500 元额外资金，以备实际安装时所需。系统保养年限设置为 2 年，通过计算则每年的保养费用为 107.28 元，加上每年运行的必要的电费与系统补水的水费年运行维护费用约为 307.28 元。通过软件计算，太阳能系统的安装费为 1108.8 元，地暖安装费用为 4648.8 元，人工搬运费为 200 元，预算资金为 500 元，因此太阳能供暖系统的安装与人工费用总计为 6457.6 元。软件计算界面如图 4-41 所示。

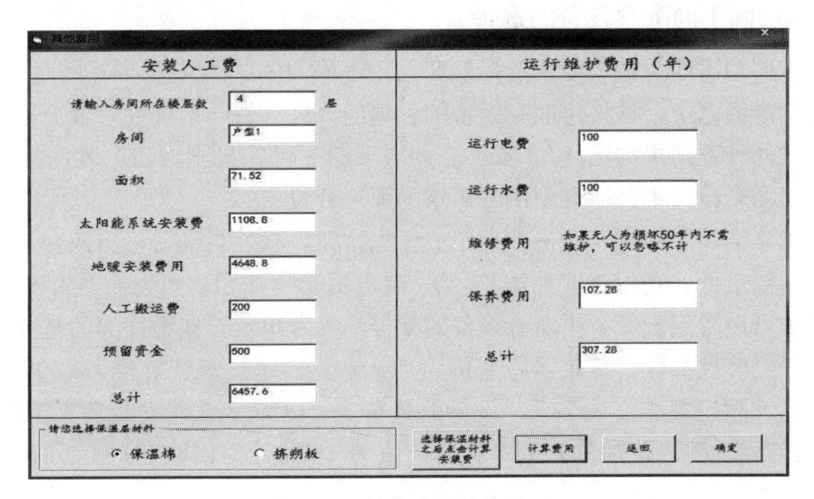

图 4-41　其他费用计算界面

（3）费用年值的计算

在计算类别选择界面选择费用年值按钮来计算所选择的系统的费用年值。沈阳市的一面积为 71.52m^2 的典型房间，采用太阳能与外网联合的地板辐射供暖系统，集热器为力诺瑞特康悦系列，地暖管材为金牛 PE-RT，系统总初投资为设备初投资与人工、材料安装费用以及外网供暖费用之和，设备初投资为 30232 元，人工安装费用为 6457.6 元，外网供暖费用为 2003 元，则总初投资约为 38693 元，每年的运行费用包括保养费用以及其他费用（水，电费等）总计约为 307 元，经过软件计算，费用年值为 5398 元。

（4）节能性计算

沈阳市该典型房间，以室内设计温度为 16℃，室外计算温度为－19℃，计算该房间的热负荷为 7877.75W，沈阳市太阳能占比为 30%，通过软件计算太阳能地板辐射供暖系统单位时间能够节省 2363.33W 的能量，按照沈阳市日照时间数为 2372.5h 计算，可以计算出太阳能与外网联合供暖系统每年能够节省 20185202kW 的能量，按照标煤的这算标准，沈阳市一面积为 71.52m^2 的房间，每年能够节省约 688.74kg 的标准煤，节能性非常可观。

（5）系统回收年限的计算

根据之前软件的计算，可以看出系统初投资为 38693 元，系统的节能量转换成标煤量为 688.74kg，按照市价将标煤量折算成市值为 2803.17 元，计算出的回收年限为 13.81 年，软件给出的使用建议为可以使用。

（6）系统的最高与最低造价

根据软件选择不同的设备，按照不同设备标价的不同，均选择市价最高与市价最低的设备组成两套不同的设备，当选择最高标价的设备时，系统设备的初投资为 45738.4 元，安装与人工费用为 6815.2 元，每年的运行维护费用为 307 元，总初投资为 54556 元，费用年值为 7480 元。回收年限超出了系统的寿命周期，不考虑使用。当选择最低标价的设备时，系统设备的初投资为 9655.3 元，总初投资为 17757.7 元，费用年值为 2642 元，系统的回收年限只有 6.33 年。

4.4.2 典型房间不同配套设备的选择

以沈阳市典型房间为例，随机选择四套采用不同设备的太阳能与外网联合供暖系统，输入配套选型界面之中，软件将四套设备的各项经济性参数与节能性参数分别列在了软件界面之中，软件计算结果如图 4-42 所示。点击下面的优先规则按钮，软件按照使用者的意愿自动选出四套设备中最适合使用者需求的那一套设备。

按照费用年值优先原则，点击费用年值优先按钮，软件自动分析出四套系统中第四套系统的费用年值最低，费用年值为 4570 元，点击配套 4 按钮，可以查看配套 4 的详细情况。从软件中可以看到配套 4 中所有设备的型号与参考单价，典型房间的基本信息，以及配套 4 的各项经济性参数：集热器总造价为 21910 元，地热盘管造价为 1598.4 元，分水器造价 360 元，阀门等造价 812 元，设备总造价为 24320.4 元，安装及人工费用为 6100 元，每年的运行维护费用为 307 元，费用年值为 4570 元，回收年限 11.57 年，节能量为 688.74kg。

若按照回收年限优先原则，可以直观地看出四套设备的回收年限分别为 18 年、16 年、13 年与 11 年，配套 4 的回收年限最小，配套 1 与配套 2 的回收年限已经超过了系统的使用寿命 15 年，因此可以不再考虑这套设备的使用，故按照回收年限优先的原则也应该选择配套 4。

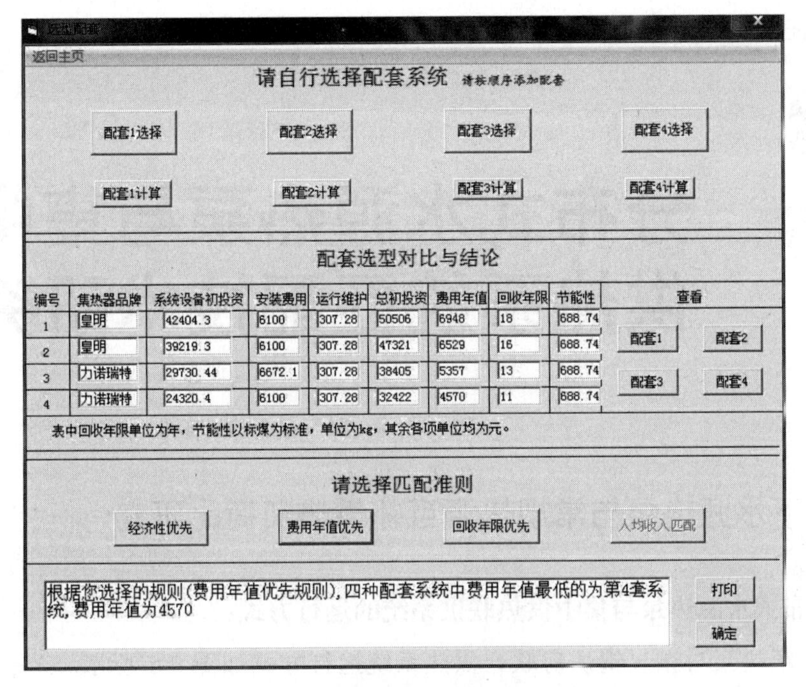

图 4-42　四套配套计算结果界面

5 分布式水源热泵与集中供热系统匹配技术研究

5.1 地下水源热泵与常规热源互补供热负荷比研究

5.1.1 分布式水源热泵与集中供热联供系统的运行方式

地下水源热泵与燃煤锅炉房联合供热系统运行方式如图 5-1 所示，当供暖初期和末期，室外温度不是很低时，采用基础热源单独供暖满足用户需求（阀门 1、2、5 开启，3、4 关闭）；当供暖中期室外温度较低，基础热源无法满足供热量需求时，开启辅助热源，二者同时运行（只闭合阀门 5），此时基础热源为满负荷运行。该联供方式可使机组的运行效率提高，同时，通过能耗和经济分析确定二者承担的负荷比例的最佳值，使系统以最优状态运行，最大限度地达到减少投资、降低能耗以及节省运行费用的目的。

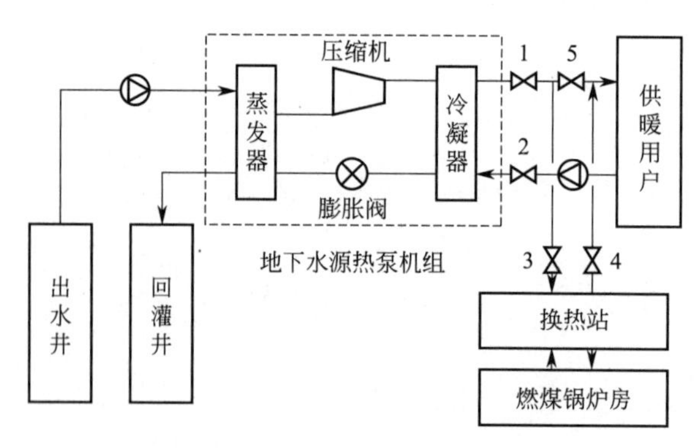

图 5-1 联合供热系统运行示意图

5.1.2 分布式水源热泵与集中供热互补的比例分配

1. 能耗计算

整个供暖期，计算基础热源和辅助热源不同分配比例下各自的供热量参考公式如下：

$$Q_{tx}=\frac{t_n-t_x}{t_n-t_w}Q_n \tag{5-1}$$

$$Q_{zh}=3.6\times\sum_{t_x=5}^{t_c}\frac{t_n-t_x}{t_n-t_w}\times Q_n\times\Delta h_{tx}+3.6\times\frac{t_n-t_c}{t_n-t_w}\times Q_n\times h_c \tag{5-2}$$

$$Q_f=3.6\times\sum_{t_x=t_c}^{-19}\frac{t_n-t_x}{t_n-t_w}\times Q_n\times\Delta h_{tx}-3.6\times\frac{t_n-t_c}{t_n-t_w}\times Q_n\times h_c \tag{5-3}$$

式中　Q_{tx}——t_x 时对应的热负荷（MW）；

t_n——室内设计温度，取18℃；

t_w——室外计算温度，取−19℃；

t_x——温度为 x 时的室外计算温度（℃）；

Δh_{tx}——x 温度对应出现的小时数；

Q_n——设计热负荷（MW）；

Q_{zh}——基础热源的年供热量（GJ）；

Q_f——辅助热源的年供热量（GJ）；

t_c——辅助热源开启时的温度（℃）；

h_c——辅助热源开启后延续工作的小时数（h）。

利用式(5-1)～式(5-3) 可计算得到基础热源和辅助热源在不同比例下的年供热量，并折算成消耗的标准煤量。以沈阳市供热面积为 30 万 m^2 的某住宅小区为例，计算结果见表 5-1。

不同分配比例的能耗计算结果　　　　**表 5-1**

分配比例（地下水源热泵+燃煤锅炉）	地下水源热泵			燃煤锅炉		总折算标煤量(t)
	热泵耗电折算标煤量(t)	附加耗电（$\times10^3$kW·h）	附加耗电折算标煤量(t)	附加耗电（$\times10^3$kW·h）	附加耗电折算标煤量(t)	
37.5%+62.5%	2299.4	845.4	344.9	747.7	305.1	7151.4
40.5%+59.5%	2610.0	959.6	391.5	641.5	250.7	6705.3
48.7%+51.3%	3003.5	1104.2	450.5	445.7	181.8	6140.4
54.0%+46.0%	3237.3	1190.2	485.6	345.4	140.9	5805.0
59.5%+40.5%	3442.2	1265.5	516.3	275.5	105.1	5510.8
64.8%+35.2%	3616.7	1329.7	542.5	182.7	74.5	5260.3
70.3%+29.7%	3758.0	1381.6	563.7	122.1	49.8	5057.5
75.7%+24.3%	3866.2	1421.4	580.0	75.6	30.9	4902.1
81.1%+18.9%	3942.6	1449.5	591.4	42.9	17.5	4792.6
86.5%+13.5%	3993.5	1468.2	599.0	21.1	8.6	4719.4
91.9%+8.1%	4023.3	1479.2	603.5	8.3	3.4	4675.3
97.2%+2.8%	4037.5	1484.4	605.6	2.2	0.9	4656.3
100%+0	4042.6	1486.2	606.4	—	—	4649.0

分析得出，沈阳地区供热面积 30 万 m^2，年供热量为 124844.4MJ 的居民小区，在选用地下水源热泵与燃煤锅炉互补热源进行供热时，地下水源热泵承担的分配比例适宜在65%～70%范围之间选择，剩余的热负荷由燃煤锅炉承担。这样，热泵承担的年供热量占系统总供热量的 90%左右，互补供热系统总能耗折算标煤量降低幅度明显，节能效果很好。若单

独使用燃煤锅炉供热，总能耗折算标煤量为 10452t。采用在此分配比例范围的互补供热系统，与燃煤锅炉单独供热时的能耗相比，节省标煤量可达 5000t；同时，燃煤锅炉运行时间为 2 个月左右，集中在最冷月份，避免了锅炉只运行几天而长期闲置的情况发生。

2. 经济性分析

采用动态费用年值法来进行经济分析。在年供热量相同的情况下，不同分配比例时互补热源供热，费用年值最小时所对应的比例值为地下水源热泵与燃煤锅炉互补供热经济效果最好的分配比例。结合已经计算得出的不同比例下的耗煤量和耗电量等，计算二者相对应比例下总初投资和年运行费用，以及系统的费用年值。计算结果见表 5-2。

同比例分配的运行费用和费用年值 **表 5-2**

分配比例（地下水源热泵＋燃煤锅炉）	总初投资（万元）	热泵电费（万元）	燃煤费用（万元）	附属电费（万元）	运行费用（万元）	费用年值（万元）
37.5％＋62.5％	3750.0	281.8	399.2	79.7	760.7	1201.2
40.5％＋59.5％	3858.0	319.9	328.1	80.1	728.1	1181.3
48.7％＋51.3％	4153.2	368.1	237.9	77.5	683.5	1171.3
54.0％＋46.0％	4344.0	396.7	184.4	76.8	657.8	1168.0
59.5％＋40.5％	4542.0	421.8	137.4	77.1	636.3	1169.8
64.8％＋35.2％	4732.8	443.2	97.5	75.6	616.3	1172.2
70.3％＋29.7％	4930.8	460.5	65.1	74.7	600.3	1179.5
75.7％＋24.3％	5125.2	473.8	40.4	74.9	589.1	1191.1
81.1％＋18.9％	5319.6	483.2	22.9	74.6	580.7	1205.5
86.5％＋13.5％	5514.0	489.4	11.2	74.5	575.1	1222.8
91.9％＋8.1％	5708.4	493.1	4.3	74.4	571.8	1242.3
97.2％＋2.8％	5899.2	494.8	1.2	74.3	570.3	1263.2
100％＋0	6000.0	495.4	0	74.3	569.7	1274.5

由表 5-2 可知，供热面积为 30 万 m^2 的沈阳市某住宅小区，地下水源热泵与燃煤锅炉的负荷分配比例应选择 54％与 46％。此时系统费用年值最低，从经济学观点看是最经济合理的。

3. 分布式水源热泵与集中供热联供系统的仿真模拟

根据互补供热系统建立 TRNSYS 计算模型，选择费用年值最低时对应分配比例（地下水源热泵承担总负荷 54％，燃煤锅炉承担 46％）进行模拟计算，当室外温度低于－2℃后，两个热源同时对建筑物供热。模拟结果见表 5-3。

模拟结果 **表 5-3**

类别	模拟值	类别	模拟值
热泵最大热负荷(kW)	172	热泵耗电量(kW·h)	1.22×10^5
热泵总供热量(kJ)	1.69×10^9	锅炉耗煤量(t)	52.3
锅炉最大热负荷(kW)	150	附属设备耗电量(kW·h)	2.75×10^4
锅炉总供热量(kJ)	0.67×10^9		

由表 5-3 可见，热泵的设计热负荷为 54％，供热量为 1.69×10^9 kJ，占系统整个供暖

期总供热量的 71.6%，燃煤锅炉供热量仅占 28.4%，直接耗煤量大大降低。由此可见，互补供热系统的优势是在大幅度降低热泵的设计热负荷从而降低初投资的同时，还能够使热泵占据大部分的供热负荷，节省能耗。

4. 案例分析

（1）同一地区不同供热面积的最佳分配比例

考虑同一地区不同供热面积时，总折算标煤量、锅炉运行时间、费用年值等随分配比例的变化以及最佳分配比例变化，选取了沈阳市供热面积 20 万 m^2 和 50 万 m^2 的住宅小区进行分析说明，计算结果如图 5-2 所示。

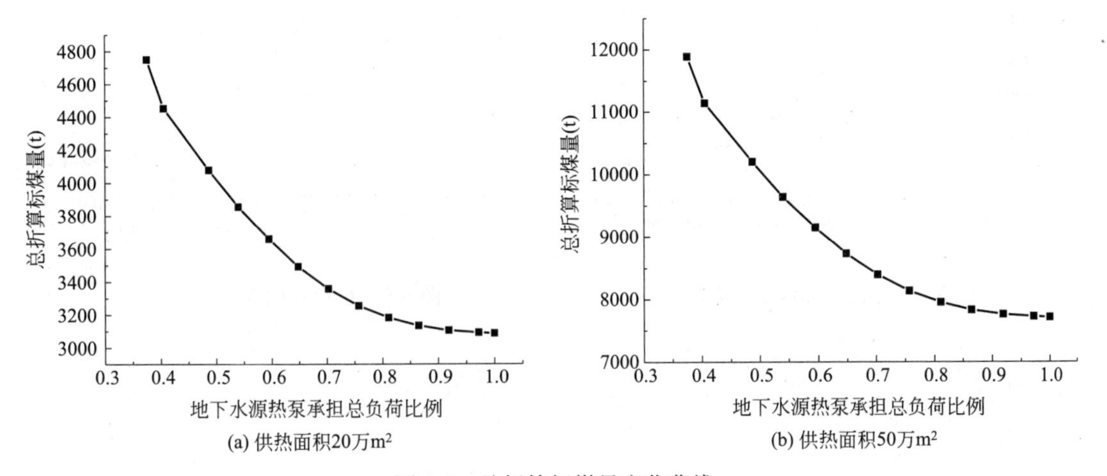

图 5-2 总折算标煤量变化曲线

由图 5-3 可见，虽然供热面积不同，但总能耗的折算标煤量随地下水源热泵承担负荷比例增加的变化趋势基本一样，经济分析时费用年值变化也是基本相同，最小费用年值所对应的分配比例（地下水源热泵承担 54%的负荷比例）也基本相同。由此说明，供热面积的改变不影响互补热源总能耗和初投资的变化趋势，即不影响最佳分配比例的确定。

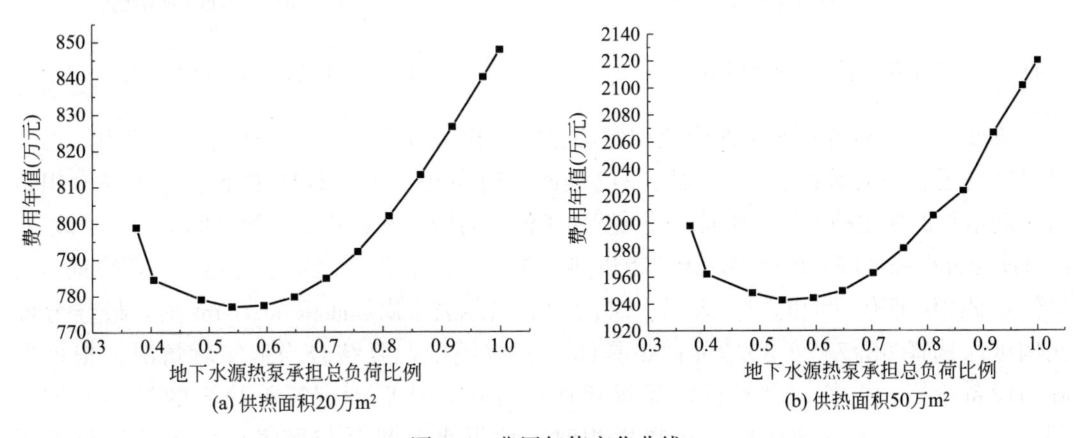

图 5-3 费用年值变化曲线

（2）不同地区相同供热面积的最佳分配比例

以气候差异较大的哈尔滨和天津两个城市供热面积 30 万 m^2 小区作为研究对象，对不同分配比例的燃煤锅炉辅助地下水源热泵供热的耗煤量进行模拟计算。由此可得，锅炉房辅助地下水源热泵供热系统总能耗、费用年值与负荷配比关系曲线如图 5-4～图 5-7 所示。

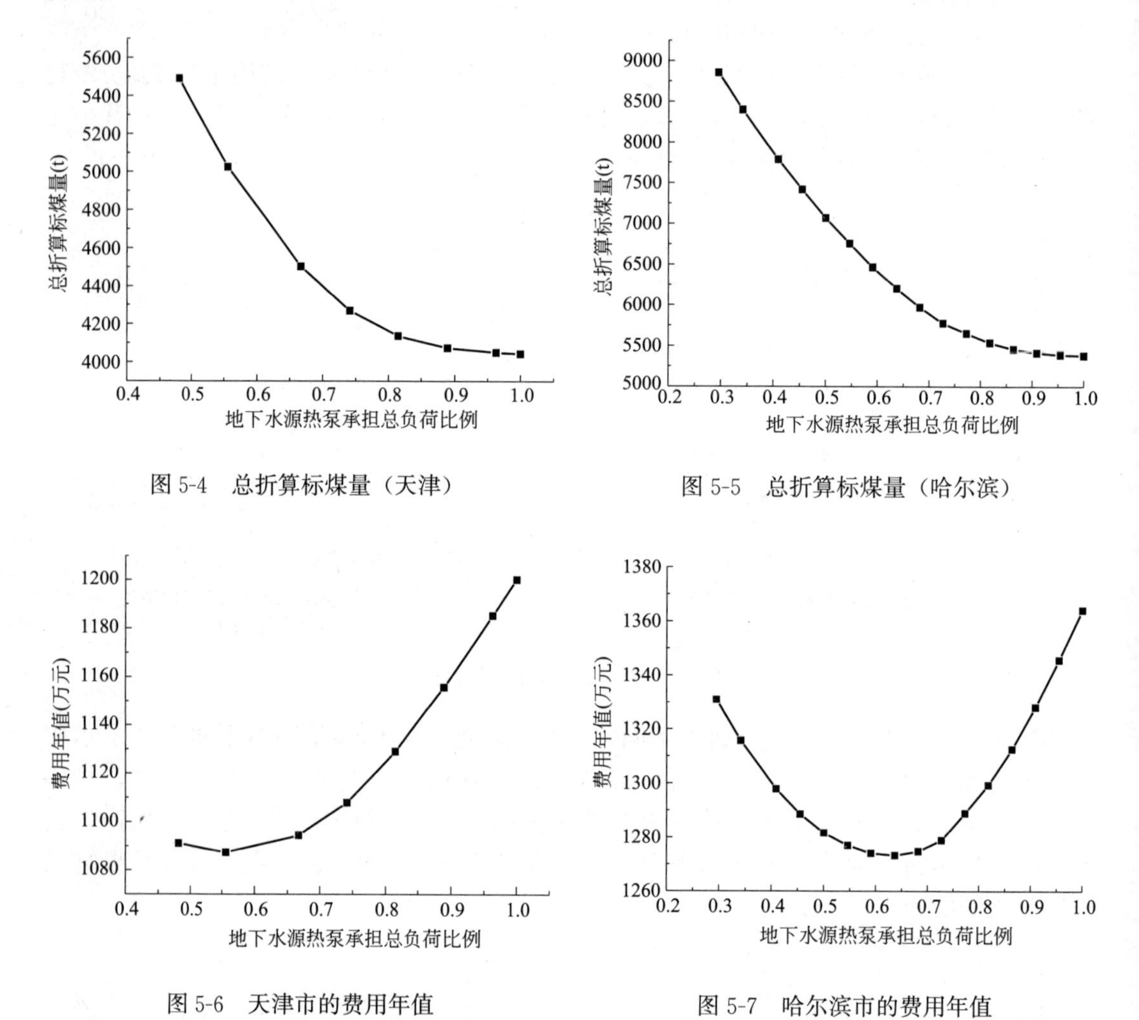

图 5-4 总折算标煤量（天津）

图 5-5 总折算标煤量（哈尔滨）

图 5-6 天津市的费用年值

图 5-7 哈尔滨市的费用年值

通过天津市和哈尔滨市的能耗和经济分析对比可以看出，仅供热地区改变下，由于供暖平均延续小时数改变，导致同一供热面积时费用年值曲线随地下水源热泵承担负荷比例增加的变化趋势各不相同，最低费用年值所对应的互补热源分配比例也发生了改变。经过能耗分析和经济分析可得，天津市供热面积 30 万 m^2 时，地下水源热泵与燃煤锅炉的最佳分配比例理论上可以选择 55.7％＋44.3％；哈尔滨市供热面积 30 万 m^2 时，最佳分配比例可以选择 63.7％＋36.3％；在具体工程应用中，要结合当地实际情况，根据实际的设备价格、电价、燃料价格等重新计算分析，然后确定互补热源的最佳分配比例。综上所述，不同地区同一供热面积时，地下水源热泵与燃煤锅炉互补运行的最佳分配比例理论上的取值将不一样；即供热地区是互补供热系统热源最佳分配比例的重要影响因素。

5.1.3 分布式水源热泵与集中供热的互补原则

在进行能耗分析和经济分析时，若二者得到的分配比例相同，则在实际工程中最佳分配比例就应该选择该值。若不相同，最佳分配比例的选取就要综合考虑多方面因素来确定，例如当地的能源状况、经济发展状况、环境政策等。

5.2 水源热泵与汽轮机耦合联供供热系统的研究

5.2.1 水源热泵与汽轮机联合供热系统工作原理

蒸汽锅炉通过燃烧一次能源——煤，将循环水加热成为过热蒸汽，过热蒸汽进入汽轮机，推动汽轮机叶片转动，蒸汽的内能转化为推动汽轮机运行的机械能，进而驱动地下水源热泵压缩机的运行，此过程为朗肯循环过程。与此同时，70℃的供暖回水首先经过地下水源热泵的冷凝端进行初级加热，再经过高峰加热器由抽取的部分高温蒸汽进行高峰加热至 95℃，将达到供暖温度的供水输送至用户端进行供热，此过程为热泵逆循环过程。在汽轮机驱动地下水源热泵运行的同时，汽轮机会排出蕴含大量热量的乏汽（通常这部分热量以废热的形式排入环境中），乏汽与所抽取的地下水通过凝汽器进行换热，将温度升高的地下水通入地下水源热泵的蒸发端，作为冷冻水向地下水源热泵进行放热。由此提高了蒸发端的蒸发温度，从而大大提高了地下水源热泵的性能系数。地下水源热泵与汽轮机联合供热系统工作原理如图 5-8 所示。

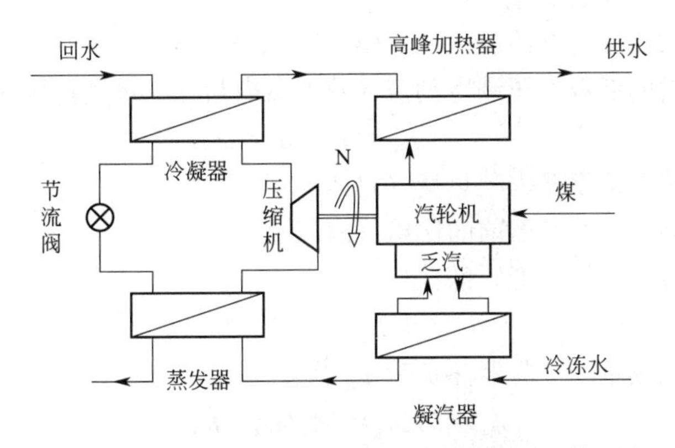

图 5-8 地下水源热泵与汽轮机联合供热系统工作原理

5.2.2 水源热泵与汽轮机联合供热系统性能与能耗分析

供热系统中地下水源热泵与高峰加热器串联运行，分别承担供水的初级加热与高峰加热任务，70℃供热回水先通过地下水源热泵加热，再通过高峰加热器加热至 95℃。因此，冷凝器出口温度的设定将影响联合供热系统的能效利用率与一次能源消耗量等重要技术参数。本书针对冷凝器出口温度的不同工况下联合供热系统的运行参数进行计算，对比分析联合供热系统的性能与能耗。

（1）数学模型

地下水源热泵理论循环过程包括压缩、冷凝、节流和蒸发四个过程，如图 5-9 所示。

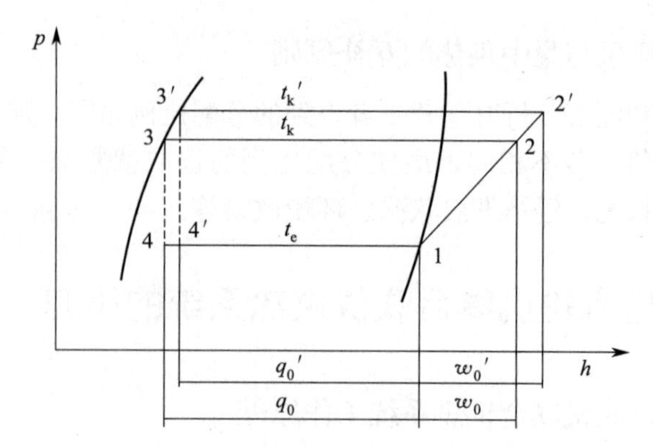

图 5-9 热泵循环过程 h-p 图

t'_k，t_k—冷凝温度；t_e—蒸发温度；w'_0，w_0—单位压缩功；q'_0，q_0—单位制冷量；p—压力的绝对值；h—比焓值

制冷剂在压缩机中被压缩为高温高压的气体，单位质量的制冷剂增加的内能即外界对其所做功为：

$$w=h_2-h_1 \tag{5-4}$$

式中 w——单位质量制冷剂增加的内能（kJ/kg）；

h_1，h_2——制冷剂压缩前和压缩后的比焓（kJ/kg）。

2-3 冷凝阶段，制冷剂凝结为液体，向外释放热量为：

$$q_k=h_2-h_3 \tag{5-5}$$

式中 q_k——制冷剂冷凝放热量（kJ/kg）；

h_2，h_3——制冷剂冷凝前和冷凝后的比焓（kJ/kg）。

经过节流装置后的低温低压制冷剂流入蒸发器内与冷冻水进行换热，吸收热量为：

$$q_e=h_1-h_4 \tag{5-6}$$

式中 q_e——制冷剂在蒸发器内吸热量（kJ/kg）；

h_4——制冷剂流入蒸发器前的比焓（kJ/kg）。

节流前、后制冷剂比焓不变，即：

$$h_3=h_4 \tag{5-7}$$

地下水源热泵制热量即冷凝器热负荷 ϕ_k 为：

$$\phi_k=M_r q_k=M_r(h_2-h_3) \tag{5-8}$$

式中 M_r——制冷剂的质量流量（kg/s）。

压缩机理论做功量 P_{th} 为：

$$P_{th}=M_r w=M_r(h_2-h_1) \tag{5-9}$$

地下水源热泵蒸发温度 t_{ev} 为：

$$t_{ev}=t_{in}-t_{ewo}-\Delta t_{ev} \tag{5-10}$$

式中 t_{in}——蒸发器冷冻水进口温度（℃）；

t_{ewo}——蒸发器冷冻水温降，一般为 4～6℃；

Δt_{ev}——蒸发器温差，一般为 2～4℃。

冷凝器内制冷剂和冷却剂的平均对数传热温差 t_m 为：

$$t_m=(t_z-t_h)/\mathrm{lh}[(t_k-t_h)/(t_k-t_z)] \tag{5-11}$$

式中 t_k——冷凝器中制冷剂冷凝温度（℃）；

t_z，t_h——冷却剂的进口温度和出口温度（℃）。

联合供热系统制热系数 COP 为：

$$COP = q_k \eta_z / w \tag{5-12}$$

式中 η_z——联合供热系统蒸汽利用总效率（%）。

联合供热系统蒸汽利用总效率为：

$$\eta_z = \eta_t \eta_{ri} \eta_m \tag{5-13}$$

式中 η_t、η_{ri} 和 η_m——汽轮机的循环（理想）热效率、相对内效率和机械效率（%）。

(2) 计算结果

假设供、回水流量为 200kg/s，以 2℃为温差，共计算了 12 个“中间温度”。每一个冷凝器出口温度对应一组运行工况，每一组运行工况下汽轮机热泵与高峰加热器所负担的热负荷随冷凝器出口温度变化而变化。地下水源热泵的蒸发器与汽轮机乏汽凝汽器相连，汽轮机产生的乏汽量直接影响冷冻水温度。因此，假设当冷凝器出口温度为 70℃时，汽轮机热泵系统热负荷为零，蒸发器冷冻水温度为凝汽器冷却水温度；当冷凝器出口温度为 95℃时，汽轮机热泵系统热负荷为 100%，蒸发器冷冻水温度为地下水温度。蒸发器冷冻水温度仅受联合供热系统热负荷影响。水源热泵的冷凝器选用卧式壳管式冷凝器，其平均传热温差为 5℃。联合供热系统各工况运行参数见表 5-4。

联合供热系统各工况运行参数表 表 5-4

工 况	1	2	3	4	5	6	7	8	9	10	11	12
汽轮机热泵(kW)	1680	3360	5040	6720	8400	10080	11760	13440	15120	16800	18480	20160
汽轮机热泵/高峰加热器负荷比	8%	16%	24%	32%	40%	48%	56%	64%	72%	80%	88%	96%
冷凝器冷却水进口温度(℃)	70	70	70	70	70	70	70	70	70	70	70	70
冷凝器冷却水出口温度(℃)	72	74	76	78	80	82	84	86	88	90	92	94
冷凝器冷却水进出口温差(℃)	2	4	6	8	10	12	14	16	18	20	22	24
蒸发器冷冻水进口温度(℃)	13.68	15.36	17.04	18.72	20.40	22.08	23.76	25.44	27.12	28.80	30.48	32.16
平均传热温差(℃)	5	5	5	5	5	5	5	5	5	5	5	5

地下水源热泵压缩机最大功率为 4922kW，以 C6-3.43/0.981 型汽轮机为例，分析联合供热系统蒸汽耗用量。设该机组配套运行的发电设备 QF-6-2 的效率因数为 0.8，汽轮机与地下水源热泵压缩机为直连式，忽略其能量损失。则机组机械能汽耗率为 4.06kg/(kW·h)。经计算得联合供热系统各状态参数及经济性指标见表 5-5。

联合供热系统各状态参数及经济性指标 表 5-5

工 况	1	2	3	4	5	6	7	8	9	10	11	12
蒸发温度(℃)	5.68	7.36	9.04	10.72	12.40	14.08	15.76	17.44	19.12	20.80	22.48	24.16
冷凝温度(℃)	76.07	77.26	78.59	80.02	81.57	83.20	84.91	86.68	88.51	90.37	92.27	94.20
冷凝压力(MPa)	0.714	0.737	0.762	0.790	0.821	0.854	0.891	0.930	0.971	1.015	1.061	1.110
蒸发压力(MPa)	0.068	0.073	0.079	0.085	0.091	0.097	0.104	0.111	0.119	0.127	0.135	0.140
h_1(kJ/kg)	408.6	409.9	411.1	412.3	413.6	414.8	416.0	417.2	418.5	419.7	420.9	422.2
h_2(kJ/kg)	449.00	449.60	450.20	450.85	451.56	452.30	453.10	453.91	454.77	455.63	456.49	457.39

续表

工　况	1	2	3	4	5	6	7	8	9	10	11	12
h_4(kJ/kg)	303.40	305.20	307.15	309.27	311.57	314.00	316.57	319.24	322.01	324.85	327.76	330.73
单位制冷剂放热量(kJ/kg)	145.60	144.40	143.03	141.60	140.00	138.30	136.53	134.67	132.76	130.78	128.73	126.66
单位制冷剂压缩机功率(kJ/kg)	40.41	39.73	39.10	38.54	38.02	37.53	37.09	36.67	36.30	35.93	35.56	35.23
单位制冷剂余热回收量(kJ/kg)	105.2	104.7	103.9	103.0	102.0	100.8	99.4	98.0	96.5	94.9	93.2	91.4
汽轮机热泵系统 *COP*	3.60	3.64	3.66	3.67	3.68	3.69	3.68	3.67	3.66	3.64	3.62	3.60
汽轮机热泵蒸汽耗用量(t/h)	2.36	4.69	6.99	9.27	11.57	13.87	16.20	18.55	20.96	23.40	25.88	28.43
高峰加热器蒸汽耗用量(t/h)	26.87	24.54	22.20	19.86	17.53	15.19	12.85	10.52	8.18	5.84	3.51	1.17
联合供热系统总蒸汽耗用量(t/h)	29.23	29.23	29.19	29.13	29.10	29.06	29.05	29.07	29.14	29.24	29.39	29.60

由表 5-5 可见，随着冷凝器出口温度的不断升高，联合供热系统的 *COP* 呈先增大后减小的趋势，最大值为 3.69，出现在冷凝器出口温度为 82℃的工况 6。这是因为当冷凝器出口温度小于 82℃时，随着温度的增加，虽然地下水源热泵的冷凝温度不断升高，但汽轮机释放的乏汽量也随之增加，导致地下水源热泵的蒸发温度升高。此时相对于冷凝温度，蒸发温度对联合供热系统 *COP* 的影响较大；反之，当冷凝器出口温度大于 82℃时，虽然蒸发温度不断地升高，但冷凝温度对联合供热系统 *COP* 的影响较大。

为确定供热系统最佳工况和最佳冷凝器出口温度，分别对汽轮机热泵蒸汽耗用量、高峰加热器蒸汽耗用量及供热系统总蒸汽耗用量进行计算。由表 5-5 可见，汽轮机热泵和高峰加热器的蒸汽耗用量随冷凝器出口温度的升高分别呈增大和减小趋势。供热系统总蒸汽耗用量随冷凝器出口温度的升高先减小后增大，最小值为 29.05t/h，出现在冷凝器出口温度为 84℃的工况 7，如图 5-10 所示。当冷凝器出口温度小于 84℃时，供热系统总蒸汽耗用量为缓慢减小趋势，说明在该工况条件下，为产生等量热能，高峰加热器蒸汽耗用量大于联合供热系统总蒸汽耗用量，联合供热系统的能效高于高峰加热器的能效；反之，当冷凝器出口温度大于 84℃时，供热系统总蒸汽耗用量大幅增大，说明在该工况条件下，为产生等量热能，联合供热系统总蒸汽耗用量远远大于高峰加热器蒸汽耗用量，联合供热

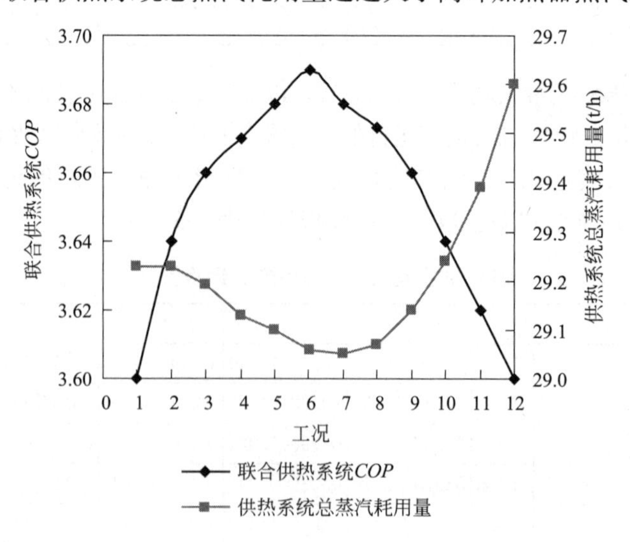

图 5-10　不同工况联合供热系统 *COP* 与总蒸汽耗用量

系统的能效远低于高峰加热器的能效。

5.2.3 水源热泵与汽轮机耦合联供供热系统仿真模型

(1) 供热系统设计热负荷数学模型

针对室内温度要求不是非常严格的常规工程，围护结构的基本耗热量与整个建筑或房间的基本耗热量分别可按式(5-14)、式(5-15) 计算：

$$q'=KF(t_n-t'_w)\alpha \tag{5-14}$$

$$Q'_{1\cdot j}=\sum q'=\sum KF(t_n-t'_w)\alpha \tag{5-15}$$

式中 q'——围护结构的基本耗热量 (W)；

$Q'_{1\cdot j}$——建筑的基本耗热量 (W)；

K——围护结构的传热系数 [W/(m^2·℃)]；

F——围护结构的面积 (m^2)；

t_n——冬季室内计算温度，一般设定为 18℃；

t'_w——供暖室外设计温度 (℃)；

α——围护结构的温差修正系数。

由于气象条件以及建筑物情况等各种因素，在基本耗热量的基础上还需要对其进行修正。附加修正耗热量有朝向修正、风力附加和高度附加耗热量等。

建筑物在室外供暖计算温度下，围护结构的总耗热量 Q'_1 可用式(5-16) 综合表示：

$$Q'_1=Q'_{1\cdot j}+Q'_{1\cdot x}=(1+x_g)\sum\alpha KF(t_n-t'_w)(1+x_{ch}+x_f) \tag{5-16}$$

式中 x_{ch}——朝向修正率 (%)；

x_f——风力附加率 (%)；

x_g——高度附加率 (%)。

不同朝向的朝向修正率对比，见表 5-6。

不同朝向的朝向修正率对比表 **表 5-6**

朝向	朝向修正率	朝向	朝向修正率
北、东北、西北	0～10%	东南、西南	−15%～−10%
东、西	−5%	南	−30%～−15%

对于多层 (6 层及 6 层以下) 的建筑物，冷风渗透耗热量主要考虑风压的作用，可忽略热压的影响。该值可按式(5-17)、式(5-18) 计算：

$$Q'_2=0.278V\rho_w c_p(t_n-t'_w) \tag{5-17}$$

$$V=Llx_{ch} \tag{5-18}$$

式中 Q'_2——冷风渗透耗热量 (W)；

V——经门、窗缝隙渗入室内的总空气量 (m^3/h)；

ρ_w——供暖室外计算温度下的空气密度 (kg/m^3)；

c_p——冷空气的定压比热容，c_p=1kJ/(kg·℃)；

0.278——单位换算系数，1kJ/h=0.278W；

L——每米门、窗缝隙渗入室内的空气量 [m^3/(h·m)]；

l——门、窗缝隙的计算长度 (m)；

x_{ch}——渗透空气量的朝向修正率（%）。

对于高层建筑由于建筑物高度增加，热压作用不容忽视。冷风渗透耗热量受到风压和热压的综合作用，可按式(5-19)、式(5-20) 计算：

$$Q_2'=0.278c_pL_0l(t_n-t_w')\rho_w \tag{5-19}$$

$$L_0=mL=Lc_h[x_{ch}+(1+C)^b-1] \tag{5-20}$$

式中 L_0——位于高度 h 和任一朝向的门窗，在风压和热压共同作用下产生的单位缝长渗透风量 [$m^3/(h\cdot m)$]；

L——基准风速 V_0 作用下的单位缝长空气渗透量 [$m^3/(h\cdot m)$]；

m——考虑计算门窗所处的高度、朝向和热压差的存在而引入的风量综合修正系数；

c_h——代表计算门窗中心线标高为 h 时的渗透空气量对于基准渗透量的高度修正系数（当 $h<10$m 时，按基准高度 $h=10$m 计算）；

C——代表作用在计算门窗上的有效热压差与有效风压差之比，简称压差比；

b——代表与门窗构造有关的特性系数，对木窗，$b=0.56$；对钢窗，$b=0.67$；对铝窗，$b=0.78$。

冷风侵入耗热量其值可按式(5-21) 计算：

$$Q_3'=NQ_{1\cdot j\cdot m}' \tag{5-21}$$

式中 Q_3'——冷风侵入耗热量（W）；

N——考虑冷风侵入的外门附加率；

$Q_{1\cdot j\cdot m}'$——外门的基本耗热量（W）。

(2) 耦合供热系统设计热负荷仿真模型

根据以上数学模型，利用 MATLAB 中的 Simulink 建模仿真软件包分别建立模块内部结构，如图 5-11～图 5-13 所示。

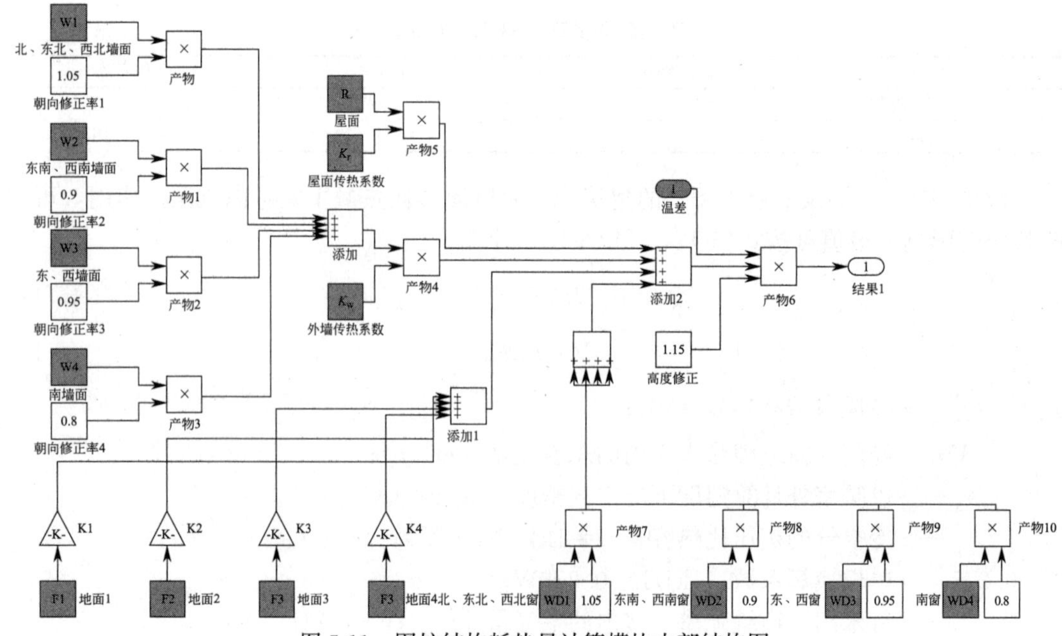

图 5-11 围护结构耗热量计算模块内部结构图

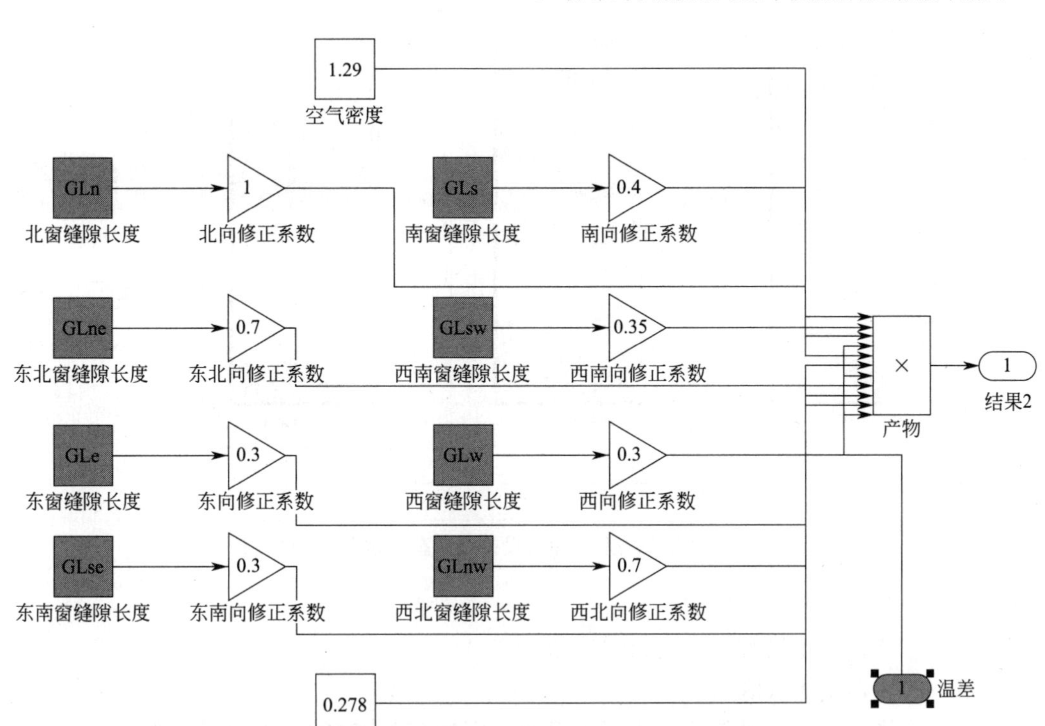

图 5-12　冷风渗透耗热量计算模块内部结构图

注：图中符号 GL 是 MATLAB 中代表全局变量的符号，图中矩形模块中的 GLn、GLns、GLs 等代表实际建筑中各朝向窗户的缝隙长度值。

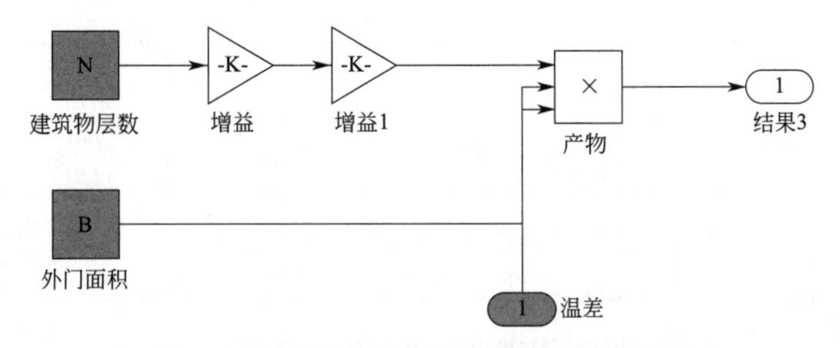

图 5-13　冷风侵入耗热量计算模块内部结构图

如图 5-13 所示，其中深色方形模块为建筑的外形尺寸与建筑材料物性参数信息，可根据具体建筑的实际情况进行数据输入；深色椭圆形模块为室内外温差输入端口，此项数值需利用 MATLAB 将各地区供暖季逐时温度输入温差计算模块而得。

对以上结构进行封装，并将三个模块的输出端口相加，可得到供热系统随室外温度变化的逐时设计热负荷计算模块，如图 5-14 所示。输入室内外温差，通过该模块便可模拟得到逐时供热系统设计热负荷。

5.2.4　耦合供热系统热媒计算仿真模块

热媒流量可由式(5-22) 进行计算：

$$Q=cm\Delta t \tag{5-22}$$

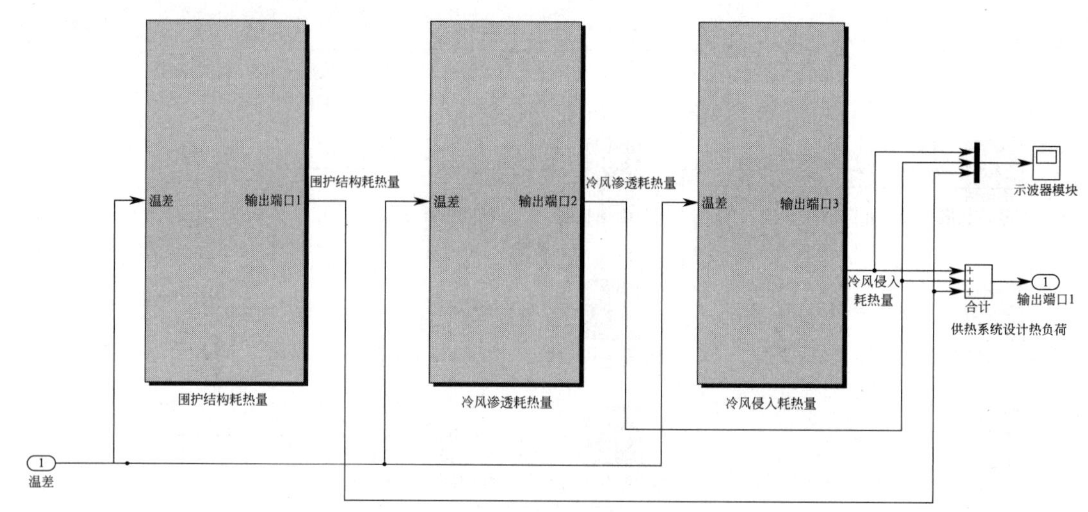

图 5-14 耦合供热系统逐时设计热负荷计算仿真模块图

式中 Q——热媒供热量（J）；

c——热媒的比热容，4.2×10^3 J/(kg·℃)；

m——热媒质量（kg）；

Δt——传热温差，供热系统供回水温度分别为 95℃/70℃，传热温差为 25℃。

根据第 3 章所得结论，系统最佳工况时，汽轮机水源热泵与高峰加热器的制热汽耗率分别为 1.377kg/(kW·h) 与 1.390kg/(kW·h)。

由以上数学关系模型，耦合供热系统热媒计算仿真模块内部结构如图 5-15 所示。

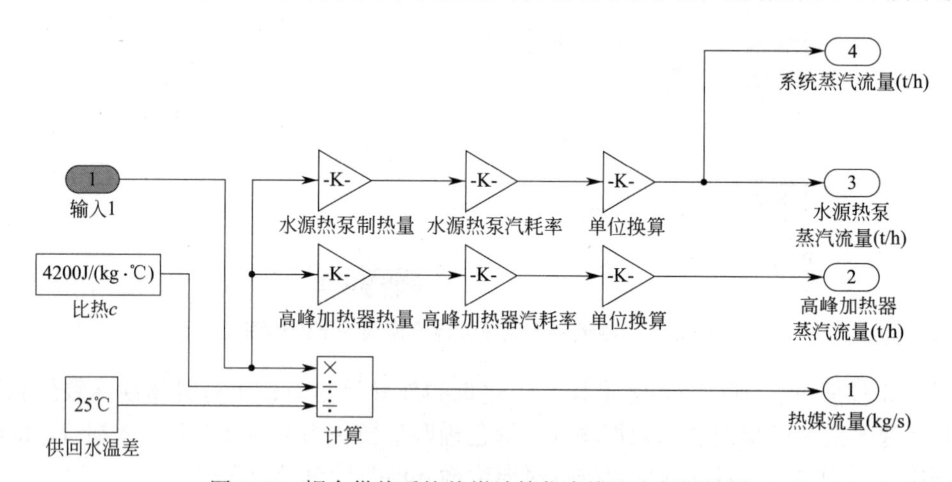

图 5-15 耦合供热系统热媒计算仿真模块内部结构图

如图 5-16 所示，该模块共有一个输入端口和四个输出端口。输入端口连接供热系统设计热负荷仿真模块的输出端口，通过模拟可得热媒流量、水源热泵蒸汽流量、高峰加热器蒸汽流量和系统蒸汽流量四个数值。

5.2.5 供热系统仿真模块库的建立

1. 模块库的组成

耦合供热系统仿真模块库组成结构如图 5-17 所示。

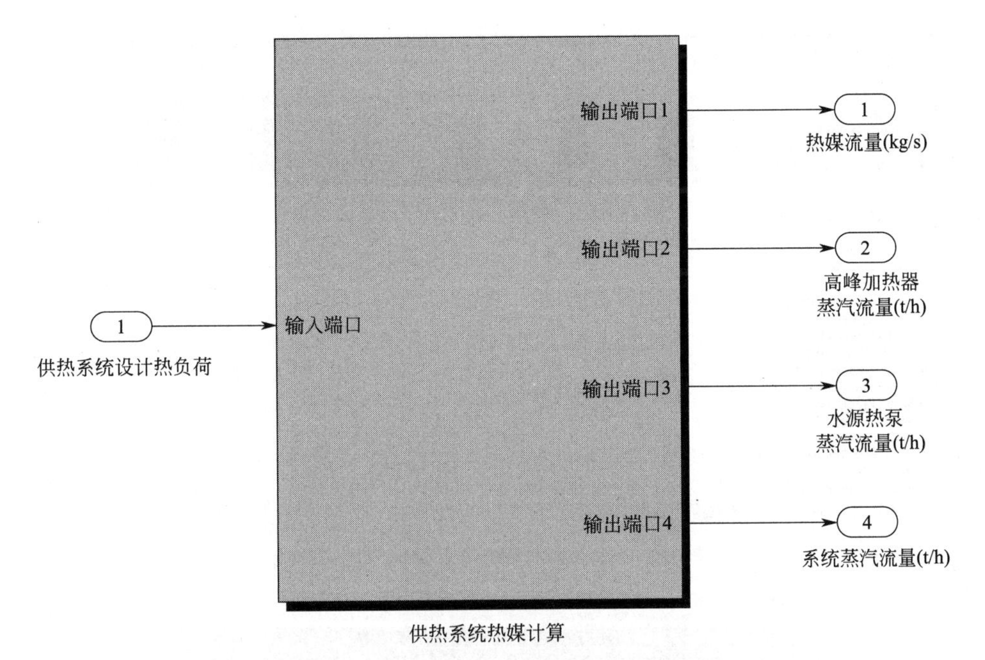

图 5-16 耦合供热系统热媒计算仿真模块图

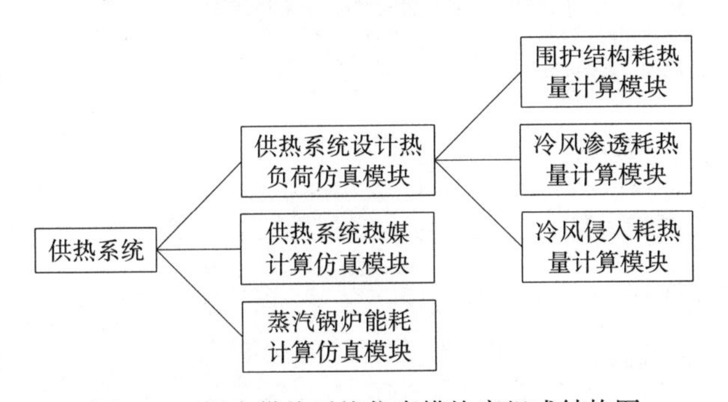

图 5-17 耦合供热系统仿真模块库组成结构图

2. 模块库的操作及参数设置

本书通过建立一个与供热系统相应的 Slblocks. m 文件，将所创建的供热系统仿真模块库添加至 Simulink 的 Library Browser（库浏览器）中。

图 5-18 为完成的耦合供热系统仿真模块库用户界面，将创建完成的供热系统仿真模块录入到库中，研究人员可直接打开 Simulink 仿真库浏览器“Library Browser”进入“Simulink Library Browser”界面，在左侧的列表中便可以找到名为“Heating System Toolbox”的供热系统仿真模块库，单击便可看到库中已经存储的用于搭建供热系统仿真模型的模块。其中深颜色的为一级模块，浅颜色的为二级模块。科研人员可参照物理模型，根据需要进行模块调用，将各模块相对应的输入、输出端进行连接，便可完成仿真模型的搭建。

为了便于研究人员对模块进行参数设定，本书针对各个封装仿真模块创建了动态对话框，如图 5-19 所示。

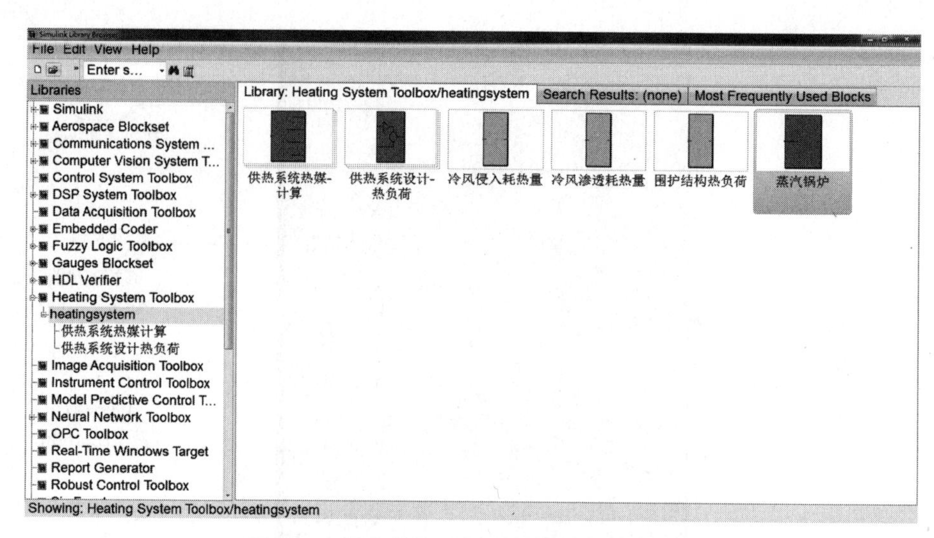

图 5-18 耦合供热系统仿真模块库用户界面

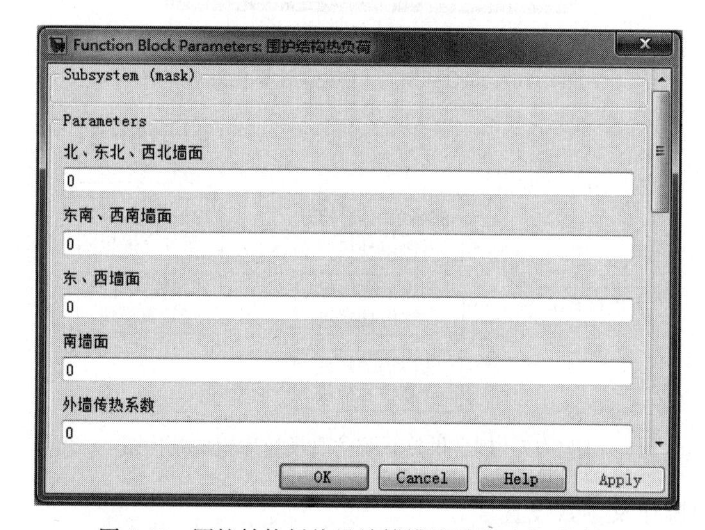

图 5-19 围护结构耗热量计算模块赋值动态对话框

5.2.6 耦合供热系统仿真模型的应用

本供热系统仿真模型的应用主要有以下几方面。

（1）供热系统特性研究

研究人员根据研究对象的具体情况，对其建立的供热系统仿真模型参数进行设置。通过仿真运行后方可得出供热系统设计热负荷、供热系统热媒流量、高峰加热器蒸汽抽取量、供热系统总蒸汽耗用量和供热系统燃料消耗量等多个特性指标。

（2）供热系统设计研究

对于任意的供热对象，研究人员只需要明确整个供热对象的基本情况，并针对各模块所需录入数据做到准确录入，按照系统的物理结构摆放模块并对相应的输入、输出端口进行连接，便可完成供热模型的搭建。

（3）供热系统动态调节

在供热系统实际运行状态下，室外温度等其他因素的变化会导致供热对象设计热负荷发生波动，通过供热系统模型可直接反映为供热系统热媒流量、蒸汽耗用量与燃料消耗量的逐时仿真数据。由此，可以对供热系统的各方面进行动态调节。

（4）供热系统与集中供热联供的宏观调控

相对于能效较低、热媒损失较大的集中供热方式，本供热系统体现出了较为明显的供能优势。因此，通过搭建并运行供热系统仿真模型而得到具体数据，对二者的联供系统进行科学、合理的宏观调控具有很大的现实意义。

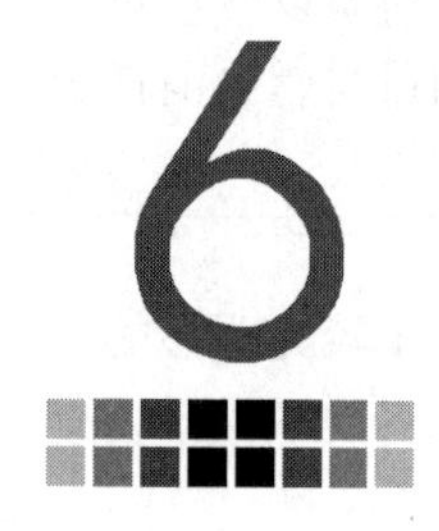

严寒地区太阳能-地源热泵与热网的互补供热性能研究

6.1 互补供热系统的能源配比研究

6.1.1 基准建筑选取及能耗计算

基准建筑所在地为沈阳，其位于北纬 41°8′，东经 123°4′，地处我国东北地区，属于严寒地区 B 区。全年四季分明，属北温带大陆性季风气候。基准建筑为居民小区内的一栋建筑，自 1～11 层均为一梯三户，共 3 个小单元，其建筑平面图如图 6-1 所示。建筑面积为 7730.91m^2，高度为 33.2m，每户由不同的功能分区组成。

为了准确计算供暖期间的总燃煤量，必须明确供暖期各时刻的负荷动态变化。针对严寒地区的气候特点，本书分别运用 Dest 软件和 TRNSYS 对某住宅小区的一栋楼进行动态负荷模拟，为供暖期间总的燃煤量的计算提供准确的数据。

沈阳供暖季节为 11 月 1 日至次年的 3 月 31 日，共 151 天，3624h。设定供暖季卧室、起居室的温度为 18℃，通风换气次数为 0.5 次/h。图 6-2 和表 6-1 给出了整个供暖季热负荷随室外逐时干球温度变化的曲线和模拟结果。

Dest 模拟结果 **表 6-1**

统计项目	统计值
建筑空调面积(m^2)	7390.02
全年最大热负荷(kW)	211.69
全年累计热负荷(kW・h)	642082.07
全年最大热负荷指标(W/m^2)	28.65
供暖季热负荷指标(W/m^2)	24.39

图 6-3 给出了在 TRNSYS 中建立的系统模型示意图，图 6-4 为供暖期动态模拟图。

通过两个软件模拟结果的比较，可以得出模拟的结果基本可靠，可以为供暖期间总的燃煤量的计算提供准确的数据。

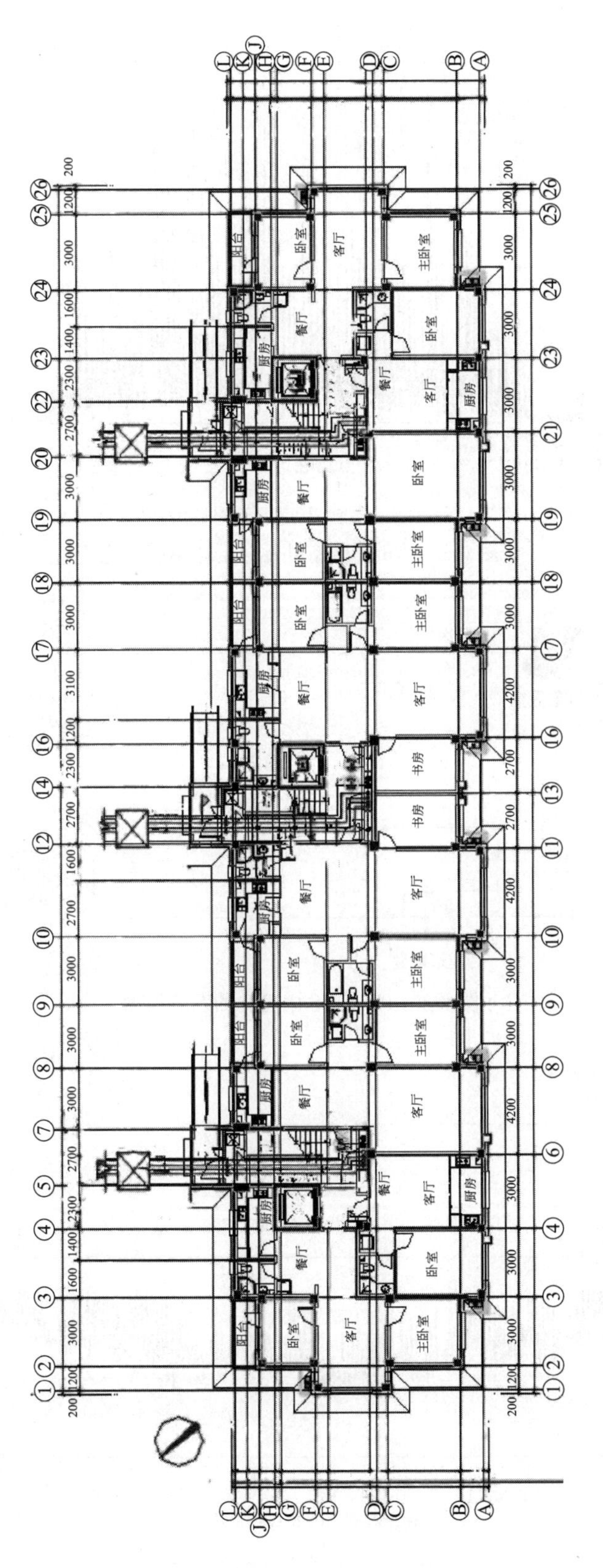
阳台
卧室
客厅
主卧室
餐厅
厨房
书房
200 1200 3000 1600 1400 2300 2700 3000 3000 3000 3100 1200 2300 2700 1600 2700 3000 3000 3000 2700 2300 1400 1600 3000 1200 200
200 1200 3000 3000 3000 3000 3000 3000 4200 2700 2700 4200 3000 3000 4200 3000 3000 3000 1200 200
A B C D E F G H J K L

图 6-1 建筑平面图

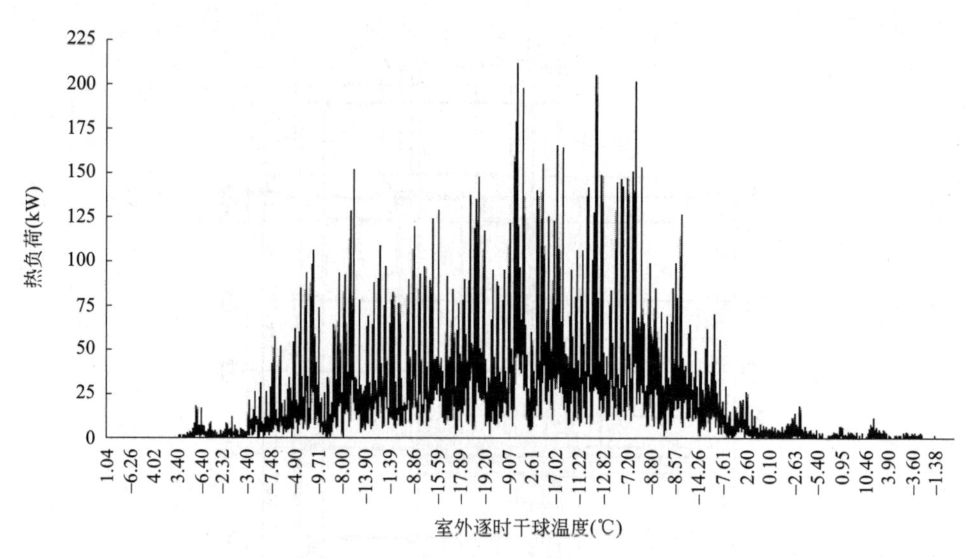

图 6-2 热负荷随室外逐时干球温度变化

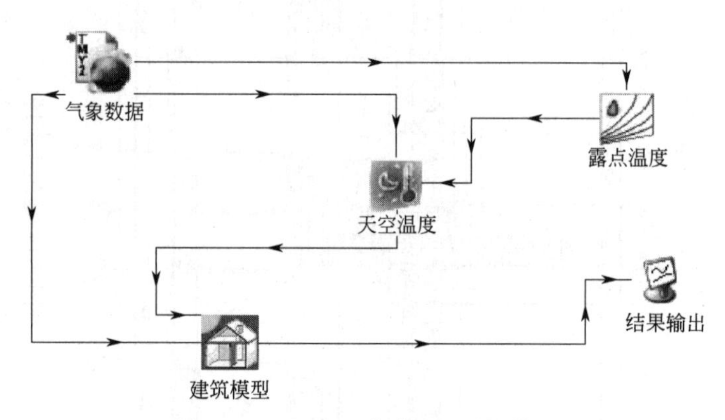

图 6-3 TRNSYS 中建立的系统模型

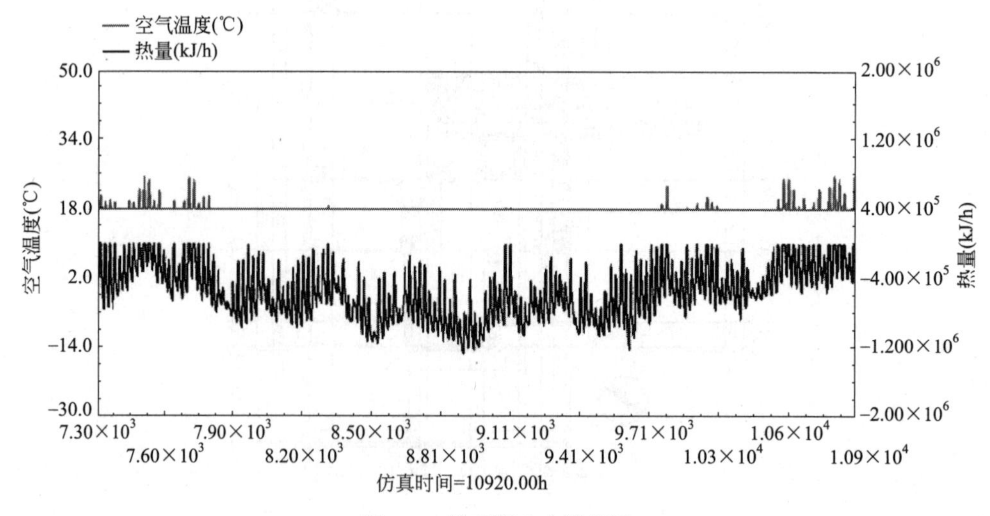

图 6-4 供暖期动态模拟图

6.1.2　热网供热系统的集中运行调节

本书主要研究了二次网调节方式中的质调节。根据供暖热负荷供热调节基本公式：

$$\overline{Q}=\overline{G}\,\frac{(t_g-t_h)}{t'_g-t'_h}=\frac{t_n-t_w}{t_n-t'_w} \tag{6-1}$$

式中　$\overline{Q}$——在运行调节时，相应的 t_w 下的供暖热负荷与供暖设计热负荷之比称为相对供暖热负荷；

$\overline{G}$——相对流量比；

t_g——供暖设计供水温度（℃）；

t_h——供暖设计回水温度（℃）；

t'_g——进入供暖用户的供水温度（℃）；

t'_h——供暖热用户的回水温度（℃）；

t_n——供暖室内计算温度（℃）；

t_w——某一室外温度（℃）；

t'_w——供暖室外计算温度（℃）。

为了得到供回水调节的趋势，分别抽取 $\overline{Q}$ 为 0.2、0.3、0.4、0.6、0.7、0.8、0.9 时供回水温度。图 6-5 给出了供回水温度随相对供暖负荷变化趋势。

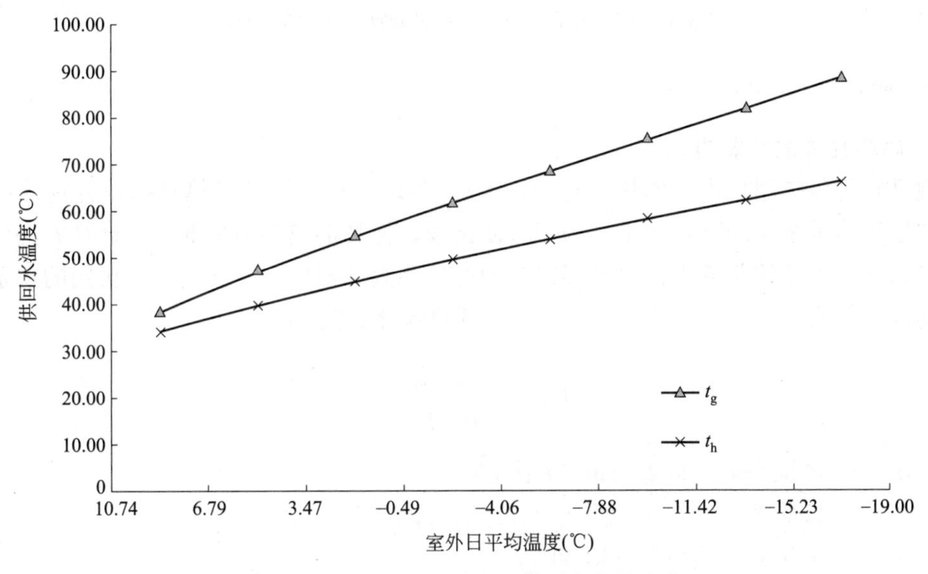

图 6-5　供回水温度随相对供暖负荷的变化

6.1.3　热网调节模式下能耗的分布

根据 $\overline{Q}$ 所对应的室外的平均干球温度将其分为 8 个区间，第一个区间为（6.79～10.74℃）的相对负荷比是 0.2～0.3，第二个区间（3.17～6.79℃］的相对负荷比是 0.3～0.4，第三个区间（－0.49～3.17℃］的相对负荷比是 0.4～0.5、第四个区间（－4.06～－0.49℃］的相对负荷比是 0.5～0.6，第五个区间（－7.88～－4.06℃］的相对负荷比是 0.6～0.7，第六个区间（－11.42～－7.88℃］的相对负荷比是 0.7～0.8，第七个区间（−15.23～−11.42℃］的相对负荷比是 0.8～0.9，第八个区间（−19.00～−15.23℃］的相对负荷比是 0.9～1.0。将每一个区间的耗能与整个供暖季的能耗进行对比，得出该区间的能耗比例，同时给出了这个区间出现的天数占整个供暖期的天数，即相对时间。图 6-6 给出了建筑能耗比例和相对时间在这 8 个区间的比例。

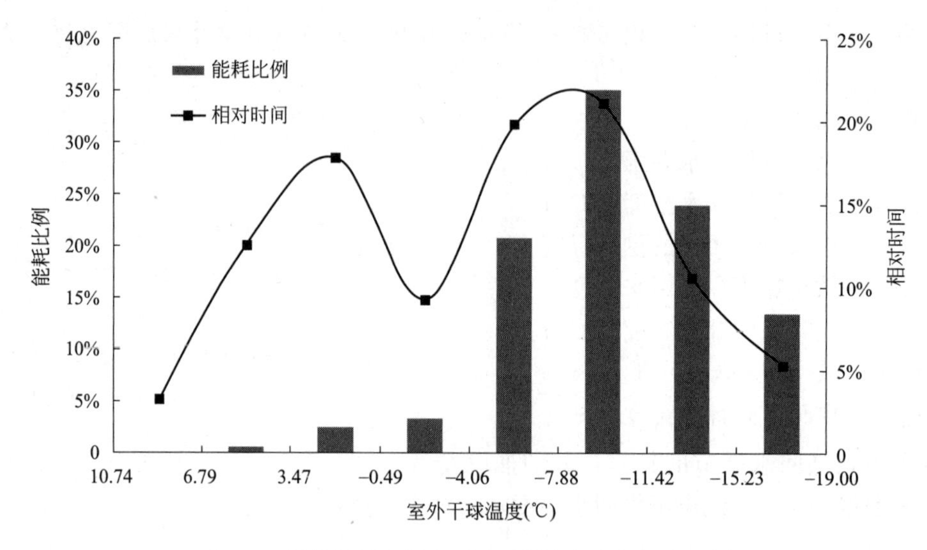

图 6-6　建筑能耗比例和相对时间在各个区间中比例

6.1.4　燃料耗量的计算

1. 燃料耗量的计算方法

现已知每年热用户需要的热量 Q(kJ/年)，即建筑每年累计的热负荷，分别计算燃煤锅炉和地源热泵全年的燃料耗量，为了方便比较，将其都换算为标准煤。计算方法如下：

(1) 热网供热的能耗主要由燃煤锅炉的耗量和锅炉辅机、一次网、二次网的水泵电耗等辅助设备耗能组成。根据式(6-2) 分别计算两部分能耗：

$$B_1=\frac{k_1 Q}{20934\eta_1\times\eta_2}\tag{6-2}$$

式中　B_1——燃煤锅炉的标煤耗量（kg/年）；

k_1——折标系数，对于原煤为 0.714kg/kg；

Q——全年累计热负荷（kJ/年）；

20934——原煤的低位发热量（kJ/kg）；

η_1——燃煤供热锅炉效率，取 70%；

η_2——热网效率，取 90%。

辅助设备耗能总的电力消耗，计算式(6-3) 如下：

$$B_2=k_1 k_2 Q\tag{6-3}$$

式中　B_2——城市热网供热系统的电力耗量的标煤耗量；

k_1——折标系数，对于煤电为 0.404kg/(kW·h)；

k_2——比例系数，对于燃煤锅炉取 0.05。

(2) 地源热泵系统供热主要耗能也分为热泵主机的耗能和辅助设备耗能两个部分。根据式(6-4) 分别计算两部分能耗：

$$E_1=\frac{k_1Q_1}{COP} \tag{6-4}$$

式中 E_1——热泵主机的电力耗量（kJ/年）；

k_1——折标系数，对于煤电为 0.404kg/(kW·h)；

COP——热泵性能系数，对于地源热泵系统取 2.70；

Q_1——地源热泵系统中地源热泵承担的负荷比例，地源热泵系统的 COP 能够达到 3.5 左右。

水泵或风机等辅助设备的电力消耗，计算式(6-5) 如下：

$$E_2=k_1k_2E_1 \tag{6-5}$$

式中 E_2——水泵或风机等辅助设备的电力耗量（kJ/年）；

k_1——折标系数，对于煤电为 0.404kg/(kW·h)；

k_2——比例系数，对地源热泵系统取 0.15。

2. 地源热泵-热网系统互补供热燃料耗量

针对基准建筑，对地源热泵系统承担设计负荷比为 40%、45%、50%、55%、60%、65%、70%、75%、80%、85%、90%、95%和 100% 13 种条件进行计算，结果见表 6-2。

不同方案燃料的标煤耗量 **表 6-2**

方案 热泵+热网	热网系统		地源热泵系统		总的标煤耗量(t)
	燃煤锅炉(t)	辅助设备(t)	热泵主机(t)	辅助设备(t)	
40%+60%	20.78	2.15	62.07	32.58	117.59
45%+55%	16.38	1.70	64.68	33.95	116.70
50%+50%	14.26	1.48	65.93	34.61	116.28
55%+45%	12.36	1.28	67.05	35.20	115.90
60%+40%	9.75	1.01	68.60	36.02	115.37
65%+35%	6.89	0.71	70.30	36.90	114.80
70%+30%	4.65	0.48	71.62	37.60	114.35
75%+25%	2.58	0.27	72.85	38.24	113.94
80%+20%	1.94	0.20	73.23	38.44	113.81
85%+15%	1.59	0.16	73.43	38.55	113.74
90%+10%	1.59	0.16	73.43	38.55	113.74
95%+5%	1.59	0.16	73.43	38.55	113.74
100%+0	0	0	74.37	39.05	113.42

从表 6-2 中可以看出，随着地源热泵系统承担设计负荷比的增加，互补供暖方式的标煤耗量逐渐减小。对于住宅建筑来说，就地源热泵系统而言，当地源热泵系统承担设计负荷比从 70%增加到 100%时，其标煤耗量仅降低了 5.22%。

所以对于住宅建筑，地源热泵系统承担设计负荷的 70%，热网承担设计负荷的 30%

是比较节能的方案。

6.1.5 工程经济分析

根据该实际工程的负荷情况，地源热泵热源部分造价指标为 4154.00 元/kW（热负荷）；燃煤锅炉热源部分造价指标为 2432.23 元/kW（热负荷）；根据该市太阳能供热实际工程太阳能部分的造价指标为 11805.55 元/kW（热负荷）。系统的运行费用，电的价格按照居民生活用电 0.45 元/(kW·h) 计算，天然气的价格为 3.3 元/m^3。按照每天运行 24h，负荷率为 0.8 计算，对于基准建筑，在不同辅助热源配置情况下初投资、运行费用如图 6-7 所示。

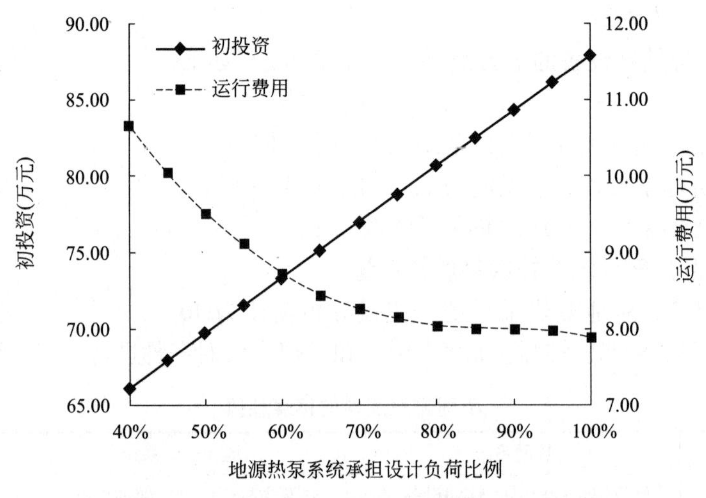

图 6-7 不同方案下系统的初投资、运行费用

为了将系统的初投资和运行费用综合起来考虑系统的经济性，本书通过计算系统在其寿命周期内的总费用来获得经济性评价。根据工程经济学基本原理，假设银行的贷款年利率 $i=8\%$，寿命期 30 年，计算项目的动态回收期及净现值。图 6-8 给出了不同方案下系统的动态回收期及净现值。

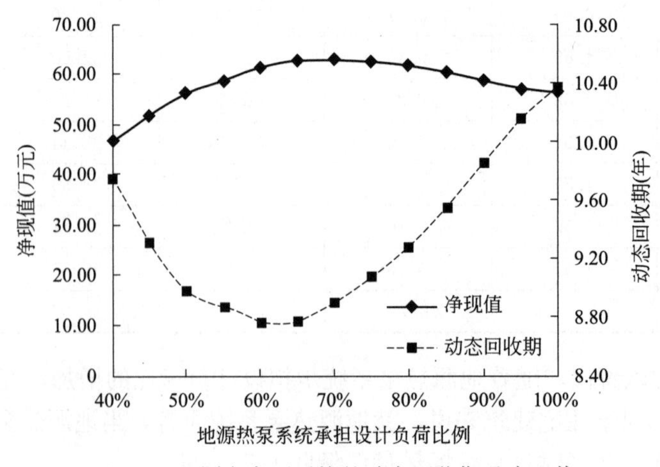

图 6-8 不同方案下系统的动态回收期及净现值

由于系统初投资的增加和运行费用成反比，导致净现值先逐渐升高，而后又缓慢降低。当地源热泵承担65%的设计负荷时，可以获得最大的费用现值（62.82万元），内部收益率16.12%，远远大于设定的银行贷款利率8%，动态回收期为8.77年。可以获得最佳的经济效果。

6.2 互补供热系统设计及运行模式

6.2.1 互补供热系统设计的功能及组成

互补供热系统原理示意如图6-9所示。

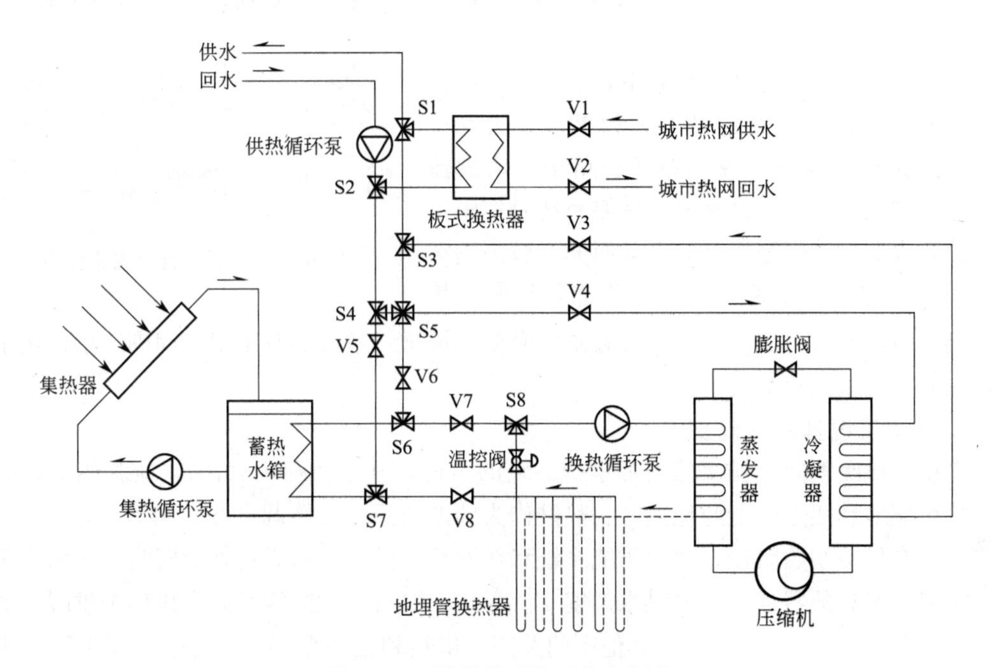

图6-9 互补供热系统原理示意图

6.2.2 互补供热系统的运行模式

1. 冬季工况下互补运行模式

（1）串联运行模式

串联模式的第一种是循环流体首先经过蓄热水箱的换热，然后先进入埋管换热器再进入热泵机组蒸发器，特点是进入蓄热水箱中换热的循环流体温度很低，从而增加了水箱与太阳能集热器的换热量，所以太阳能集热器的集热效率也随之提高，有助于地温的恢复（图6-10）。

第二种串联运行模式和前一种正好相反，如图6-11所示，循环介质先流经埋管换热器，再进入太阳能集热器。循环介质先被埋管换热器加热过一次，而后介质被太阳能集热器再次加热，使进入热泵机组蒸发端的温度提高，相应地热泵机组的性能系数也随之提高。

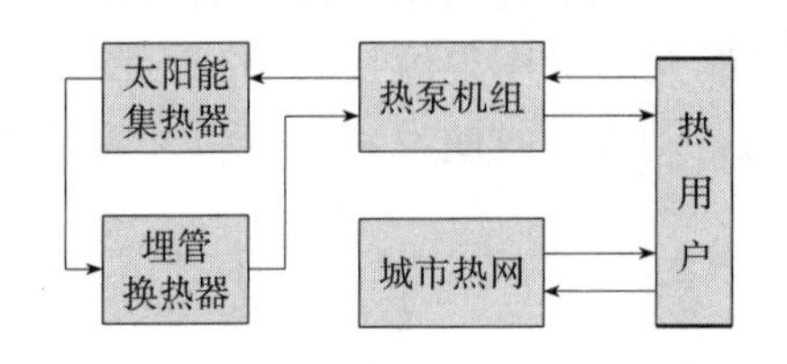

图 6-10　串联运行模式一流程图

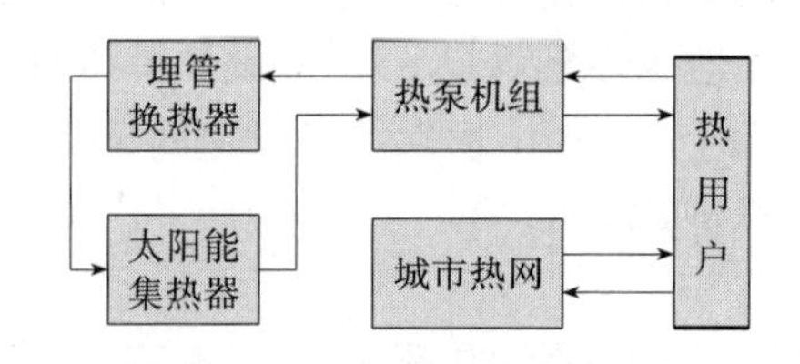

图 6-11　串联模式二流程图

（2）并联运行模式

在并联运行模式中，循环介质直接通过热泵机组的冷凝器和热泵机组通过埋管换热器提取的热介质混合，再与经过热网换热的热介质汇合向热用户供热，循环介质的流动路线如图 6-12 所示。

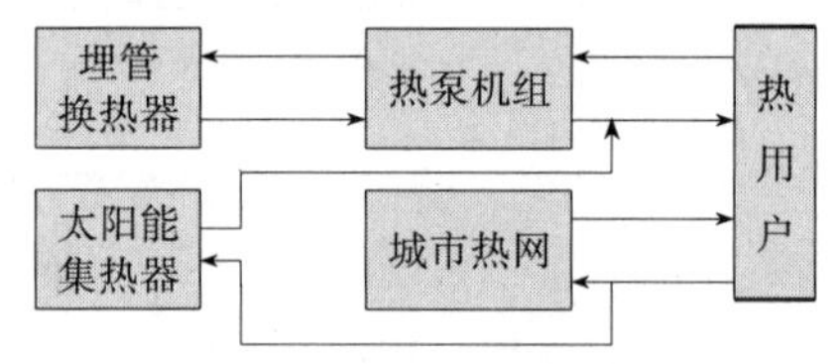

图 6-12　并联运行模式流程图

从热用户回水到热网、集热器以及地埋管的比例可以通过分流装置智能调节，如果室外天气良好，日照充足，则增大集热循环管路中介质的流量，充分利用太阳能，从而减少热泵系统对周围土壤的热量提取，确保整个系统能长时间在较高的运行效率下工作；如果室外天气条件差，日照效果差，则减少甚至可以关闭集热循环管路中介质的流量，增大热泵系统对周围土壤的热量提取，以满足建筑热负荷的需要。

2. 冬季工况具体调节方式

在整个供暖期间，城市热网都承担一定的负荷，其他负荷由太阳能-地源热泵系统提供。尽可能地利用太阳能与地热能、热网作为辅助能源，具体调节方式如下：

（1）在供暖初始阶段，由太阳能系统和热网互补供热，白天室外天气晴好，而热负荷又较小时，经集热器加热后的供水温度 T_g 高于 50℃时，太阳能可以直接用于供暖。此时阀门 S1 到 S7，V5、V6 开启，其他阀门关闭，供热和集热循环水泵开启，换热循环水泵关闭，地源热泵机组关闭。

（2）当太阳能系统出口温度在 40℃$<T_g<$50℃时，热水不能直接用于供暖，此时热水进入机组的冷凝器与地源热泵串联，三者互补供暖。此时阀门 V7、V8 关闭，其他阀门开启，循环水泵均开启，地源热泵机组开启。

（3）当太阳能系统出口温度在 30℃$<T_g<$40℃时，热水不能被直接利用，与地埋管换热器串联使其升温，利用地源热泵和热网互补供暖。此时阀门 V5、V6 关闭，其他阀门开启，水循环泵均开启，地源热泵机组开启。

（4）当太阳能系统出口温度在 15℃$<T_g<$30℃时，热水不能被直接利用，直接进入热泵机组的蒸发器，也利用地源热泵和热网互补供暖。此时阀门 V5、V6 关闭，其他阀门开启，循环泵水泵均开启，地源热泵机组开启。

（5）当太阳能系统出口温度<15℃时，太阳能集热系统停止运行，仅用热泵系统和热网互补供暖。此时，阀门 V5、V6、V7、V8 关闭，其他阀门开启，换热和供热循环水泵开启，集热循环水泵关闭，地源热泵机组开启。

6.3 互补供热系统仿真模型的建立

根据上述对互补供热系统的设计在 TRNSYS 软件中建立了仿真模型，图 6-13 给出了地源热泵与热网互补供热系统的仿真模型。当模型的出口温度低于 60℃时，控制器将启动热网加热，提高地源热泵出口温度，使之达到供水温度要求，当出口温度高于 60℃时，控制器将关闭热网，以最大程度利用地热能，达到降低能耗的目的。冬季供暖期间，由于热泵系统会不间断地从地下土壤中取热，长期运行必然会造成土壤温度不断下降，地埋管中的流体温度会逐渐降低，导致蒸发器的进口温度不断下降，热泵机组的制热能力下降、耗电量增加。太阳能补热系统的加入将会有效地解决这些问题，利用太阳能提高地埋管中流体的温度，提高蒸发温度，热泵机组的性能系数提升，从而减少地埋管的换热量，降低耗电量，节省运行费用。图 6-14 给出了太阳能-地源热泵与热网互补供热系统的仿真模型。

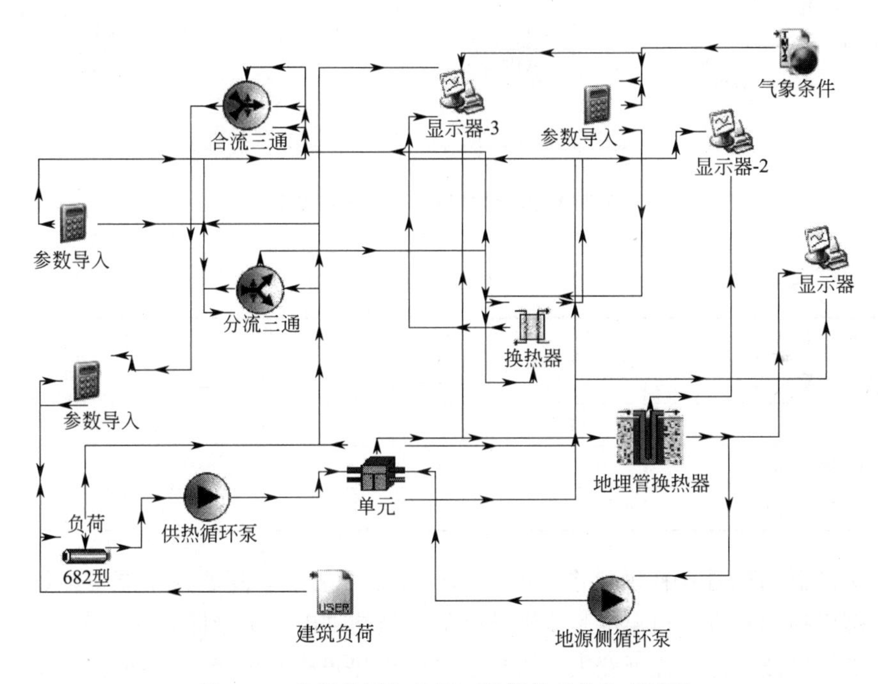

图 6-13 地源热泵与热网互补供热系统仿真模型

6.4 互补供热系统设备参数匹配关系分析

（1）集热器面积与地埋管钻井数

互补系统中太阳能集热器的面积为 180m²，为了分析太阳能集热器面积的变化对系统运行参数的影响，本节选取的集热器面积变化范围是 150～200m²，表 6-3 给出了在不同太阳能集热器面积下的运行参数。

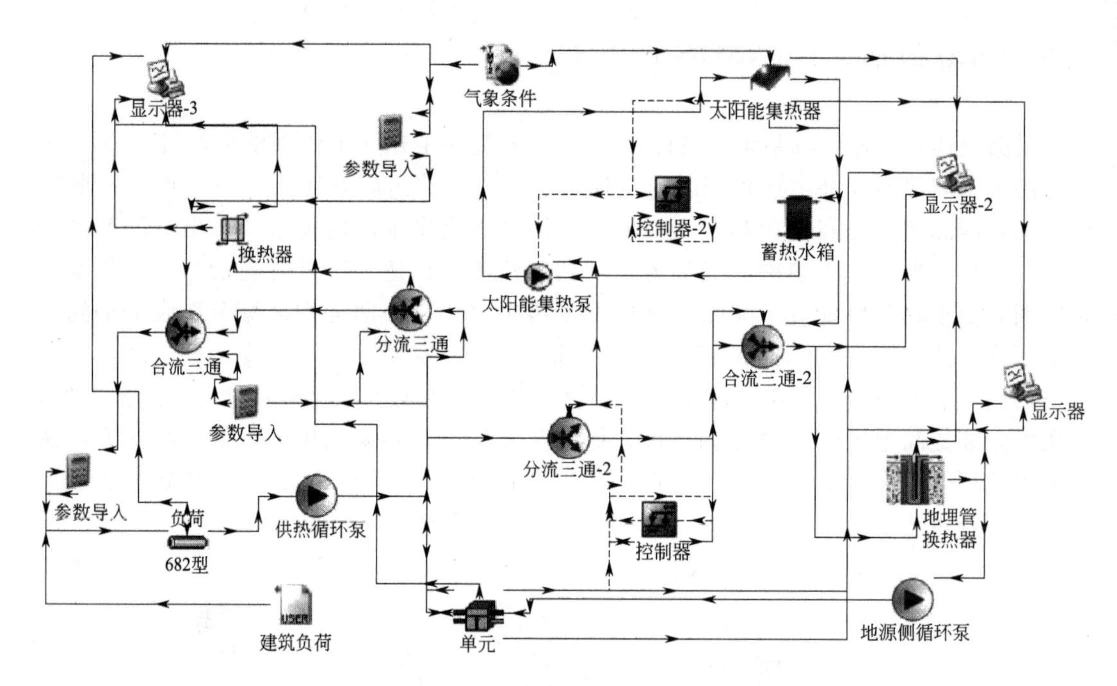

图 6-14　太阳能-地源热泵与热网互补供热系统仿真模型

不同太阳能集热器面积下运行参数　　表 6-3

参数名称	太阳能集热器面积(m²)				
	150	160	170	180	200
地埋管进口温度(℃)	1.4～11.7	1.4～12.5	1.4～13.2	1.4～14.8	1.5～16.8
地埋管出口温度(℃)	3.6～8.5	3.6～9.2	3.6～9.8	3.7～10.3	3.7～11.5
水箱蓄热量(kW·h)	28135	30509	32700	34858	38582
地埋管换热量(kW·h)	104419	102320	100429	98571	95147
蒸发器吸热量(kW·h)	132679	133257	133664	134163	135137

不同集热器面积时互补供热系统的模拟研究结果表明，随着太阳能集热器面积的增加，地下埋管换热器进出口温度是逐渐升高的，但是进出口的最低温度变化不大，而地埋管进出口的温度波动范围逐渐变大；蓄热水箱的蓄热量也随着集热器面积的增加而增加，每增加 $10m^2$ 的太阳能集热器面积，水箱的蓄热量平均增加 2241kW·h，地埋管换热量随着集热器面积的增加而减小，原因是集热器面积的增加提高了地埋管进口温度，使进口温度与土壤的换热温差减小，减少从地下的取热量，使土壤温度恢复速度提高。从蒸发器的吸热量看，集热器面积的增加对蒸发器吸热量的影响不大，每增加 $10m^2$ 的太阳能集热器面积，平均增加量仅为 491kW·h，可以认为在一定范围内改变集热器面积，对系统供热量的影响较小。

从表 6-4 中可以看出，随着地埋管钻井个数的增加，地埋管进出口温度的波动范围变小，水箱的蓄热量减少，而地埋管换热量逐渐增加，热泵蒸发器的吸热量也随之增加，每增加一个钻井，地埋管换热量平均增加 1544kW·h，蒸发器吸热量平均增加 1399kW·h。

不同地埋管钻井数量下的运行参数　　表 6-4

参数名称	地埋管钻井数量(个)				
	18	19	20	21	22
地埋管进口温度(℃)	0.8～13.7	1.1～13.5	1.4～13.2	1.6～12.9	1.5～12.6
地埋管出口温度(℃)	2.7～10.4	2.9～10.1	3.2～9.8	3.5～9.6	3.8～9.4
水箱蓄热量(kW·h)	31645	31498	31369	31171	31065
地埋管换热量(kW·h)	93449	95152	96755	98254	99626
蒸发器吸热量(kW·h)	125294	126850	128324	129625	130891

表 6-3 中太阳能集热器面积从 150m^2 增加到 200m^2，热泵蒸发器总的吸热量增加 2458kW·h，即每增加 1m^2 的集热器面积，蒸发器吸热量平均可以增加 49kW·h，表 6-4 中地埋管钻井个数从 18 个增加到 22 个，热泵蒸发器总的吸热量增加 5597kW·h，即每增加一个钻井，蒸发器的吸热量平均可以增加 1399kW·h，要想提高相同的蒸发器吸热量，需要太阳能集热器面积为 28.5m^2。可以认为，在相同的供热量下，增加一个钻井个数相当于增加 28.5m^2 的集热器面积，或者可以说每增加一个钻井，同时可以减少系统 28.5m^2 的集热器面积，将钻井个数（N）和集热器面积（A）的关系用一次函数拟合，如图 6-15 所示。

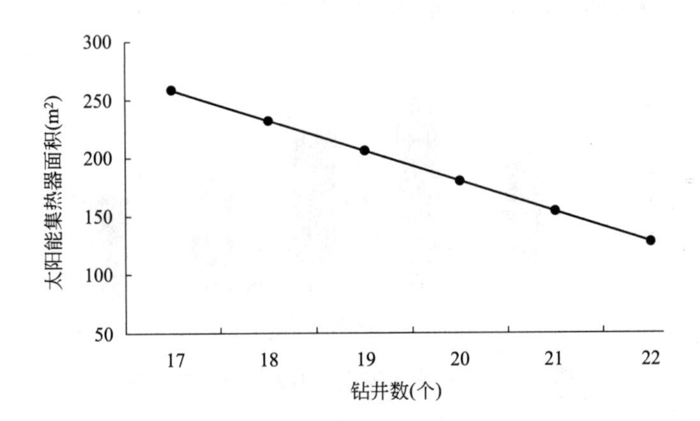

图 6-15　相同供热量下地埋管钻井个数随太阳能集热器面积的变化曲线

拟合公式：

$$A=750-28.5N \tag{6-6}$$

本书钻井的深度是 80m，当钻井深度改变时，上面的拟合方程需要调整，所以可以用埋管长度来定义，每平方米集热面积的增加相当于增加 5.6m 地埋管长度（L），所以可以得到另一个拟合公式：

$$A=4208-5.6L \tag{6-7}$$

（2）集热器面积与蓄热水箱体积

互补系统设计将蓄热水箱体积和集热器面积暂定为每平方米集热器面积对应的蓄热水箱 60L/m^3，蓄热水箱体积为 10m^3，为了研究蓄热水箱体积变化对参数的影响，选取每平方米集热器对应的蓄热水箱体积分别为 30～160L，当集热器面积为 180m^2 时，模拟不同水箱体积对系统运行的影响。

不同蓄热水箱体积下的运行参数 **表 6-5**

参数名称	蓄热水箱体积(m^3)					
	5	10	15	20	25	30
水箱蓄热量(kW·h)	34562	34858	35320	35739	35981	36171
地埋管换热量(kW·h)	98792	98571	98194	97860	97702	97589
蒸发器吸热量(kW·h)	133554	133639	133723	133811	133890	133960

从表 6-5 中可以看出，随蓄热水箱体积的增大，水箱的蓄热量也逐渐增加，而地埋管换热量减少，这与集热器面积的增加使地埋管换热量减少的原因相同，水箱体积每增加 $5m^3$，水箱总蓄热量平均提高 321kW·h，热泵蒸发器总吸热量平均增加 81kW·h，即每增加 $1m^3$ 水箱总吸热量可以提高 16.2kW·h，根据前文中每增加 $1m^2$ 的集热器面积，蒸发器吸热量平均可以增加 49kW·h，可以得出这样的结论，每增加 $1m^2$ 集热器面积相当于增加 $3m^3$ 的蓄热水箱，也就是要得到等量的热量，每减少 $1m^2$ 集热器面积同时要增加 $3m^3$ 的蓄热水箱，当然这个结论的前提条件是每平方米集热器对应的蓄热水箱体积范围是 30～160L。

为了研究水箱的蓄热量增加的速度与水箱体积增加的关系，将每增加 $5m^3$ 的水箱体积后水箱蓄热量的增加率进行对比，结果如图 6-16 所示。

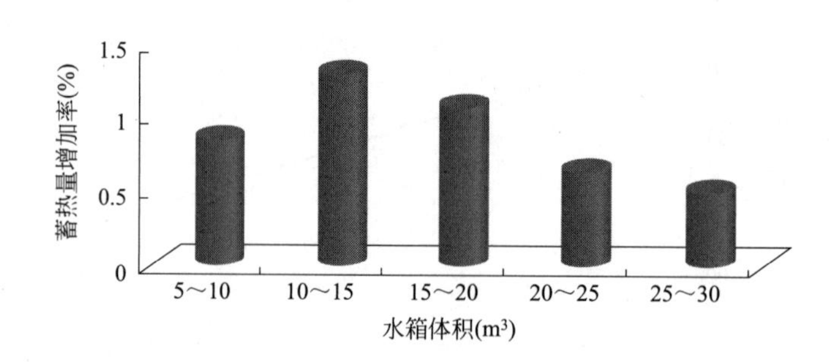

图 6-16 不同水箱体积范围蓄热量的增加率

从图 6-16 中可以看出，水箱的蓄热量的增加率并不是随着水箱体积的增大而增加或者减少，而是一个先增加后减少的变化过程，增加率有一个最大值，即 10～$15m^3$ 范围内的增加率最大，那么可以得到 $180m^2$ 的太阳能集热器，当配 10～$15m^3$ 的水箱时蓄热量增加得最快，当大于 15 m^3 后，蓄热量虽然也继续增加，但是增加的趋势缓慢。可以认为，每平方米集热器面积配 60～80L 蓄热水箱最合适，当然这个结论只适用太阳能供暖短期蓄热的系统。

(3) 热泵机组输入功率

热泵机组选型是按照供暖期最大热负荷的 60%设计的，每台不同的热泵机组型号分别有不同的制热量和输入功率，其中压缩机的输入功率会直接影响互补系统耗电量，进而影响系统的制热能力，本小节选择蓝德公司生产的几台不同型号的热泵机组，将性能数据编辑以后放入 TRNSYS 中的热泵机组模块，分别进行模拟。功率的选取范围是16.7～35.9kW。不同型号热泵机组输入功率对应的制热量如图6-17所示。

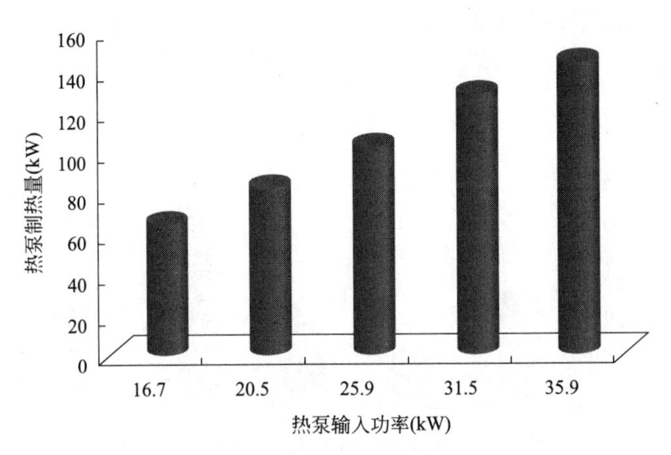

图6-17 不同型号热泵机组输入功率对应的制热量

从图6-17中可以看出，热泵机组的名义制热量随热泵名义输入功率的增加而增加，热泵机组是整个系统最耗电的设备，功率增加必然导致系统运行成本费增加，所以从节能和经济的角度，热泵机组的制热量在满足建筑热负荷的情况下，热泵输入功率应该是越小越好。

热泵机组名义输入功率（以下简写为“热泵输入功率”）的增加，对互补系统部分运行参数有较大影响，将模拟的部分参数汇总见表6-6。

不同热泵输入功率下的运行参数 **表6-6**

参数名称	热泵输入功率(kW)				
	16.7	20.5	25.9	31.5	35.9
地埋管进口平均温度(℃)	6.0	4.5	3.9	3.1	2.4
地埋管出口平均温度(℃)	8.7	7.2	6.1	5.6	4.7
地埋管最低出口温度(℃)	5.03	3.8	2.6	1.4	0.8
冷凝器出口平均温度(℃)	47.6	48.3	48.6	49.8	50.7
供水平均温度(℃)	50.5	51.2	52.3	52.9	53.4
地埋管换热量(kW・h)	86755	98571	119667	122605	125284
水箱蓄热量(kW・h)	31569	32745	34118	35280	37741
蒸发器吸热量(kW・h)	118324	131316	153785	157885	163025
压缩机耗功量(kW・h)	59456	75612	91126	108608	120280
热网供热量(kW・h)	79109	48325	39304	26407	15274

从表6-6中可以看出，地埋管进出口平均温度随热泵输入功率的增加而降低，根据文献沈阳地区冬季地埋管最低出口温度不能低于3.74℃，那么显然随着热泵功率的增大，地埋管出口温度越来越不满足要求。热泵冷凝器出口平均温度和供水平均温度均随热泵输入功率的增加而提高；地埋管换热量、水箱蓄热量、蒸发器吸热量和压缩机

耗功量都随热泵功率的增加而增加，只有热网的供热量是随热泵功率的增加而逐渐减少的。虽然热泵输入功率的增加对系统各运行参数都有一定的影响，但是影响的程度是不同的，图 6-18 给出系统热量及耗功量随热泵输入功率增大而增加（减少）的平均百分比。

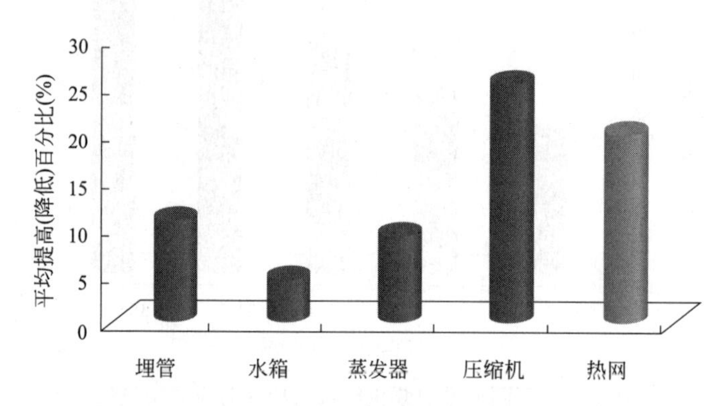

图 6-18 不同热泵输入功率下不同参数平均提高（降低）的百分比

从图 6-18 中可以明显看出，随热泵输入功率的变化，对蓄热水箱的影响最小，对压缩机耗功量以及热网的供热量影响较大，其次是对埋管换热量和蒸发器吸热量的影响，从另一个角度看，压缩机的耗功量增加百分比达到 25%，而蒸发器吸热量增加百分比只有 9%，说明热泵输入功率的增加，对热泵的实际制热量的提高并不显著，反而使耗功量大大增加，原因是建筑热负荷是一定的，所以限制了热泵制热量的提高。所以在满足建筑物热负荷的情况下，可以减小热泵输入功率。

从图 6-18 中看出，热网的供热量随热泵输入功率的增加而减小，减小的平均百分比为 20%，原因是随着热泵输入功率的增大，冷凝器的出口温度升高，所以冷凝器出口温度能够满足供水温度的时间就增加了，相应地与热网的换热次数也就减少了。

将不同热泵输入功率下热网的供热小时数占供暖期的百分比汇总如图 6-19 所示，从图中可以看出，当热泵输入功率为 35.9kW 时，供热时间缩短到 9%，也就是热泵冷凝器出口温度基本可以满足供水要求，但是同时热泵的耗功量也很大，那么从热泵输入功率的变化分别对耗功量和热网供热量的影响来分析，用额外增加耗功量的方法来减少热网的供热量，显然是没有必要的。而当热泵输入功率为 16.7kW 时，热网供热时间达到 60% 以上，说明供暖期大部分时间需要与热网换热，此时的冷凝器出口温度较低，导致供暖期部分时间不能满足供水温度要求，所以热泵输入功率应该综合考虑温度和能耗的变化，进行了折中选择。

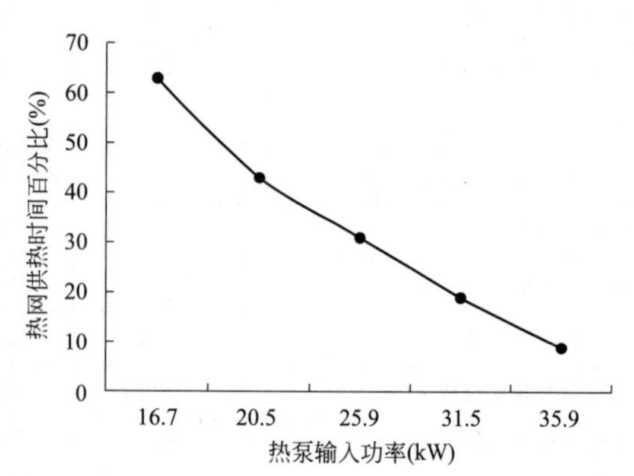

图 6-19 不同热泵输入功率下热网供热时间百分比

（4）热网循环水流量与地埋管钻井数

热网系统水流量的设计直接影响热网的换热量，为了保证热网供回水温差在一定范围内，互补系统中热网回水与热泵出水换热前后的温差按5℃设计，模拟中的换热器的总传热系数为5400W/(m^2·℃)，为了研究热网系统循环水流量的改变对热网换热量的影响大小，选取循环水流量的范围是10～20m^3/h，模拟结果见表6-7。

热网系统不同循环水流量下的热网换热量 **表6-7**

参数名称	热网系统循环水流量(m^3/h)				
	10	12	14.5	17	20
热网换热量(kW·h)	106270	107812	109309	111099	112778

从表6-7中可以看出，随着热网系统循环水流量的增加，热网换热量也随之增加，水流量从10m^3/h增加到20m^3/h，热网换热量一共增加了6508kW·h，因此，可以得到这样的结论，热网系统循环水每增加1m^3/h，热网的总换热量平均增加650kW·h。

为了研究地埋管钻井数量的增减对热网换热量的影响，将不同地埋管钻井数量下冷凝器放热量和热网换热量进行对比，结果见表6-8。

不同地埋管钻井数量下的运行参数 **表6-8**

参数名称	地埋管钻井数量(个)				
	22	21	20	19	18
冷凝器放热量(kW·h)	172116	170438	169221	167635	165880
热网换热量(kW·h)	105444	107152	109309	111653	113780

从表中可以看出，随着地埋管钻井数量的减少，冷凝放热量逐渐减少，热网换热量逐渐增加，主要原因是地埋管钻井数量的减少导致热泵冷凝侧出口温度的降低，增加了与热网的换热时间，因此热网的换热量增加，当地埋管钻井数量从22个减少到18个时，热网换热量增加了8336kW·h，也就是平均每减少一个钻井，热网的换热量增加2084kW·h，与表6-7得出的结论对比后，可知每减少一个地埋管钻井，能增加3.2m^3/h的循环水流量，以保证热网回水换热前后平均温差一定。

6.5 互补系统运行特性分析

1. 热量输出结果

(1) 蓄热水箱的蓄热量

图6-20为供暖期蓄热水箱蓄热量的逐时变化，此时太阳能的集热器面积为180m^2，倾角为55°，从图中可以看出，蓄热量的变化趋势与太阳能集热器的集热量的变化趋势相同，在供暖中期最低，供暖初期和末期较高，原因是随着室外干球温度的降低集热量下降，蓄热量也随之减少，总蓄热量为34858kW·h。

(2) 地埋管换热器换热量

图6-21为供暖期地埋管的换热量，零线以上为从土壤中吸收的热量，零线以下是向土壤排热量，可以看出在供暖中期只有吸热量，原因是室外气温低，太阳能辐射量小，太阳能的辅助作用不显著，地埋管换热量承担大部分热负荷，到供暖初期和末期的时候，开

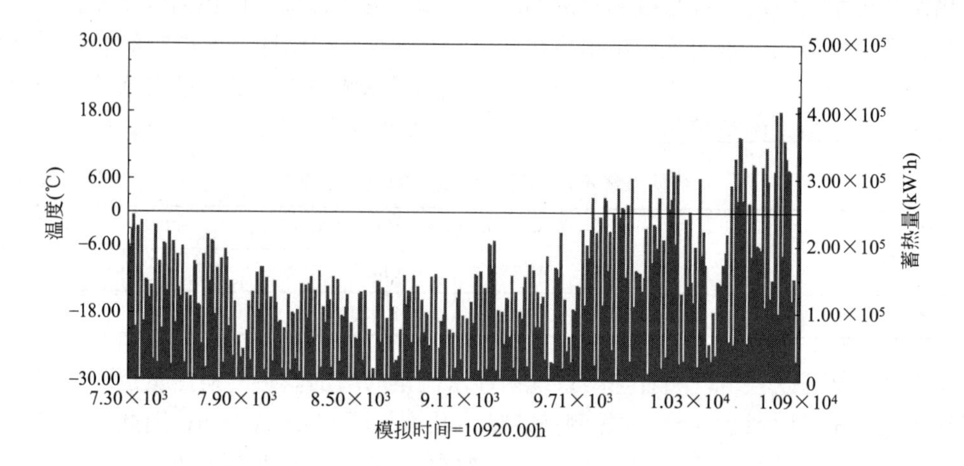

图 6-20 供暖期蓄热水箱蓄热量的逐时变化

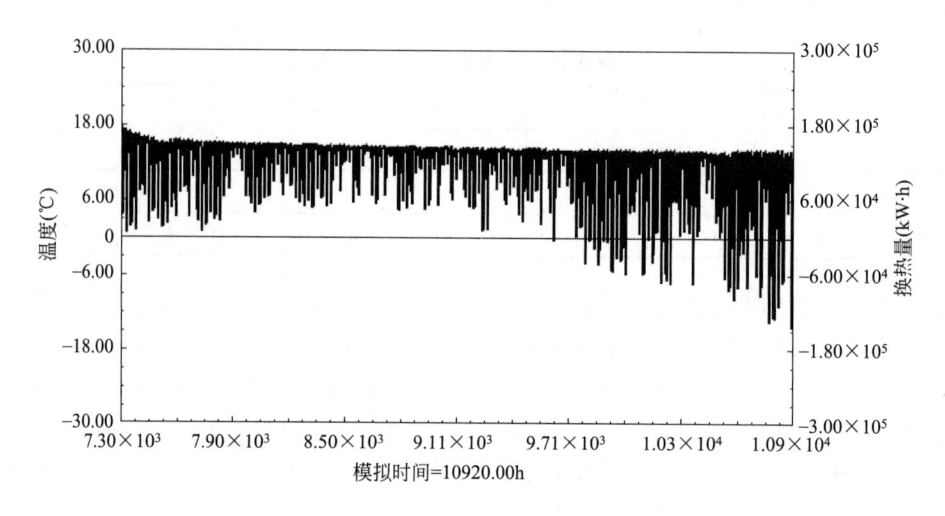

图 6-21 供暖期地埋管的换热量

始有部分热量释放到土壤中，尤其在 3 月，由于室外气温逐渐回升，太阳能辐射量较大，使土壤换热量下降，可以认为太阳能辅助供热可以减少从地下取热量，地埋管换热器总的换热量是 119672kW・h，向土壤的排热量总计 39120kW・h，与蓄热水箱的蓄热量进行对比可以看出，蓄水箱的蓄热量相当于全部释放到土壤中，排热量高于蓄热量的原因主要是蓄热体表层土壤对太阳能辐射量的吸收作用。

图 6-22 给出了一天 24h 内蓄热水箱蓄热量和地埋管换热量的变化规律，从图 6-22 中可以看出，前两个小时，由于热泵循环流体温度与土壤的温度差很大，换热量也迅速增加，当上升到一定值后开始缓慢下降，原因是热泵循环流体与土壤温度差逐渐减小，到 7304h（7 时左右），换热量下降幅度较大，在大约中午的时间换热量达到最小值，而此时的太阳能辐射最强，水箱温度较高，所以蓄热量大，直到 7314h（17 时左右）太阳能辐射减弱辅助作用逐渐减小，土壤换热量逐渐平稳增加。由此可以看出，太阳能辅助供热，减少了从土壤中的取热量，使土壤温度恢复速度加快。

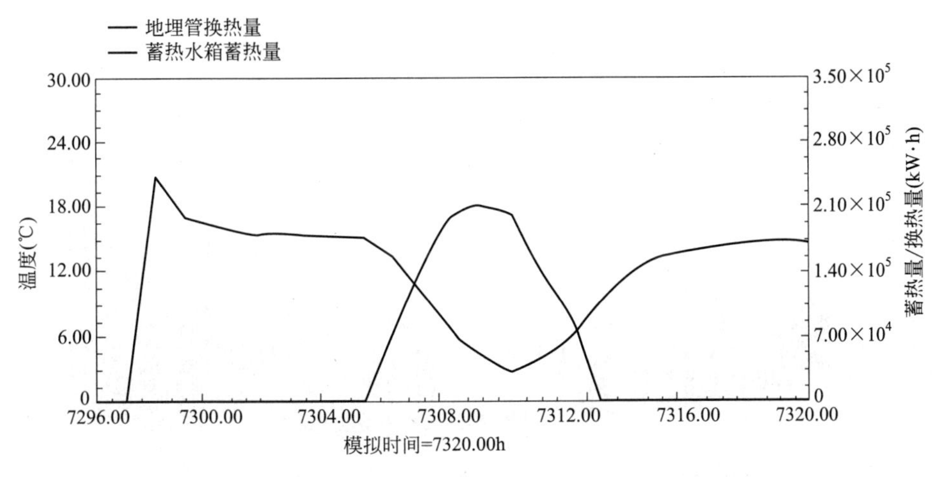

图 6-22 一天内水箱蓄热量和地埋管换热量的变化规律

(3) 热网供热量

图 6-23 给出了热网在互补系统中的供热量，从图中可以看出，供暖初期和末期热网的供热量很少，热网的热量主要集中在 12 月到 2 月之间，说明互补系统中热网主要在供暖中期起作用，实际工程设计时可以考虑在供暖中期加入热网。

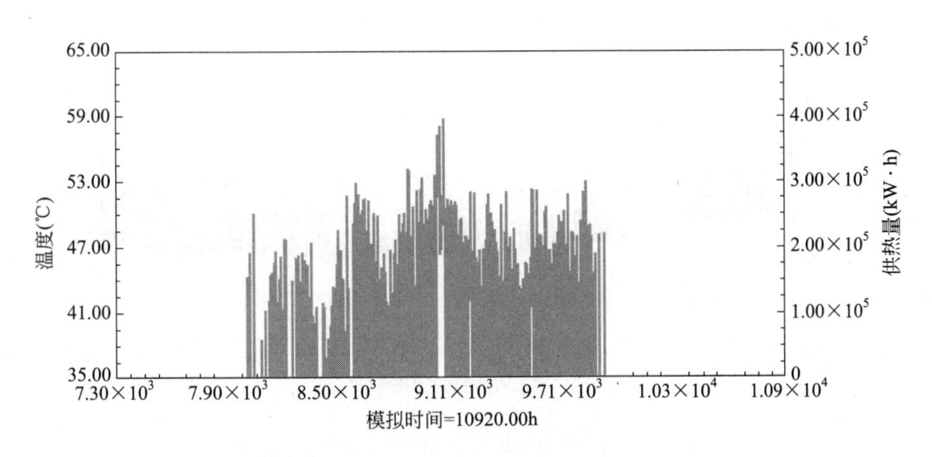

图 6-23 供暖期热网供热量

2. 温度输出结果

(1) 地埋管进出口温度

图 6-24 和图 6-25 分别是供暖期地埋管进口和出口逐时温度变化趋势图，可以看出无论进口还是出口，温度变化分布均呈两边高中间低的特点，这与太阳能进口和出口温度的分布趋势相同，统计地埋管进口温度范围是 1.5～14.8℃，平均温度为 3.5℃，地埋管出口温度范围是 3.7～10.3℃，平均值为 5.6℃。虽然太阳能辐射作用提高了地埋管进口和出口的温度范围的上限值，但是最低温度和平均温度均较低，原因是模拟时热泵机组性能参数数据文件的变化范围较小，导致了温度参数在一定数值范围内变化波动。

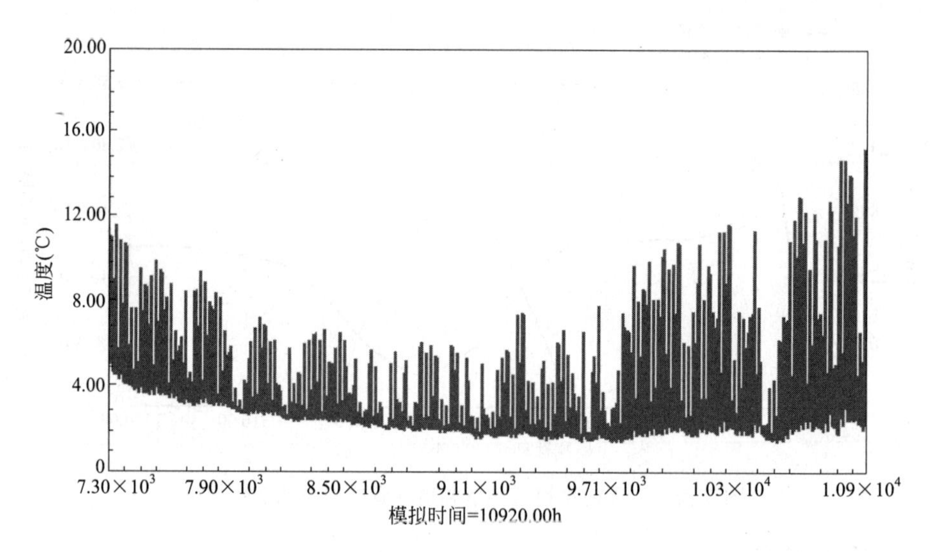

图 6-24 供暖期地埋管进口逐时温度变化趋势

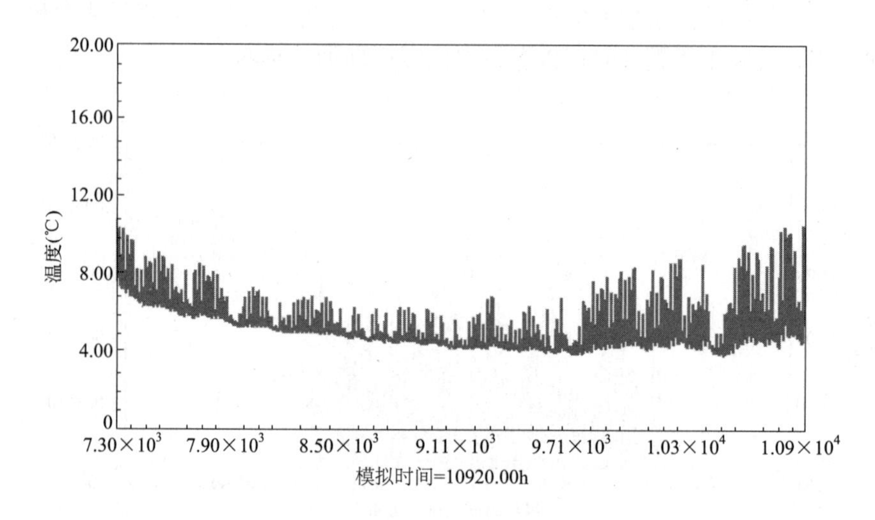

图 6-25 供暖期地埋管出口逐时温度变化趋势

（2）系统供水温度

由图 6-26 和图 6-27 可以看出，经过模拟互补供热系统的供水温度，供暖中期经过热网换热后的供水温度明显提高，热泵冷凝出口平均温度为 49℃，换热后的平均温度 53℃。供暖初期和末期热泵供水温度基本可以满足末端需求，这也与图 6-23 供热期热网供热量的变化相符合。热网换热时间集中在 12 月中旬到次年 2 月中旬，在供热初期和末期则利用率比较低，因此实际工程设计时可以考虑在供暖中期加入热网。

3. 热泵制热性能系数

从图 6-28 可以看出热泵机组 *COP* 供暖期的变化趋势，供暖期开始时，*COP* 较高，因为此时间段内土壤的温度较高，太阳能辐射也较强，所以热泵的制热能力最高，随着室外气温的逐渐降低，太阳能辅助作用越来越小，*COP* 有下降的趋势，随着室外气温的回

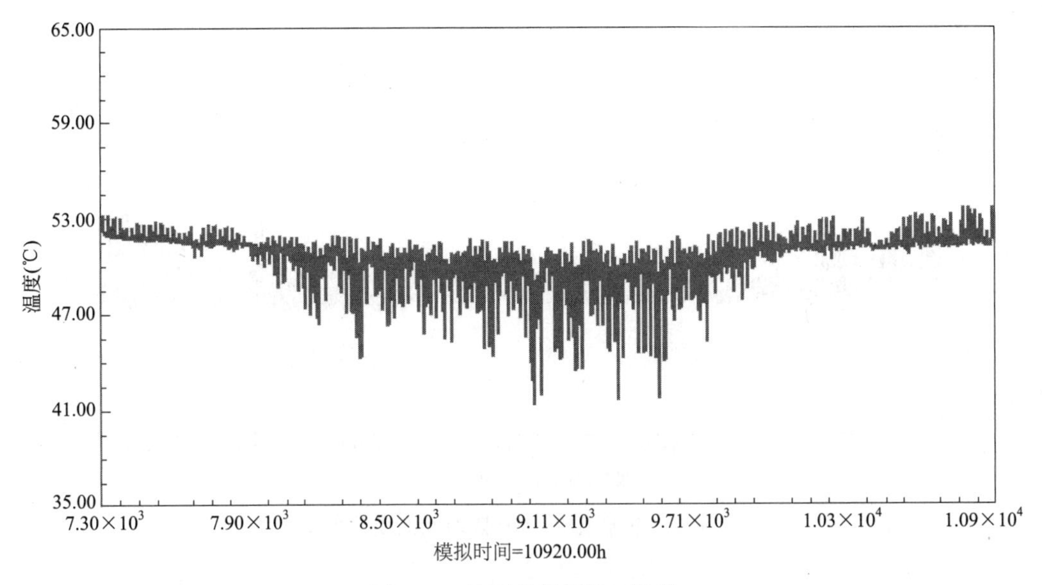

图 6-26 热泵负荷侧出口温度

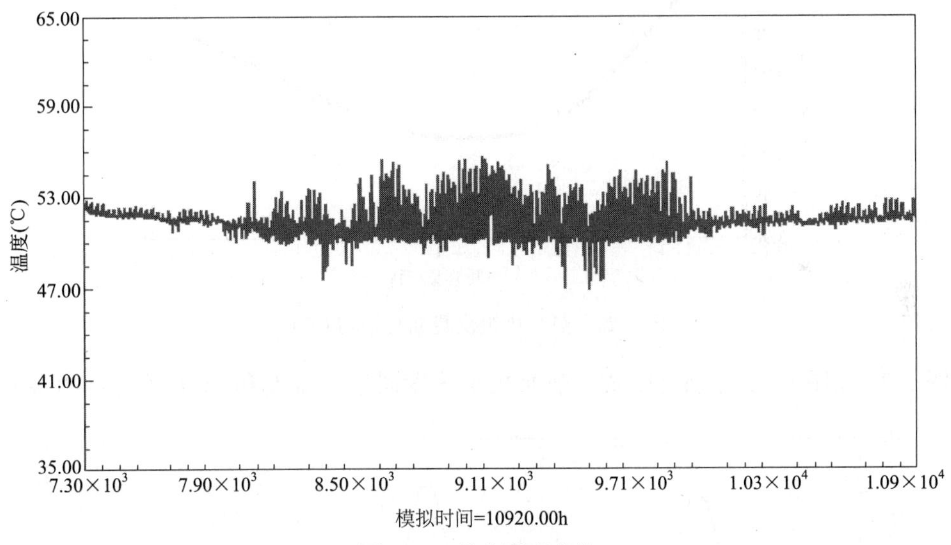

图 6-27 供水温度变化

升，太阳能辐射越来越强，辅助作用越来越显著，*COP* 又逐渐提高。全年平均 *COP* 为 4.04，图 6-29 给出了热泵机组供暖期月平均 *COP* 的变化趋势。

从图 6-29 可以看出，在 11 月热泵机组的月平均 *COP* 是最高的，可以达到 4.08，其次是 3 月，1 月最低，月平均 *COP* 为 4.01，热泵机组的供暖期月平均 *COP* 均在 4 以上。

4. 两种运行模式比较

(1) 机组进口温度及 *COP*

热泵机组的蒸发器进口温度直接影响蒸发温度，是机组运行的一个关键参数。在冬季供暖的工况下，当其他因素不变时，随着蒸发器进口温度的升高，机组蒸发温度随之升高，机组的制热量也逐渐增加，性能系数也相应提高。

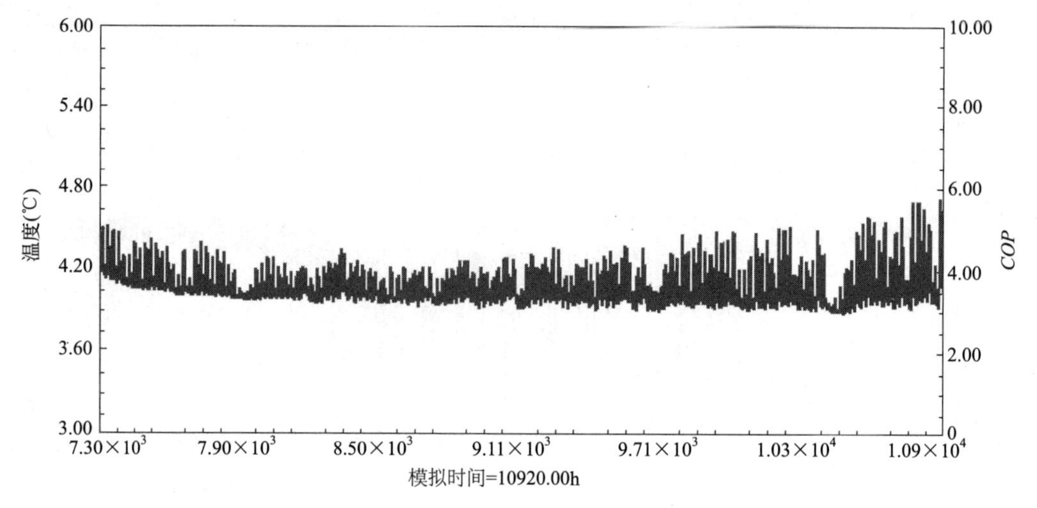

图 6-28 热泵机组 *COP* 随时间的变化规律

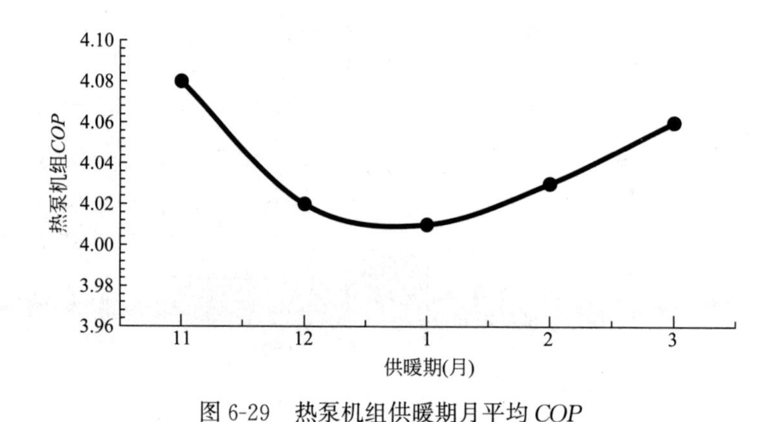

图 6-29 热泵机组供暖期月平均 *COP*

图 6-30 和图 6-31 分别是模式二热泵机组蒸发器进口温度和 *COP* 在运行开始后 72h

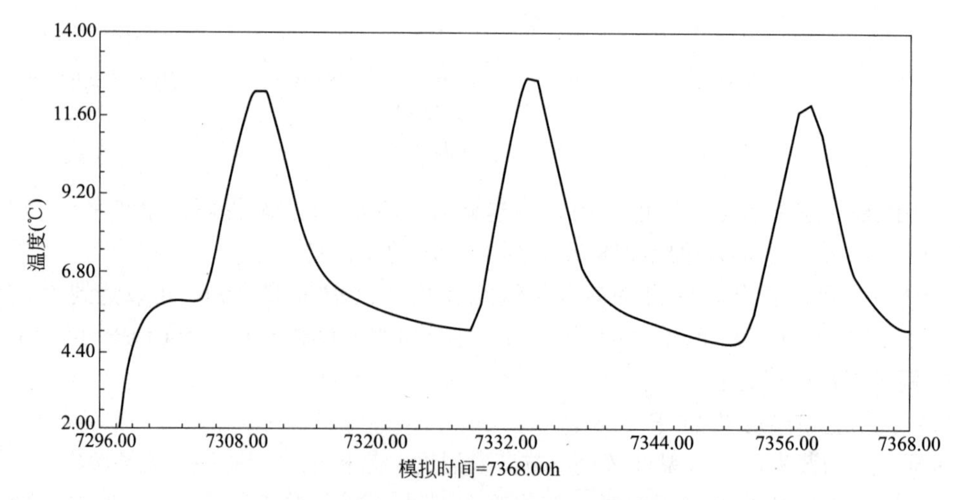

图 6-30 模式二热泵机组蒸发器进口温度变化

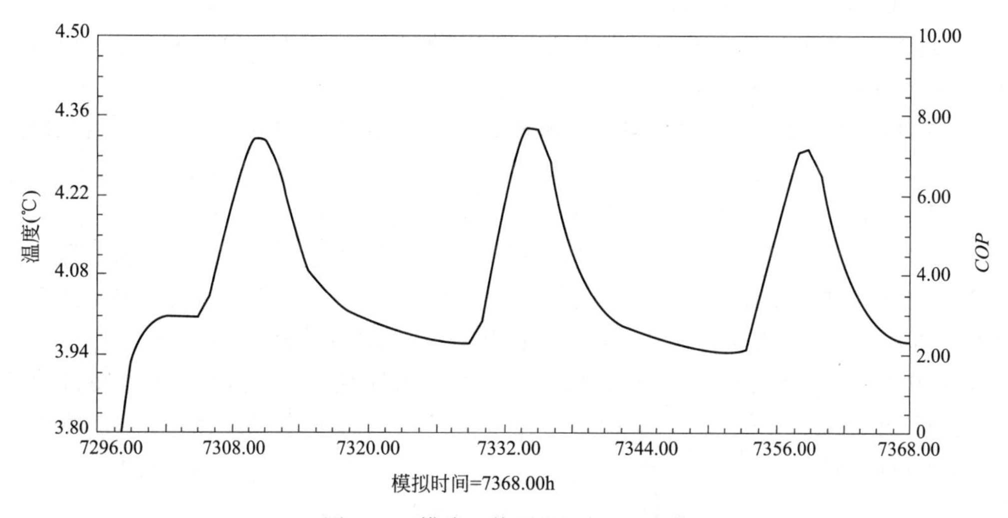

图 6-31 模式二热泵机组 COP 变化

的变化，从整体来看，COP 的变化趋势与蒸发器进口温度的变化趋势相同，由于前两个小时热泵刚开始启动，所以蒸发器进口温度迅速上升，COP 也随之迅速增加，但是增加到一定值后有下降趋势，原因是随着热泵的运行，土壤的温度逐渐降低，土壤吸热量随之减小，所以蒸发器侧循环流体温度逐渐降低，当 7304h（8 时左右），循环流体的温度逐渐提高，COP 也逐渐提高，主要是因为白天建筑物的热负荷减小，同时太阳能辐射增加，经过蓄热水箱后的循环流体温度迅速提高，最高进口温度和 COP 值出现在 13 时左右，此后又逐渐降低，直到 7315h（18 时左右）太阳能辐射减弱不能起到辅助作用，热泵进口温度和 COP 开始平稳下降，到第二天和第三天又开始循环地升高和降低。

由图 6-32 可以看出，两种运行模式下，热泵蒸发器进口温度变化趋势基本相同，模式一的蒸发器温度高于模式二，主要原因是此时蓄热水箱没有蓄热，所以温度较低，直接进入机组蒸发器内导致模式二的 COP 较低。其中每天的 8 时到 18 时左右模式二的进口温

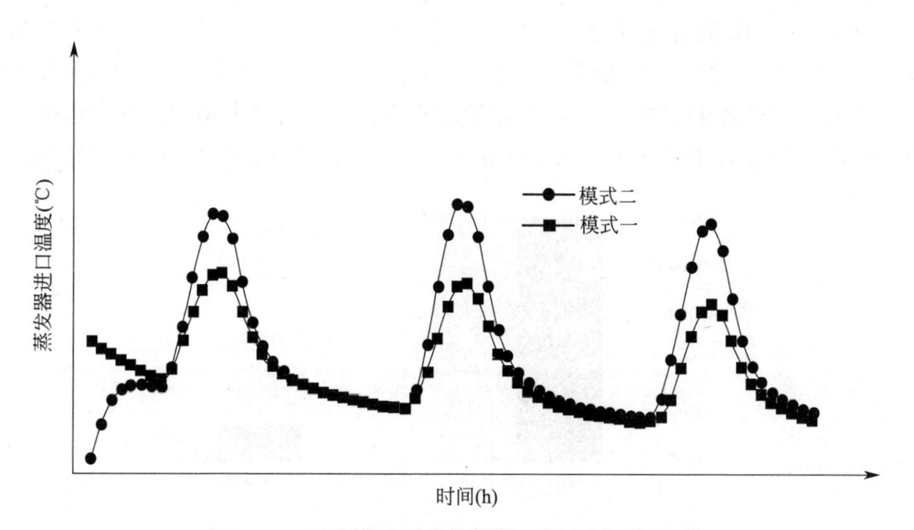

图 6-32 两种模式下蒸发器进口温度随时间变化

度比模式一的高，分析其原因，在有光照的时候，模式二中地埋管循环流体经过蓄热水箱后，温度进一步提升，而在夜间没有光照时，二者温度差异不大，所以模式二机组蒸发器进口温度在白天要高一些。

图 6-33 给出了系统的两种串联运行模式的热泵机组 *COP* 的变化规律，机组开始运行时，模式一的 *COP* 高于模式二，原因与蒸发器进口温度变化的原因相同，从 8 时开始有太阳能辐射后，模式二的 *COP* 一直高于模式一，直到 18 时左右，两种模式下的 *COP* 基本相等，原因是夜间无太阳能光照，循环流体先进入蓄热水箱再进入地埋管换热器的模式一和循环流体先进入蓄热水箱再进入蒸发器的模式二相比，蒸发器进口温度基本相等，所以 *COP* 也基本相等，从第二天的 8 时到 18 时这段时间内，模式二的 *COP* 又开始高于模式一，所以从整个趋势看，在白天模式二的 *COP* 均高于模式一，但是从平均提高值角度看提高效果并不显著，模式一平均 *COP* 为 4.04，模式二平均 *COP* 为 4.06，性能系数 *COP* 平均可以提高 0.02。

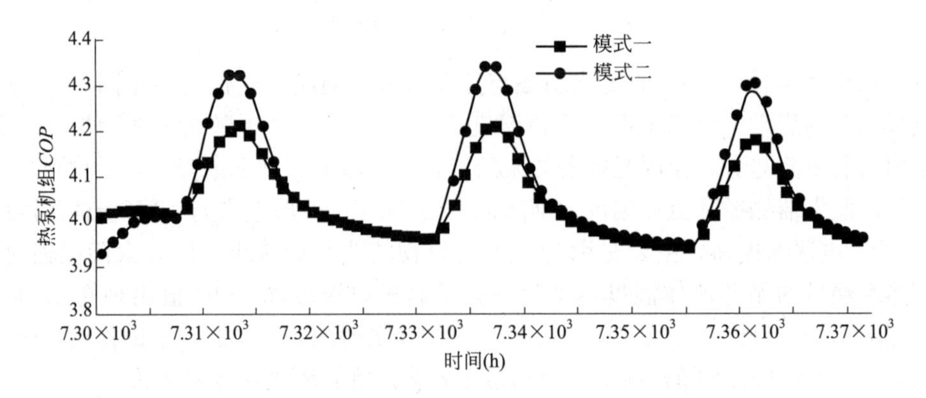

图 6-33 两种模式下热泵机组 *COP* 随时间变化

(2) 热量及地下换热量

图 6-34 对比了两种运行模式下的地埋管换热量和水箱蓄热量，模式一的地埋管总换热量为 119672kW，水箱蓄热量为 34858kW，模式二地埋管总换热量为 124357kW，水箱蓄热量为 32296kW，模式一的水箱蓄热量大于模式二，这是因为模式一中进入太阳能集热器的水温低，集热器的效率高，所以太阳能集热量大，同时水箱的蓄热量也就大。模式二的地埋管换热量要大于模式一，原因可能是模式二的地埋管进口温度相对较低，增大了

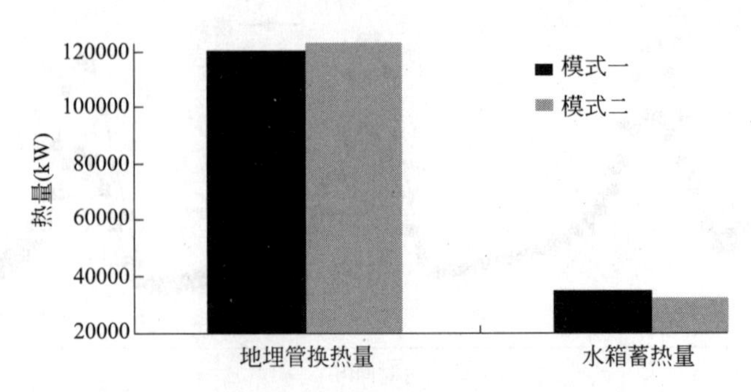

图 6-34 地埋管换热量和水箱蓄热量对比

与土壤的换热温差，所以换热量增加。从土壤恢复率的角度分析，由于增加了太阳能辅助，两种运行模式都对土壤温度的恢复速度有一定的提高作用，但模式一减小了从土壤的取热量，应该更有利于地温的恢复。

综合分析，若以地源热泵为主要热源，模式二的效果更好，这种模式利用太阳能可以起到更好的作用，节省更多的电能。其原因是模式二比模式一更能提高整个系统的性能，太阳能系统的蓄热量用来提高热泵机组的效率比对土壤补热更能发挥其作用。若以太阳能为主要热源，可以考虑采用模式一，原因是模式一可以保证集热器的高效率，提高集热器的吸热量。如果单纯地在冬季供暖情况下使用太阳能补热，模式二可作为实际工程设计与运行的优选方案。

6.6 互补供热系统的经济性与节能性分析

1. 初投资费用

两种联合供暖方式的系统部件型号大体一致，仅各部件连接方式需要的管线长度稍有区别，可以认为串联式和并联式这两种系统的初投资费用一样，且为了简化计算仅对系统主要部件的投资成本进行计算。

平板型太阳能集热器每平方米的造价为 1200 元/m^2，分层式蓄热水箱的造价为 2800 元/m^3，型号为 GSHP-C0125E 的水源热泵机组的价格为 30 万元，三类循环水泵总价为 2 万元。聚乙烯（PE）管的成本为 3.5 元/ m，间壁式换热器的价格为 600 元/m^2，其他阀门、连接件的费用暂不计算。所以，两种联合供暖系统的初投资费用大致为：

$$
\begin{aligned}
S_T &= M\times a+N\times b+P+W+Q\times L+R\times c \\
&=1200\times 372+2800\times 22.32+300000+20000+3.5\times 7238+800\times 0.48 \\
&=85.46\ 万元
\end{aligned}
\tag{6-8}
$$

式中 M——平板型太阳能集热器的造价比（元/m^2）；

a——平板型太阳能集热器修正后的总面积（m^2）；

N——分层式蓄热水箱的造价比（元/m^3）；

b——分层式蓄热水箱的体积（m^3）；

P——系统所用热泵机组的价格（元）；

W——三类循环水泵总价（元）；

Q——聚乙烯地埋管换热器的每米造价（元/m）；

L——地埋管换热器的埋管总长度（m）；

R——间壁式换热器每平方米的造价（元/m^2）；

c——间壁式换热器的总面积（m^2）。

2. 运行费用

（1）串联式联合供暖系统的运行费用

① 热泵机组的耗电费用

在供暖期间热泵机组耗功率大致为 9.29～10.51kW，过渡期间热泵机组停止运行，在制冷期，热泵机组的耗功率大约为 1.3kW。整个运行区间上对系统耗功率进行积分可得 5 年的耗电总量为 8.30×10^{8}kJ，折合 230555kW·h，参照沈阳地区民用电价标准 0.5 元/(kW·h)，共计 11.53 万元。

② 循环水泵耗电费用

系统循环水泵为变速泵，当室内负荷较大时输送的供水量增大，当室内负荷较小时供水量变小，从而满足建筑物的供暖需求。系统循环水泵的最大功率为 6000kJ/h，即 1.66kW，总的系统循环水泵耗电量为 6.426×10^{7}kJ，即 17850kW·h，按照沈阳地区民用电价标准 0.5 元/(kW·h) 计算，电费共计 0.89 万元。

地埋管换热系统采用变速循环泵，通过调节流动介质的流速来控制热泵机组从土壤中的取热量。地源侧循环泵的最大耗功率为 60050kJ/h，即 16.6kW，总电量为 6.46×10^{8}kJ，折合 179444kW·h，按照沈阳地区民用电价标准 0.5 元/(kW·h) 计算，5 年电费共计 8.97 万元。

太阳能集热系统采用的为恒速循环水泵。太阳能集热系统循环水泵的耗功率为 3750kJ/h，折合 1.03kW，总电量为 9.65×10^{6}kJ，即 2681kW·h，按照沈阳地区民用电价标准 0.5 元/(kW·h) 计算，5 年电费共计 1340 元。

(2) 并联式联合供暖系统的运行费用

① 热泵机组的耗电费用

系统在供暖期间的热泵机组耗功率最大值为 12.6kW，过渡期间热泵机组停止运行，系统在制冷期热泵机组的耗功率大约为 1.5kW。5 年的耗电总量为 8.97×10^{8}kJ，折合 230555kW·h，参照沈阳地区民用电价标准 0.5 元/(kW·h)，共计 12.7 万元。

②循环水泵的耗电费用

系统循环泵为变速泵，当室内负荷较大时输送的供水量增大，当室内负荷较小时供水量变小，从而满足建筑物的供暖需求。负荷侧循环水泵的最大功率为 6200kJ/h，即 1.73kW，总的系统循环水泵耗电量 7.8×10^{7}kJ，即 21667kW·h，按照沈阳地区民用电价标准 0.5 元/(kW·h) 计算，电费共计 1.08 万元。

地埋管换热系统采用变速循环泵，通过调节流动介质的流速来控制热泵机组从土壤中的取热量。地源侧循环泵的最大耗功率为 62187kJ/h，即 17.3kW，总电量为 7.02×10^{8}kJ，折合 195000kW·h，按照沈阳地区民用电价标准 0.5 元/(kW·h) 计算，5 年电费共计 9.75 万元。

太阳能集热系统采用的为定速循环泵。太阳能集热系统循环水泵的耗功率为 4350kJ/h，折合 1.21kW，总电量为 1.5×10^{7}kJ，即 4166.7kW·h，按照沈阳地区民用电价标准 0.5 元/(kW·h) 计算，5 年电费共计 2083 元。

3. 不同运行方式下的热网补热费用

串联式联合供暖系统一个供暖季中热网的补热量为 1.13×10^{7}kJ，并联式联合供暖系统在一个供暖季里所需的补热量为 2.07×10^{7}kJ，非居住建筑供暖价格为每平方米建筑面积 23.50 元，用热量计价标准为每吉焦 47 元。

5 年来串联式供暖系统的热网补热费用：

$$S_{c}=5Q_{bc}\cdot K_{s}=\frac{5\times1.13\times10^{7}\times47}{10^{6}}=2656\text{ 元} \tag{6-9}$$

5 年来并联式供暖系统的热网补热费用：

$$S_c'=5Q_{bc}'\cdot K_s=\frac{5\times 2.07\times 10^7\times 47}{10^6}=4864\text{ 元} \tag{6-10}$$

式中 S_c——串联式联合供暖系统热网补热费用；

S_c'——并联式联合供暖系统热网补热费用；

Q_{bc}——串联式联合供热系统所需的热网补热量（kJ）；

Q_{bc}'——并联式联合供热系统所需的热网补热量（kJ）；

K_s——辽宁省用热量计价标准（47 元/GJ）。

4. 不同运行方式下总费用对比分析

表 6-9 为太阳能-地源热泵联合供暖系统 5 年来总费用的统计情况，总费用包括系统的初投资费用和系统的运行费用，而运行费用又包括热泵机组的运行费用、负荷侧循环水泵的运行费用、地源侧循环泵的运行费用、太阳能集热系统循环水泵的运行费用以及热网补热费用。由表 6-9 可以得出，连续运行 5 年后，串联式联合供暖系统所需的总费用为 107.25 万元，并联式联合供暖系统的总费用为 109.69 万元，并联式联合供暖系统比串联式联合供暖系统的花费高 2.28%。

太阳能-地源热泵联合供暖系统 5 年来的总费用（单位：万元） **表 6-9**

类别	串联式联合供暖系统	并联式联合供暖系统
初投资	85.46	85.46
热泵机组运行费用	11.53	12.70
负荷侧循环水泵运行费用	0.89	1.08
地源侧循环泵运行费用	8.97	9.75
太阳能集热系统循环水泵运行费用	0.13	0.21
热网补热费用	0.27	0.49
总费用	107.25	109.69

5. 投资回收期

本书为了计算的简便，采用静态投资法来计算系统的投资回收期，式(6-11）是静态投资回收期的计算公式：

$$T=t_i-1+\frac{\left|\sum_{i=1}^{i-1}NCF_i\right|}{NCF_i} \tag{6-11}$$

式中 T——投资回收期（年）；

t_i——累计现金流量净现值出现正值的年份；

$\sum_{i=1}^{i-1}NCF_i$——上一年度累计现金流量；

NCF_i——当年的现金流量。

目标建筑物建筑面积共 2125m^2，若按照集中供热方式，一个供暖季每平方米建筑面积供暖价格为 23.50 元，可知整座建筑物每年的供暖费用为 5 万元，如果采用联合式供暖系统进行供热相当于每年的净现金流量流入为 5 万元。

$$\sum_{i=1}^{t} NCF_i = -85.46 + 5t \tag{6-12}$$

若式(6-12)≥0，则 $t>17$，所以在系统运行的第 18 年，累计净现值为正。此时上一年度的累计现金流量为−0.46 万元，所以：

$$T = 18 - 1 + \frac{|-0.46|}{5} = 17.1 \tag{6-13}$$

将年份取整，所以联合式供暖系统的投资回收期为 17 年。

6. 联合式供暖系统的节能性分析

(1) 能效比分析

联合供暖系统供暖季系统能效比：

$$SCOP = 总供热量/(机组供暖季总耗功+供暖季循环水泵总耗功) \tag{6-14}$$

由上文可知，串联式联合式供暖系统在供暖季的总供热量为 4.26×10^8kJ，机组供暖季总耗功量为 1.12×10^8kJ，供暖季循环水泵总耗功量为 0.54×10^8kJ，计算可知串联式联合供暖系统供暖季系统能效比为 2.7；并联式联合系供暖系统在供暖季的总供暖量为 4.26×10^8kJ，机组供暖季总耗功量为 1.21×10^8kJ，供暖季循环水泵总耗功量为 0.57×10^8kJ，计算可知串联式联合供暖系统供暖季系统能效比为 2.5。

为提高系统的节能效果，此类地区土壤源热泵系统的地埋管换热器设计长度往往需要大幅增加，但是埋管长度的增加无法增大换热器内部流体与周围土壤间的换热温差，不能改善地埋管换热效率低下的问题。通过增加太阳能集热器面积来提高系统运行能效比的方式则不受该限制。如图 6-35 所示，系统全年能效比随太阳能集热器面积的增大不断提高。

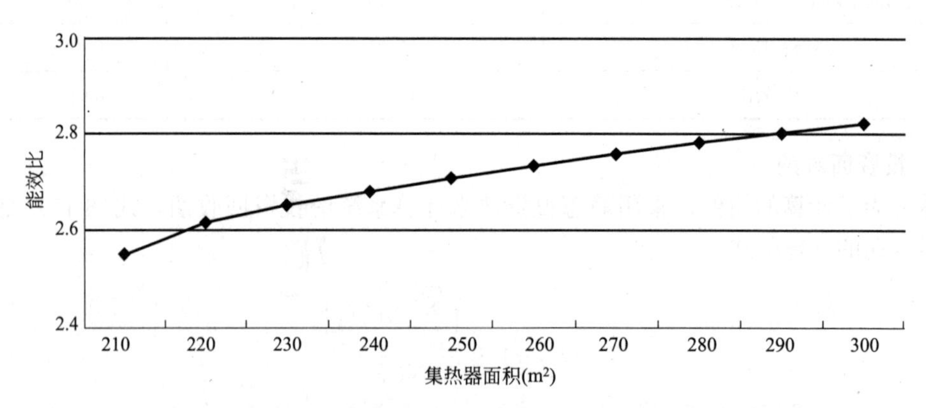

图 6-35 集热器面积与能效比之间的关系

(2) 能源利用率分析

采用能源利用率 ER 作为评价指标。

$$ER = \Sigma Q/[P/(\eta_1 \cdot \eta_2)] \tag{6-15}$$

式中 Q——系统总供热（冷）量（kW·h）；

P——系统总运行能耗（kW·h）；

η_1——火力发电效率，取 30%；

η_2——输配电效率，取 90%。

计算可得联合式供暖系统的能源利用率为 0.85，而我国传统供暖形式，燃煤锅炉的能源利用率在 0.50～0.70 之间，由此可以得出太阳能-地源热泵联合供暖系统能源利用率明显高于传统燃煤锅炉供热系统。

（3）环保性评价

本书所采用的环保性指标用 *EMI* 表示：

$$EMI=\frac{ENC\times(i+j+k)}{1000} \tag{6-16}$$

其中 i、j、k 代表 1kg 标准煤燃烧 CO_2，SO_2，NO_X 的排放系数，分别取 2600g、6g、9g。标准煤消耗量 ENC=系统总能耗×ϕ，电能折标准煤的系数 ϕ=0.345kg/(kW·h)。

太阳能-地源热泵联合供暖系统的环境效益见表 6-10。

太阳能-地源热泵联合供暖系统的环境效益 **表 6-10**

类别	CO_2	SO_2	NO_X
减排量(kg/m^2)	13.673	0.087	0.063

7 太阳能-燃气热泵与热网的能源匹配研究

7.1 太阳能-燃气热泵仿真模型建立

如图 7-1 所示，本系统由太阳能集热器、蓄热水箱、燃气热泵机组、套缸冷却器及排烟余热回收器等构成。

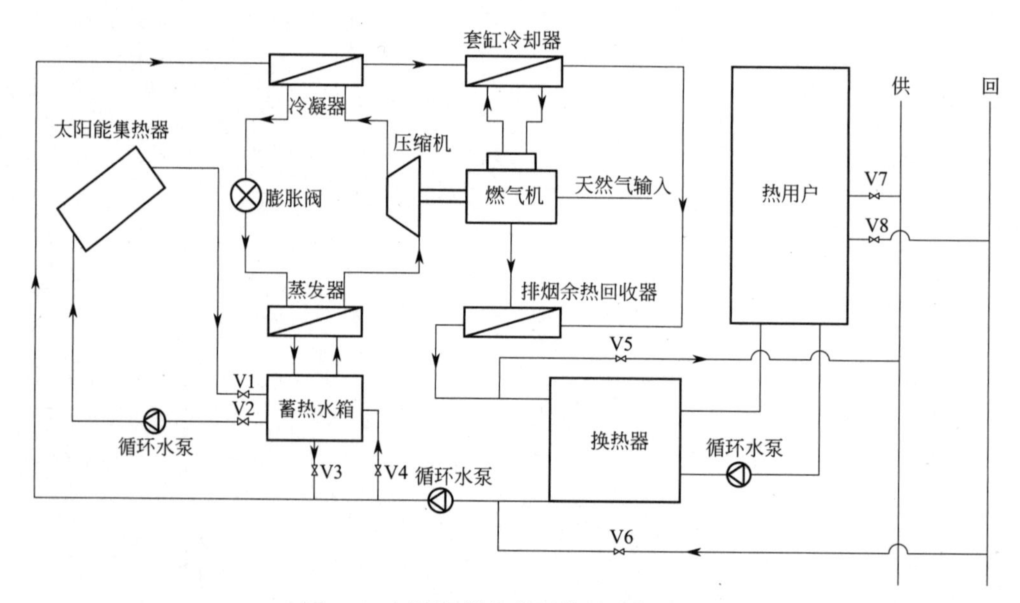

图 7-1　太阳能-燃气热泵供暖系统原理图

在系统设计中，将供暖回水经热泵提升温度后，再经过发动机套缸冷却器，最后经过排烟余热回收器，使得供暖循环水温度经两次余热回收而提升温度，达到用户的供暖需求。在排烟余热回收器的安排位置问题上，考虑到发动机冷却水温度一般在 80～90℃，烟气温度在 500℃左右，而热泵出口温度只有 45℃左右，故将套缸冷却器放在热泵系统冷凝器后面，仍可保证供暖循环水与发动机冷却水之间有较大的温差，利于热量回收，由于烟气温度很高，所以将换热器放在最后。在给定供暖温度下，废热回收后循环供暖水温度进一步提高，相当于降低了热泵的冷凝温度，从而提高热泵系统的性能系数。

系统运行模式：

模式一（日间运行模式）：（V1、V2 开启，V3、V4 关闭）将太阳能集热器与蓄热水箱连接，蓄热水箱中的水作为热泵系统蒸发器的热源，利用太阳能热水作为系统蒸发器的热源进行供热。

模式二（阴天或夜间运行模式）：（V1、V2 关闭）将蓄热水箱与热泵系统的蒸发器连接，蓄热水箱作为蒸发器的热源进行供热，若蓄热水箱中的水温低于 10℃，需 V3、V4 开启，由热网回水旁通入蓄热水箱，使蓄热水箱中的温度在 10～30℃之间。

7.2 太阳能-燃气热泵部件性能研究

7.2.1 套缸冷却器冷却余热的计算

图 7-2 为工质与汽缸壁的等效换热系数随曲轴转角的变化。图中显示，在压缩阶段（360°CA 之前）等效换热系数逐渐增大，这是因为工质被压缩而压力和温度增加，但压缩至上止点时，换热面积最小，那么本阶段的换热量也较小；压缩结束进入燃烧阶段，燃烧开始，瞬间放出大量热且压力也升至最高，虽然此时换热面积最小，但换热量增至最大值。随着燃烧进行，天然气减少，气缸内温度和压力降低，但换热量仍逐渐减少，显然换热面积的增加并没有影响换热情况；而膨胀过程中虽然温度有所下降，但下降不是很多，温度仍然较高，换热面积增大，此时的换热系数较小，因此换热量呈现缓慢减少趋势，膨胀阶段的换热量也比较大；排气时温度继续下降，但仍高于气缸周壁温度且换热面积较大，因而本阶段换热量也较大；进排气重叠阶段和进气阶段，工质温度接近甚至低于气缸周壁温度，换热量最小。由各阶段换热过程可知，换热器面积对换热量几乎没有很大影响，而工质温度和压力是影响瞬时换热量的主要因素。

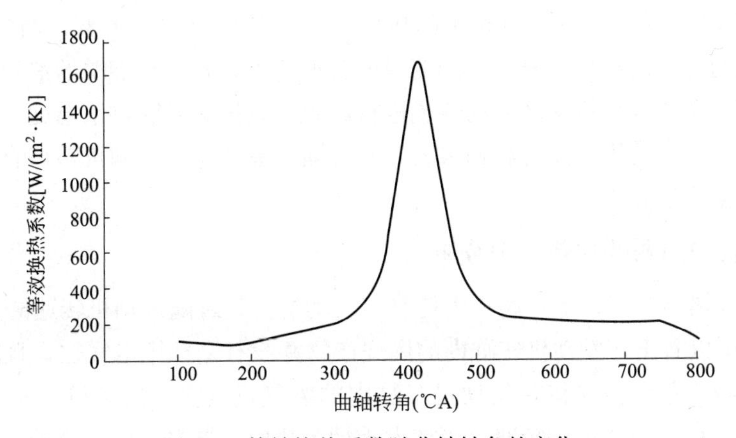

图 7-2 等效换热系数随曲轴转角的变化

表 7-1 为根据模拟值整理得到的一个工作循环内不同阶段的（曲轴转角 720°CA）

相位和换热量百分比。表格清晰地显示出，只有在燃烧阶段工质与气缸壁的换热量最大，而膨胀和排气阶段次之，这是因为工质燃烧后温度达到很高，而在排气时，工质温度仍然很高，三个阶段的换热量之和占到总热量的 98%左右，燃烧阶段汽缸壁与工质占到总热量的 46.4%。其他阶段因工质温度低，所以其与气缸壁的换热量也很少。

一个工作循环内不同阶段的相位和换热量百分比 **表 7-1**

	压缩阶段	燃烧阶段	膨胀阶段	排气阶段	进排气阶段	进气阶段
$\Delta\varphi$(%)	17.4	8.6	9.1	29.7	5.5	29.7
$\lvert Q_{Wj}\rvert/Q_w$(%)	1.03	46.4	28.1	23.7	1.4	0.6

模拟过程中设定汽缸壁温度为 110℃，通过控制冷却水流量保证发动机的最优运行。在额定功率和额定转速下，系统通过发动机汽缸壁、活塞及汽缸盖带走的热量理论上为总热量的 33%左右。图 7-3 为模拟得到的值。

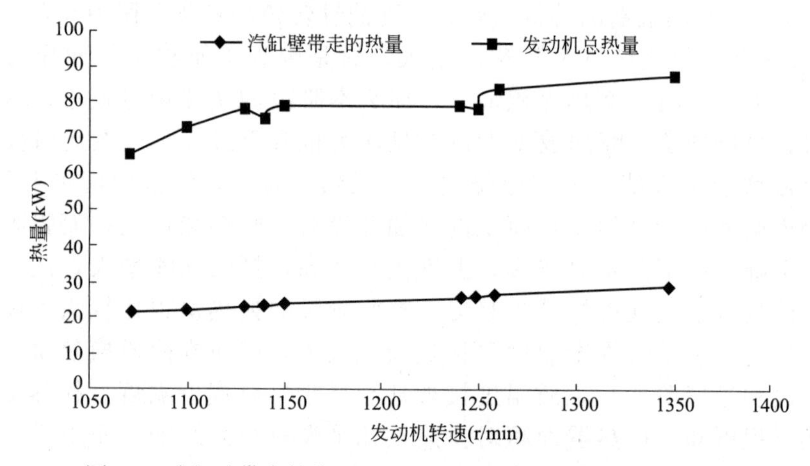

图 7-3 汽缸壁带走的热量和发动机总热量随发动机转速的变化

由图 7-3 可知，发动机汽缸壁带走的热量占总热量的 29%～34%，与实际偏差不大。若不加以回收利用，发动机三分之一的热量就会浪费掉，是一种能源的浪费，不符合国家的发展目标。本系统设计将这部分的热量进行回收，以提高供暖供水温度。从废热量的趋势来看，废热量受发动机转速的影响很大，一方面，废热量与发动机转速有关，另一方面与冷却水的流量流速有关。

7.2.2 翅片管换热器的传热工况分析

图 7-4 为换热器干工况下，燃料消耗量与发动机排气量随发动机转速的变化。

由图 7-4 可以看出，发动机气缸内的燃烧产物并没有全部排出气缸，且随着转速的增加，排气量呈减少趋势。遗留在发动机气缸内的废气量越多，发动机的不完全燃烧越严重，因此发动机存在一个最优转速。当加入排烟余热回收器时，由于排烟流过时，换热器会产生阻力，就会使排气速度大大减慢，排气量也会有减少，因此，合理选择排烟余热回收器，是本系统的关键部分。

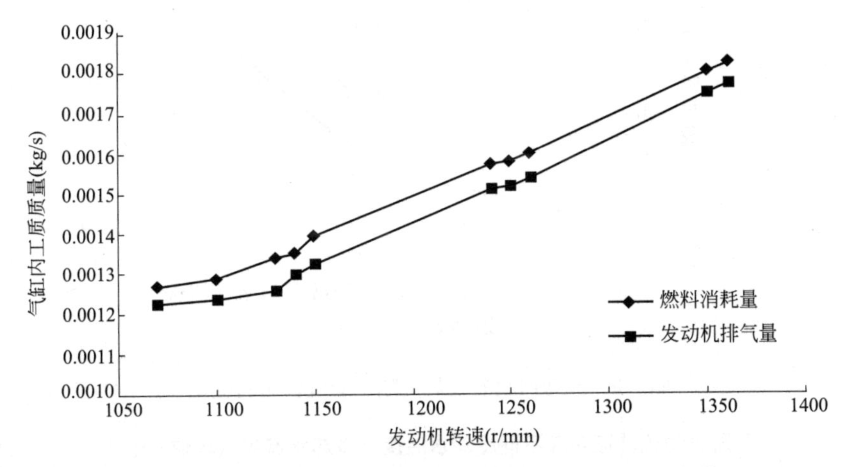

图 7-4 燃料消耗量与发动机排气量随发动机转速的变化

7.3 燃气热泵发动机与套缸冷却器的匹配

(1) 套缸冷却器的换热量

本书将系统壁面温度设定为 110℃，在不同的发动机转速下，当冷却水温度为 65～95℃时，得到套缸冷却器带走的热量，见表 7-2。

不同发动机转速对应不同冷却水温度下套缸冷却器带走的热量（单位：kW） 表 7-2

冷却水温度(℃)	发动机转速(r/min)				
	1100	1150	1200	1250	1300
65	19.465	20.365	21.265	23.365	26.465
70	19.175	20.069	20.975	23.076	26.177
80	18.584	19.485	20.383	22.486	25.579
85	18.291	19.193	20.089	22.192	25.294
90	18.796	18.904	19.811	22.199	25.132
95	17.708	18.634	19.563	21.628	24.713

模拟结果显示，同一转速下随着冷却水温度的不同，冷却水带走的热量略显减少趋势，冷却水温度在 80～90℃之间时可以保证发动机的良好运行，同一冷却水温度时，随着发动机的转速增加，冷却水带走的热量增加。发动机转速每增加 100r/min，通过壁面散失的热量则增加 2.1kW 左右。冷却水温度为 85℃时，冷却水带走的热量（即套缸冷却回收的余热量）随发动机转速的变化如图 7-5 所示。

(2) 燃气热泵发动机与套缸冷却器的匹配

由表 7-3 可以看出，发动机转速为 1100r/min 时，冷却水温度从 65℃变化到 95℃时，冷却水的流量从 1.4g/s 增加到 3.83g/s；发动机转速为 1300r/min 时冷却水的流量从 1.97g/s 增加到 6.25g/s；发动机转速每增加 100r/min，所需的冷却水流量增加 0.285～1.21g/s。

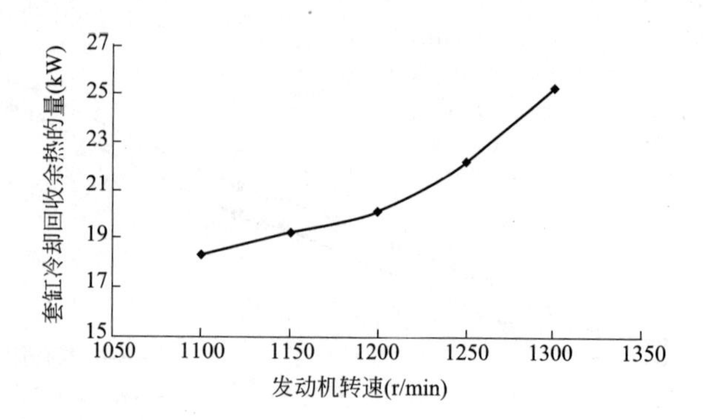

图 7-5 冷却回收的余热量随发动机转速的变化

不同发动机转速对应不同冷却水温度下冷却水流量（单位：g/s） **表 7-3**

冷却水温度（℃）	发动机转速（r/min）				
	1100	1150	1200	1250	1300
95	3.83	4.03	4.22	4.63	6.25
90	3.00	3.18	3.33	3.67	4.15
85	2.10	2.22	2.32	2.55	2.90
80	1.82	1.90	2.00	2.20	2.52
70	1.58	1.68	1.75	1.93	2.20
65	1.40	1.48	1.55	1.72	1.97

（3）循环水的温度变化

由于发动机冷却水温度不能过高或过低，最适宜温度范围在 80～90℃之间，本系统认为汽缸壁温度在 110℃为最适宜。Matlab 中汽缸壁温度设定为 110℃时，得到循环水的经套缸冷却器吸热后升高的温度随发动机转速的变化，如图 7-6 所示。

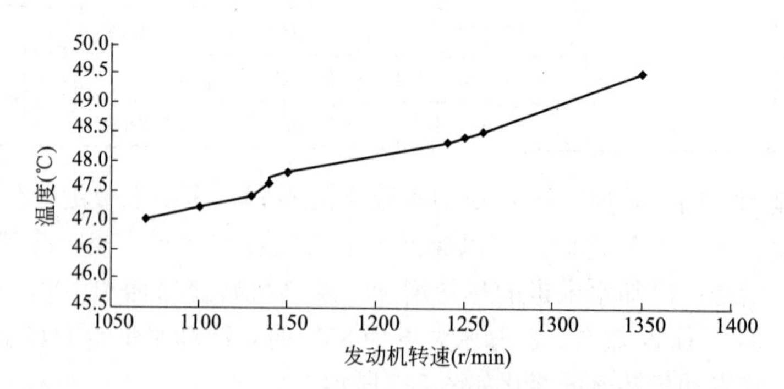

图 7-6 不同发动机转速下循环水经套缸冷却器吸热后升高的温度

由图 7-6 可知，供暖循环水从热泵冷凝端流经套缸冷却器后温度可提高 2～5℃。升温后在流经排烟换热器时继续升温，最终温度足以用来向室内供暖。这部分余热回收可以大大减少能源的消耗。

7.4 燃气热泵发动机与排烟换热器的匹配

(1) 排烟余热回收器对发动机性能的影响

图 7-7 为发动机一个循环（720°CA）内发动机排气压力的变化。首先设定系统翅片管排烟余热回收器总的传热面积为 1.4m^2，应用 Matlab 软件模拟无余热回收时及有余热回收时，发动机排气量随发动机转速的变化。由图 7-8 可以看出，燃气热泵系统加入了排烟余热回收器后，发动机排气量发生了变化，明显减少了。

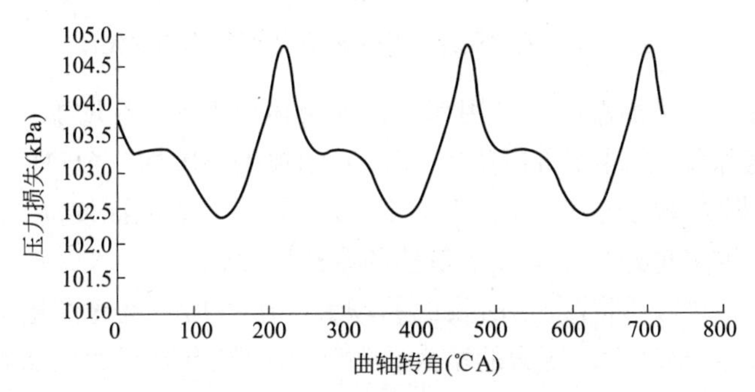

图 7-7 压力损失随曲轴转角的变化

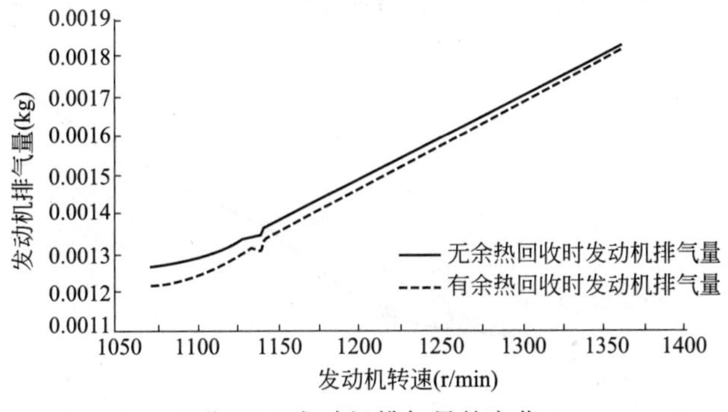

图 7-8 发动机排气量的变化

(2) 排烟余热回收量及压力的控制

本书设定余热回收比为 0.4、0.5、0.6、0.7、0.8 及 0.9，发动机为额定转速时，得到的发动机性能参数如图 7-9 和图 7-10 所示。

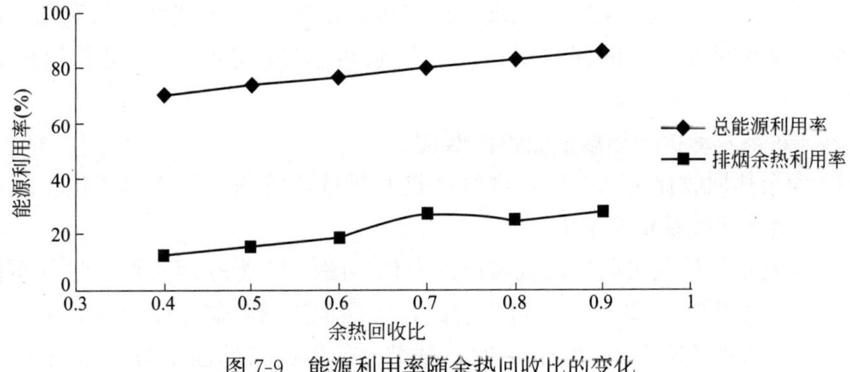

图 7-9 能源利用率随余热回收比的变化

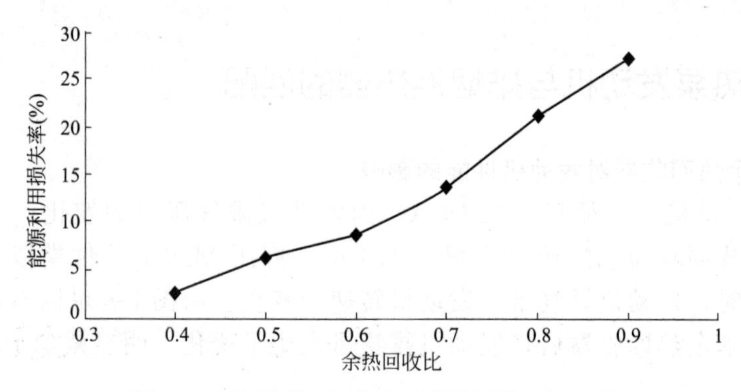

图 7-10　能源利用损失率随余热回收比的变化

随着余热回收比的增加总能源利用率和排烟余热利用率都在增加，应尽可能多地回收排烟废气热量。随着余热回收比的增加，能源利用损失率增加，余热回收比从 0.4 增加到 0.9 时，能源利用损失率已经从 2.5%上升到 27.2%。为了保证发动机整个系统的性能，并不是余热回收得越多越好，应该存在最佳的余热回收比。

由图 7-11 可以看出，随着余热回收比的增大，压力损失也逐渐增大，在余热回收比为 0.6～0.9 时曲线急剧增大。压力的增大，对于发动机有着很大的影响，我们不希望排烟余热回收器的压力达到严重影响发动机的工作，因此需将排烟换热器的压力控制在一定的范围内，应将其控制在 140.62～200.27kPa 之间。

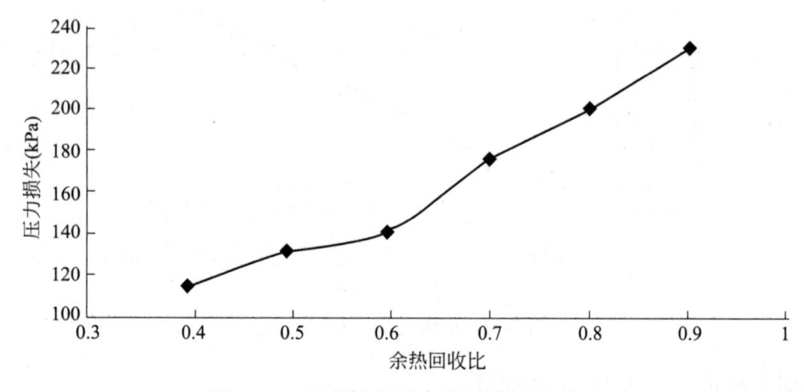

图 7-11　压力损失随余热回收比的变化

由图 7-12 可以看出，余热回收比的增大，已经严重影响了发动机的性能，余热回收比在 0.4～0.7 之间，可利用的能量呈现上升趋势，在 0.7～0.9 之间，可利用的能量呈现下降的趋势，说明废气余热的回收量占总废气余热总量的 70%时，可获得最大的能源利用。

(3) 燃气热泵发动机与排烟换热器的匹配

图 7-13 为余热回收比为 0.7 时，废气余热回收量随发动机转速的变化，随着发动机转速的增大，余热回收量也会增大。

图 7-14 为发动机排气量随发动机转速的变化，图 7-15 为排烟余热回收器面积随发动机转速的变化，由图 7-14 和图 7-15 可以看出，排烟余热回收器的面积随着发动机转速的增大而增大，发动机转速为 1050r/min 时，排烟余热回收器的面积为 1.47m^2；发动机的

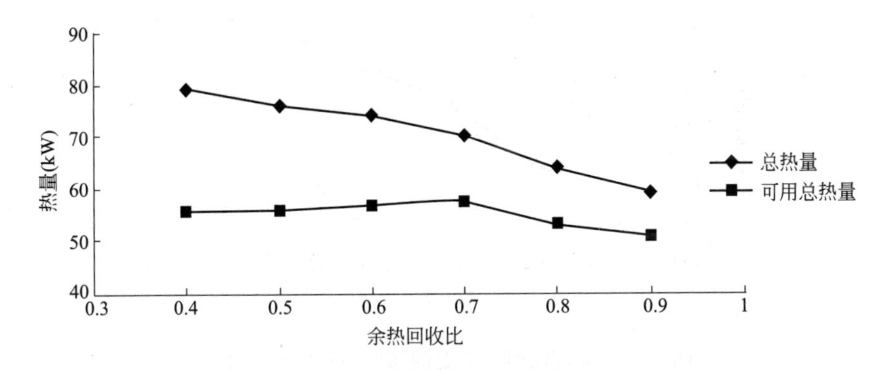

图 7-12　热量随余热回收比的变化

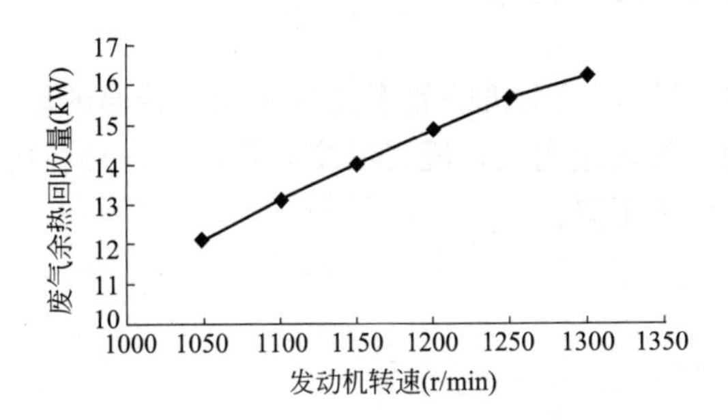

图 7-13　废气余热回收量随发动机转速的变化

转速为 1350r/min 时，排烟余热回收器的面积为 1.987m^2。发动机转速每增加 100r/min，排烟余热回收器的面积需增加 0.172m^2。

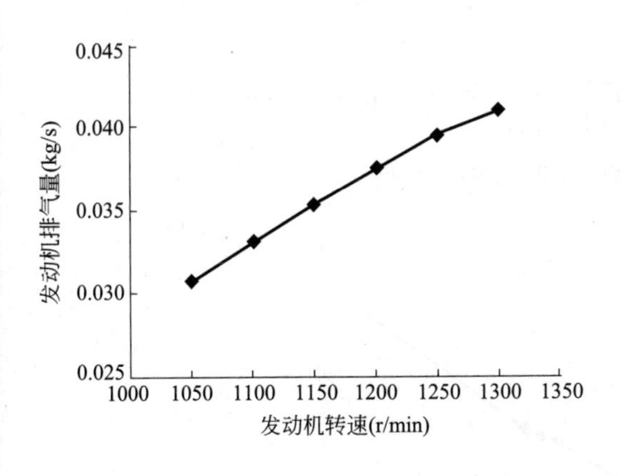

图 7-14　发动机排气量随发动机转速的变化

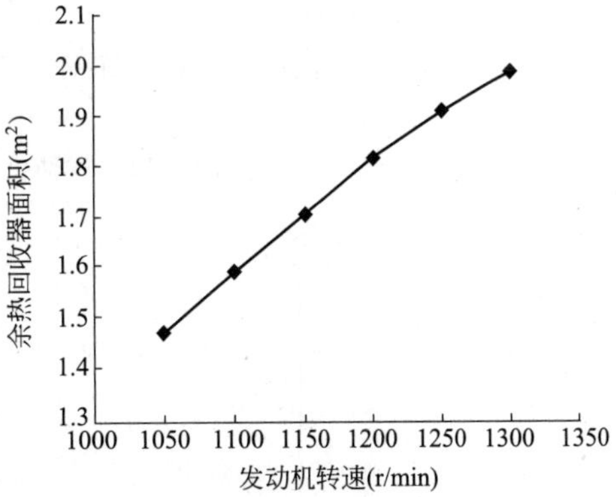

图 7-15　排烟余热回收器面积随发动机转速的变化

（4）循环供暖水的温度变化

由图 7-16 可以看出，随着发动机转速的增加，循环供暖水的温度也增加，供暖期可分为供暖初期、供暖中期和供暖末期，可以采用调节转速的方法调节供水温度，达到节能的效果，这也说明了发动机热泵具有良好的部分负荷性能。

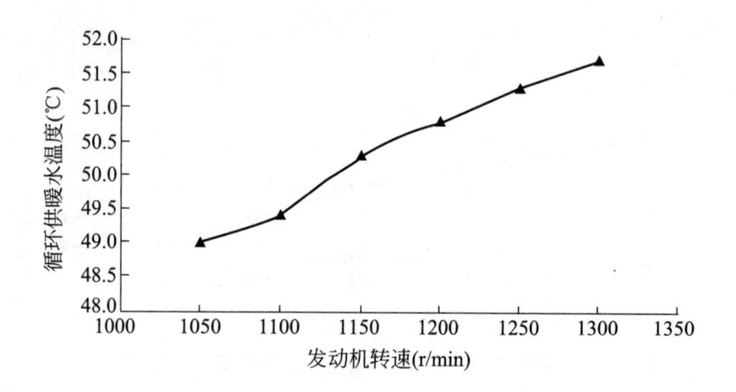

图 7-16 循环供暖水的温度随发动机转速的变化

7.5 系统的热回收效率分析

由图 7-17、图 7-18 可知，发动机的效率随着发动机转速的增大有所减小，而发动机的输出功率则随着发动机的转速增大，说明不能无限增大发动机的转速来提高输出功率，这样就会造成燃料的利用率下降。

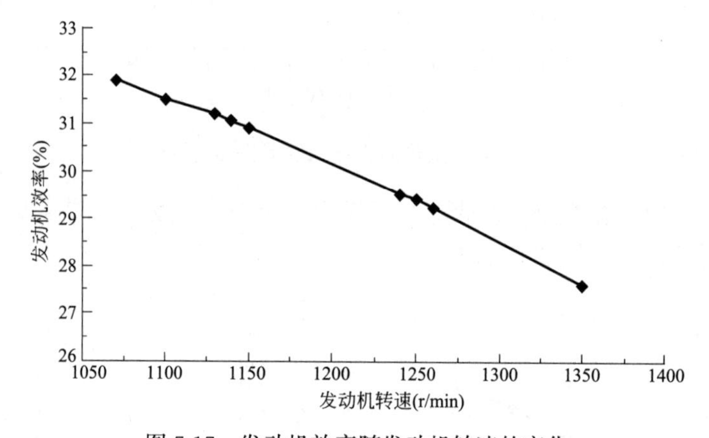

图 7-17 发动机效率随发动机转速的变化

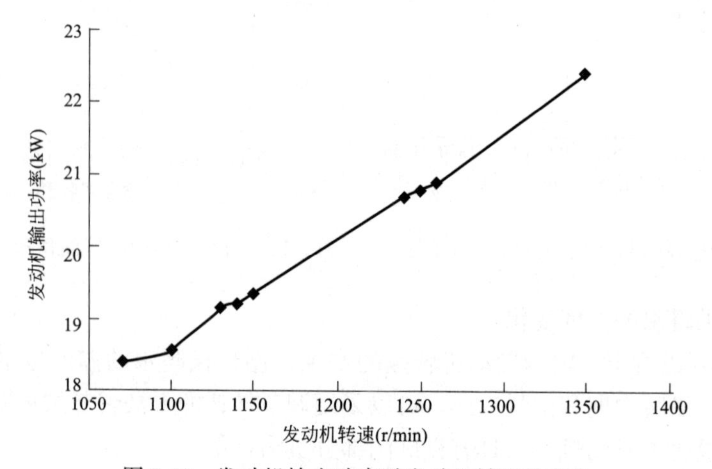

图 7-18 发动机输出功率随发动机转速的变化

图 7-19 为套缸冷却余热回收量、排烟余热回收量和总余热回收量随发动机转速的变化。分析数据可知，套缸冷却回收的热量可以使整个发动机的效率提高 29.1%～32.0%，排烟余热回收器可使发动机效率提高 18.70%～22.63%。不同转速的发动机余热回收率见表 7-4。

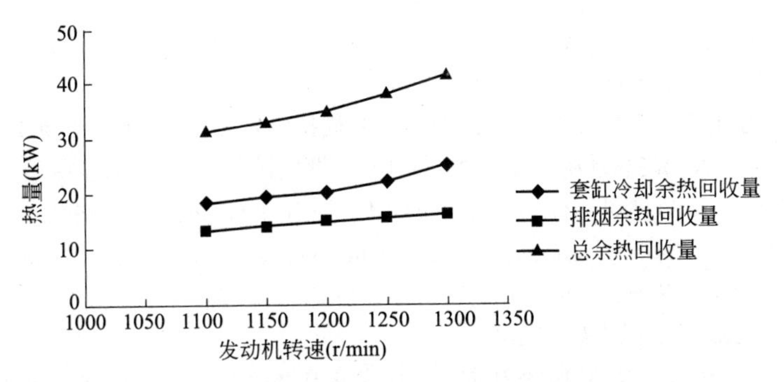

图 7-19　余热回收量随发动机转速的变化

不同转速的发动机余热回收率　　**表 7-4**

余热回收率	发动机转速(r/min)				
	1100	1150	1200	1250	1300
η_1	32.00%	30.10%	28.90%	29.50%	29.10%
η_2	22.63%	21.87%	21.41%	20.77%	18.70%
η	54.63%	51.97%	50.31%	50.27%	47.80%

注：η_1 为套缸冷却余热回收率；η_2 为排烟余热回收率；η 为总余热回收率。

由图 7-20 可知，余热回收后发动机的效率可达到 77.85%～84.25%，这与发动机的转速相关，图中表明它随发动机转速的增大而减小。

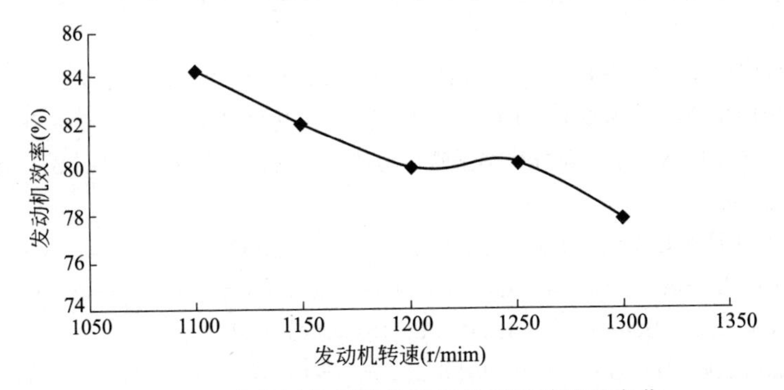

图 7-20　余热回收后的发动机效率随转速的变化

参考文献

［1］途逢祥．积极推进建筑节能实施可持续发展战略［J］．建筑节能，1996（4）：17-22.
［2］王鹤，司士荣．建设和谐小康社会的能源保障——《中华人民共和国可再生能源法》颁布［J］．太阳能，2005（3）：3-5.
［3］亲景阳，潘玉勤，张延龄，郝文．利用可再生能源促进可持续发展［A］．河南省可再生能源在建筑中的应用技术研讨论文集［C］．2007（6）：1-10.
［4］范学东．太阳能-土壤源热泵系统在华北地区应用的模拟研究［D］．北京：北京交通大学，2008.
［5］徐伟．地源热泵、太阳能热泵在建筑中的应用［J］．供热制冷，2007（6）：18-24.
［6］David R. Dinse. Geothermal system for school［J］．ASHRAE Journals，1998.
［7］American society of heating refrigeration air-conditioning engineers［R］．Commercial/Institutional Ground—Source Heat Pump Engineering Manual，1995.
［8］Heap，R・D. Heat Pumps［R］．1979.
［9］李元旦，张旭．土壤源热泵的国内外研究和应用现状及展望［J］．制冷空调与电力机械，2002，23（1）：4-7.
［10］寇群．回顾与展望，1997年中国供热系统节能技术研讨会论文［C］．1997（6）：26-28.
［11］杨维菊．美国太阳能热利用考察及思考［J］．世界建筑，2003（8）：83-85.
［12］马景涛，张明明，钳锋．大型太阳能供热系统——发展与前景［J］．区域供热，2008（4）：38-40.
［13］A. Argiriou，N. Klitsikas，C. A. Balaras，ext. Active solar space heating of residential buildings in northern Hellas—a case study［J］．Energy and Buildings. 1997（26）：215-221.
［14］Christian Carboni，Roberto Montanari. Solar thermal systems：Advantages in domestic integration［J］．Renewable Energy. 2008（33）：1364-1373.
［15］Jurgen P. Olivier，Thomas M・Harmas，Daniel J. Esterhuyse. Technical and economic evaluation of the utilization of solar energy at South Africa's. SANAE Ⅳ base in Antarctica［J］．2008，（33）：1073-1084.
［16］裴清清，张国强．寒冷地区哨楼主被动太阳能采暖与室内热环境预测［J］．建筑热能通风空调，2002，21（6）：42-44.
［17］徐伟．地源热泵的经济性分析［J］．中国建设信息供热制冷，2006（6）：10.
［18］郑瑞澄．中国太阳能供热采暖技术的现状与发展［J］．建设科技，2009（6）：70-72.
［19］中华人民共和国国家标准．太阳能供热采暖工程技术标准GB 50495—2019［S］．北京：中国建筑工业出版社，2019.
［20］周亚素，等．土壤源热泵的研究现状与发展前景［J］．新能源，1999（12）：37-42.
［21］S. P. Kavanaugh. Simulation and experimental verification of vertical ground coupled heat pump systems［D］．Oklahoma State University Ph. D. Dissertation. 1985.
［22］Bose JE，and Parker JD. Ground-coupled heat pump research［J］．ASHRAE Trans，1983（2）：75-390.
［23］Yavuzturk，C，Modeling of vertical ground loop heat exchangers for ground source heat pump systems［D］．Ph. D. dissertation，Oklahoma：Oklahoma State University. 1999，231PP.
［24］胡鸣明．国外地源热泵的发展与设计方法［J］．四川制冷，1999（2）：20-24.
［25］H. Esen，M. Inalli，M. Esen. Technoeconomic appraisal of a ground source heat pump system for a heating season in eastern turkey［J］．Energy Conversion and Management，2006，47（9-10）：1281-1297 .

[26] H. Esen, M. Inalli, M. Esen. Numerical and experimental analysis of a horizontal ground-coupled heat pump system [J]. Building and Environment, 2007, 42 (3): 1126-1134.

[27] Y. Komaniwa, H. Moriya, H. Asanuma, H. Niitsuma. Development of a simulator for evaluating the dynamic behavior of an integrated renewable energy system with geothermal heat pump [J]. Transactions-Geothermal Resources Council, Geothermal Resources Council Transactions-GRC 2005 Annual Meeting. 2005 (29): 71-75.

[28] Abdeen Mustafa Omer. Ground-source heat pumps systems and applications [J]. Renewable and Sustainable Energy Reviews, 2008, 12 (2): 344-371.

[29] Y. J. Nam, Ryozo Ooka, Suckho Hwang. Development of a numerical model to predict heat exchange rates for a ground-source heat pump system [J]. Energy and Buildings, 2008, 40 (12): 2133-2140.

[30] 高祖琨. 用于供暖的土壤-水热泵系统 [J]. 暖通空调, 1995 (4): 1-12.

[31] 张旭. 太阳能-土壤源热泵及其相关基础理论研究 [R]. 上海同济大学博士研究报告, 1999.

[32] 李元旦, 魏先勋. 水平埋地管埋地换热器夏季瞬态工况的实验及数值模拟 [J]. 湖南大学学报, 1999 (2): 220-225.

[33] 刘宪英, 王勇, 胡鸣明, 等. 地源热泵地下垂直埋管换热器的试验研究 [J]. 重庆建筑大学学报. 1999, 21 (5): 21-26.

[34] Crandall A C. House heating with earth heat pump [J]. Electrical World, 1946, 126 (19): 94-95.

[35] Penrod EB, Prasanna KV. Procedure for designing solar-earth heat pumps [J]. Heating, Piping and Air Conditioning, 1969, 41 (6): 97-100.

[36] V. Badescu. First and second law analysis of a solar assisted heat pump based heating system [J]. Energy Conversion and Management, 2003, 43 (18): 2539-2552.

[37] A. Ucar, M. Inalli. Thermal and economical analysis of a central solar heatingsystem with underground seasonal storage in Turkey [J]. Renewable Energy, 2005, 30 (7): 1005-1019.

[38] A. Ucar, M. Inalli. Exergoeconomic analysis and optimization of a solar-assisted heating system for residential buildings [J]. Building and Environment, 2006, 41 (11): 1551-1556.

[39] R. Yumrutas, O. Kaska. Experimental investigation of thermal performance of a solar assisted heat pump system with an energy storage [J]. International Journal of Energy Research, 2004, 28 (2): 163-175.

[40] Onder Ozgener, Arif Hepbasli. A review on the energy and exergy analysis of solar assisted heat pump systems [J]. Renewable and Sustainable Energy Reviews, 2007 (11): 482-496.

[41] M. K. Ewert, D. J. Bergeron III. Development of a solar heat pump for space. international solar energy conference [J]. Solar Engineering 2005 - Proceedings of the 2005 International Solar Energy Conference, 2006: 707-712.

[42] M. Lundh, J. O. Dalenback. Swedish solar heated residential area with seasonal storage in rock: initial evaluation [J]. Renewable Energy, 2008, 33 (4): 703-71.

[43] Bauer. D, Marx. R. German central solar heating plants with seasonal heat storage [J]. Solar Energy, 2010 (84): 612-623.

[44] 毕月虹, 陈林根. 太阳能-土壤热源热泵的性能研究 [J]. 太阳能学报, 2000, 21 (2): 214-219.

[45] Bi Yuehong, Guo Tingwei, Zhang Liang. Solar and ground source heat-pump [J]. Applied Energy, 2004, 78 (2): 231-245.

[46] 余延顺, 廉乐明. 寒冷地区太阳能-土壤源热泵系统运行方式的探讨 [J]. 太阳能学报, 2003, 24 (1): 111-115.

[47] 王潇，郑茂余，张文雍. 严寒地区太阳能-地埋管地源热泵地板辐射供暖性能的实验研究 [J]. 暖通空调，2009，39 (7)：130.

[48] 余延顺，马最良，廉乐明. 太阳能热泵系统运行工况的模拟研究 [J]. 流体机械，2004，32 (5)：65-69.

[49] 杨卫波，施明恒，董华. 太阳能土壤源热泵系统联合供暖运行模式的探讨 [J]. 暖通空调，2005，35 (8)：25-31.

[50] P. Roque Díaza，Y. R. Benito. Thermo economic assessment of a multi-engine [J]. Multi-Heat-Pump CCHP (combined cooling，heating and power generation) System -A Case Study Energy ，2010 (35)：3540-3550.

[51] J. P. Chyng，C. P. Lee，B. J. Huang. Performance analysis of a solar-assisted heat pump water heater [J]. Solar Energy，2003，74 (1)：33-44.

[52] T. L Freeman，J. W. Mitchell，T. E Audit. Performance of combined solar-heat pump systems [J]. Solar Energy，1979，22 (2)：125-135.

[53] 旷玉晖，王如竹. 太阳能热泵 [J]. 太阳能，2003 (2)：22-24.

[54] 徐振军. 独立式内燃机热泵系统及其控制特性实验研究 [D]. 天津：天津大学，2009.

[55] 张世钢. 燃气热泵仿真与优化匹配研究 [D]. 天津：天津大学，2004.

[56] 刘立平，阙炎振. 太阳能热泵低温地板辐射供暖系统的研究与展望 [J]. 节能技术，2007，146 (25)：550-553.

[57] 丁国良，张春路. 制冷空调装置仿真与优化 [M]. 北京：科学出版社，2001.

[58] 丁国良，张春路，赵力. 制冷空调新工质：热物理性质的计算方法与实用图表 [M]. 上海：上海交通大学出版社，2003.

[59] 凌云，程惠尔，李明辉. 燃气发动机驱动热泵一次能源利用系数的计算和分析 [J]. 暖通空调，2002 (6).

[60] 周恩泽，董华，等，太阳能热泵地板辐射供暖系统的实验研究 [J]. 流体机械，2006，34 (4)：57-62.

[61] 冯晓梅，张昕宇，邹瑜，等. 太阳能与地源热泵复合系统的优化配置与运行方式 [J]. 暖通空调，2011，41 (12)：79-83.

[62] 王振辉，崔海亭，等. 太阳能热泵供暖技术综述 [J]. 化工进展，2007，26 (2)：185-189.

[63] 王志毅，陈光明，等. 燃气热泵缓解结霜的技术措施研究 [J]. 流体机械，2005，增刊 (33)，49-52.

[64] 谢英柏. 空气源燃气热泵空调系统的应用研究 [J]. 全国暖通空调制冷 2004 年学术年会资料摘要集 (2).

[65] 刘敬平，付建勤，等. 内燃机的排气能量流特性 [J]. 中南大学学报，2011，42 (11) 3370-3376.

[66] 钱伯章. 世界能源消费现状和可再生能源发展趋势 [J]. 节能与环保，2006 (3)：8-10.

[67] 清华大学建筑节能研究中心. 中国建筑节能年度发展研究报 2007 [M]. 北京：中国建筑工业出版社，2007.

[68] 赵庆波，单葆国. 世界能源需求现状及展望 [J]. 中国能源，2002 (2)：34-36.

[69] 杨启岳. 国内太阳能热利用现状与发展 [J]. 能源技术，2001，22 (4)：162-16.

[70] 马最良. 热泵技术 (上) [J]. 电力需求侧管理，2003，5 (5)：58-59.

[71] Chiasson A D，Yavuzturk C. Assessment of the viability of hybridgeothermal heat pump systems with solar thermal collectors [C]. Kansas City，MO，United States：Amer. Soc. Heating，Ref. Air-Conditioning Eng. Inc，2003，487-500.

[72] Krakow KI，Lin S. A computer model for the simulation of multiple source heat pump performance

[J]. ASHRAE Transactions 1983，89：590-616.
[73] Yamankaradeniz R，Horuz I. The theoretical and experimental investigation of the characteristics of solar-assisted heat pump for clear days [J]. International Communications in Heat and Mass Transfer 1998，25 (6)：885-898.
[74] Inalli M，Esen H. Experimental thermal performance evaluation of a horizontal ground-source heat pump system [J]. Applied Thermal Engineering 2004，24 (14-15)：2219-2232.
[75] Inalli M，Unsal M，Tanyildizi V. A computational model of a domestic solar heating system with underground spherical thermal storage [J]. Energy 1997，22 (12)：1163-1172.
[76] 吕灿仁. 热泵及其在我国应用的前途 [J]. 动力机械，1957 (2).
[77] 吕灿仁，马一太. 运用热泵提高低温地热采暖系统能源利用率的分析 [J]. 天津大学学报，1982 (4)：1-8.
[78] 赵军，马一太. 太阳能热泵供热水系统的实验研究 [J]. 太阳能学报，1993，14 (4)：306-310.
[79] 张开黎，旷玉辉，于立强. 太阳能利用中的蓄热技术 [J]. 青岛建筑工程学院学报，2000，21 (4)：1-6.
[80] 于立强，旷玉辉，施志刚，等. 太阳能集热器与热泵互补供暖装置的实验研究 [J]. 制冷空调与电力机械，2004，4 (3)：1-4.
[81] Kuang Y H，Sumathy K，Wang R Z. Study on a direct-expansion solar-assisted heat pump water heating system [J]. International Journal of Energy Research，2003，27 (5)：531-548.
[82] Kuang Y H ，Wang R Z. Performance of a multi-functional direct-expansion solar assisted heat pump system [J]. Solar Energy，2006，80 (7)：795-803.
[83] 旷玉辉，王如竹. 太阳能热利用技术在我国建筑节能中的应用与展望 [J]. 制冷与空调，2001，1 (4)：1-8.
[84] 周小波. 太阳能 - 热泵中央热水系统 [J]. 太阳能，2005 (3)：22-25.
[85] 余延顺，廉乐明. 寒区太阳能-土壤源热泵系统太阳能保证率的确定 [J]. 热能动力工程，2002，17 (04)：393-395.
[86] 林媛. 太阳能深层土壤蓄热的数值模拟与实验研究 [D]. 哈尔滨：哈尔滨工业大学，2003.
[87] 杨卫波，施明恒，董华. 太阳能-土壤源热泵系统 (SESHPS) 交替运行性能的数值模拟 [J]. 热科学与技术，2005，4 (3)：228-232.
[88] 杨卫波，董华，周恩泽. 太阳能-土壤源热泵系统互补运行模式的研究 [J]. 流体机械，2004，32 (2)：41-45.

[illegible] ASHRAE Transactions, 1986, 92(2): [illegible]
[illegible] International Communications in Heat and Mass Transfer, [illegible]
[illegible] Applied Thermal Engineering, 2004, 24(14): 2219-2232.
[illegible]